MATLAB工程应用书库

U0151103

MASTERING MATLAB 2020
MATHEMATICAL CALCULATION

MATLAB 2020

数学计算
从入门到精通

林凤涛 槐创锋 杨世德 等编著

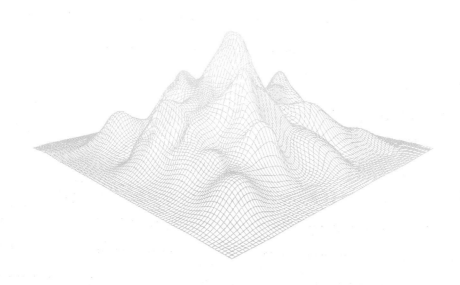

机械工业出版社
CHINA MACHINE PRESS

本书以 MATLAB 2020 为基础，讲解数学计算的各种方法和技巧。全书共 9 章，主要内容包括 MATLAB 基础数学计算、MATLAB 基础知识、概率分布、方差分析及回归分析、集合、积分计算、方程组的求解、大地测量学和形态学图像处理。本书覆盖数学计算的各个方面，实例丰富而典型，指导读者有的放矢地进行学习。

本书既可作为 MATLAB 初学者的入门用书，也可作为工程技术人员、本科生和研究生的学习用书。

本书附赠 340 分钟的讲解视频，读者扫码即可在线观看，同时还附赠全部案例的程序源代码，读者也可自行下载（详见封底）。

图书在版编目（CIP）数据

MATLAB 2020 数学计算从入门到精通/林凤涛等编著 . —北京：机械工业出版社，2021. 10

（MATLAB 工程应用书库）

 ISBN 978-7-111-69684-1

Ⅰ. ①M… Ⅱ. ①林… Ⅲ. ①Matlab 软件 Ⅳ. ①TP317

中国版本图书馆 CIP 数据核字（2021）第 244376 号

机械工业出版社（北京市百万庄大街 22 号 邮政编码 100037）

策划编辑：张淑谦 责任编辑：张淑谦 李培培

责任校对：徐红语 责任印制：邰 敏

北京汇林印务有限公司印刷

2022 年 1 月第 1 版第 1 次印刷

184mm×260mm · 16.75 印张 · 455 千字

标准书号：ISBN 978-7-111-69684-1

定价：99.00 元

电话服务 网络服务

客服电话：010-88361066 机 工 官 网：www.cmpbook.com

010-88379833 机 工 官 博：weibo.com/cmp1952

010-68326294 金 书 网：www.golden-book.com

封底无防伪标均为盗版 机工教育服务网：www.cmpedu.com

前　言

    MATLAB 是美国 MathWorks 公司出品的一款优秀的数学计算软件，具有强大的数值计算和数据可视化能力。经过多年的发展，MATLAB 功能日趋完善。MATLAB 已经发展成为多种学科必不可少的计算工具，成为自动控制、应用数学、信息与计算科学等专业本科生与研究生必须掌握的基本技能。

    为了帮助零基础读者快速掌握 MATLAB 数学计算的方法，本书从基础着手，对 MATLAB 的基本函数功能进行详细介绍，同时根据不同学科读者的需求，对 MATLAB 在数学计算领域的应用进行了详细的介绍。

    MATLAB 本身是一个极为丰富的资源库。因此，对大多数用户来说，一定有部分 MATLAB 内容看起来是"透明"的，即用户能明白其全部细节；另有些内容表现为"灰色"，即用户虽明白其原理但是对于具体的执行细节不能完全掌握；还有些内容则"全黑"，即用户对它们一无所知。本书仅涉及 MATLAB 在数学计算方面应用的一小部分。本书所有算例均已在计算机上经过了验证。

一、本书特色

    MATLAB 书籍浩如烟海，读者要挑选一本自己中意的书反而很困难，真是"乱花渐欲迷人眼"。那么，本书为什么能够在您"众里寻他千百度"之际，于"灯火阑珊"处让您"蓦然回首"？本书有以下五大特色。

作者权威

    本书由著名 CAD/CAM/CAE 图书出版专家胡仁喜博士指导，大学资深专家教授团队执笔编写。本书是作者总结多年的设计经验以及教学的心得体会，力求全面细致地展现出 MATLAB 在数学计算应用领域的各种功能和使用方法。

实例专业

    本书中有很多实例本身就是数学计算在工程应用中的案例，经过作者精心提炼和改编。不仅保证了读者能够学好知识点，还能帮助读者掌握实际的操作技能。

提升技能

    本书从全面提升 MATLAB 数学计算能力的角度出发，结合大量的案例来讲解如何利用 MATLAB 进行数学计算，真正让读者学会计算机辅助数学计算的方法和技巧。

内容全面

    本书共 9 章，分别介绍了 MATLAB 基础数学计算、MATLAB 基础知识、概率分布、方差分析及回归分析、集合、积分计算、方程组的求解、大地测量学和形态学图像处理。

知行合一

    本书提供了使用 MATLAB 解决数学计算问题的实践性指导，它基于 MATLAB R2020a 版，内容由浅入深，特别是本书对每一条命令的使用格式都做了详细的说明，并为读者提供了大量的例题说明其用法，对于初学者自学很有帮助。本书也可作为科技工作者的数学计算工具书。

二、电子资料使用说明

    本书随书附赠了电子资料包。包含全书讲解实例和练习实例的源文件素材，并制作了全程实例动画同步 AVI 文件。为了增强教学的效果，更进一步方便读者的学习，作者对实例动画进行了配音讲解，读者可以在书中直接扫码观看教学视频。

三、致谢

本书由华东交通大学教材基金资助，主要由华东交通大学的林凤涛、槐创锋和杨世德编写，华东交通大学的杨洋、贾雪艳和宋小科也参与了部分章节的校对工作，在此对他们的付出表示感谢。

读者在学习过程中，若有疑问，请登录 www. sjzswsw. com 或联系 714491436@ qq. com。欢迎加入三维书屋 MATLAB 图书学习交流群（QQ：656116380）交流探讨。也可以登录本 QQ 交流群或关注机械工业出版社计算机分社官方微信订阅号——IT 有得聊（详见封底）索取本书配套资源。

作　者

目　　录

第1章 MATLAB 基础数学计算

 内容指南

MATLAB 是以线性代数软件包 LINPACK 和特征值计算软件包 EISPACK 中的子程序为基础发展起来的一种开放式程序设计语言，是一种高性能的工程计算语言，其基本的数据单位是没有维数限制的矩阵。MATLAB 具有三大基本功能：数值计算功能、符号计算功能和图形处理功能。正是因为有了这三项强大的基本功能，才使得 MATLAB 成为世界上最优秀、最受用户欢迎的数学软件。

MATLAB 中所有的数值功能都是以矩阵为基本单元进行的，其矩阵运算功能全面、强大。本章简要介绍数值计算、数据类型、向量函数与矩阵函数。

本章学习内容是使用 MATLAB 进行基本的数学计算，完成的是类似计算机计算数学算式的功能。

内容要点

📖 数据计算
📖 向量
📖 矩阵

1.1 数据计算

强大的计算功能是 MATLAB 软件的特点，数据计算是 MATLAB 软件的基础。MATLAB 包括各种各样的数据类型，主要包括：数值、字符串、向量、矩阵、单元型数据及结构型数据。

MATLAB 还提供了丰富的运算符，能满足用户的各种应用。这些运算符包括算术运算符、关系运算符和逻辑运算符三种。

1.1.1 变量

1. 变量的定义

变量是任何程序设计语言的基本元素之一，MATLAB 语言当然也不例外。变量是指在运行时其值可以被改变的量。变量是可以多次赋值的，因此变量常用于保存程序中的临时数据。

与其他的程序设计语言相同，在 MATLAB 语言中也存在变量作用域的问题。

（1）局部变量

在未加特殊说明的情况下，MATLAB 语言将所识别的一切变量视为局部变量，即仅在其使用的 M 文件内有效。

（2）全局变量

若要将变量定义为全局变量，则应当对变量进行说明，即在该变量前加关键字 global。一般来说，全局变量均用大写的英文字符表示。

变量在使用前，必须在代码中进行声明，即创建（定义）该变量。

例 1-1：定义变量。

解：MATLAB 程序如下。

```
>> x                        % 输入字符
函数或变量 'x' 无法识别。      % 运行结果显示变量未定义
>> global X                 % 为变量 x 定义全局变量
>> X
x =
    []                      % 显示定义后变量的运行结果
```

2. 变量赋值

变量在赋值过程中，如果赋值变量已存在，则 MATLAB 将使用新值代替旧值，并以新值类型代替旧值类型。在 MATLAB 中变量的命名应遵循如下规则。

◆ 变量名必须以字母开头，之后可以是任意的字母、数字或下画线。

◆ 变量名区分字母的大小写。

◆ 变量名不超过 31 个字符，第 31 个字符以后的字符将被忽略。

MATLAB 赋值语句有两种格式。

◆ 变量 = 表达式。

◆ 表达式。

其中，表达式是用运算符将有关运算量连接起来的句子。一般情况下，运算结果在命令行窗口中显示出来，若不想让 MATLAB 每次都显示运算结果，只需在运算式最后加上分号（;）即可。

变量的初始化包括下面两种。

◆ 用赋值语句初始化，如 "x = 1"。

◆ 用 input 函数从键盘输入，如 "x = input（'请输入数据'）"。

例 1-2：数值赋值。

解：MATLAB 程序如下。

```
>> 30 * 15
ans =
    450
>> x = 30 * 15      % 如果将数字的值赋给变量,那么此变量称为数值变量
x =
    450
```

例 1-3：给 x 赋值。

解：MATLAB 程序如下。

```
>> x = 1
x =
    1
>> x = 12
x =
    12
>> x
x =
    12
```

```
>> x = input('请输入数据')
请输入数据 4      %  在键盘中选择 4
x =

    4
```

3. 预定义的变量

MATLAB 语言本身也具有一些预定义的变量，也可以称之为常量，表 1-1 给出了 MATLAB 语言中经常使用的一些特殊变量。

表 1-1 MATLAB 中的特殊变量

变 量 名 称	变 量 说 明
ans	MATLAB 中默认变量
pi	圆周率
eps	浮点运算的相对精度
inf	无穷大，如 1/0
NaN	不定值，如 $0/0$、∞/∞、$0*\infty$
i (j)	复数中的虚单位
realmin	最小正浮点数
realmax	最大正浮点数

与常规的程序设计语言不同的是，MATLAB 并不要求事先对所使用的特殊变量进行声明，也不需要指定特殊变量类型，MATLAB 语言会自动依据所赋予这些变量的值或对变量所进行的操作来识别变量的类型。

例 1-4：显示圆周率 pi 的值。

解：MATLAB 程序如下。

```
>> pi
ans =
3.1416
```

这里 "ans" 是指当前的计算结果，若计算时用户没有对表达式设定变量，系统就自动将当前结果赋给 "ans" 变量。

在定义变量时应避免与常量名相同，以免改变这些常量的值。如果已经改变了某个常量的值，可以通过 "clear + 常量名" 命令恢复该常量的初始设定值。当然，重新启动 MATLAB 也可以恢复这些常量值。

例 1-5：显示实数与复数的值。

解：MATLAB 程序如下。

```
>> 6
ans =
    3
>> i
ans =
  0.0000 + 1.0000i
>> 6i
```

```
ans =
  0.0000 + 6.0000i
>> 6+i
ans =
  6.0000 + 1.0000i
```

例1-6：重定义变量 pi 值。

解：MATLAB 程序如下。

```
>> pi=1;
>> clear pi
>> pi
ans =
    3.1416
```

4. 变量函数

MATLAB 中还有许多常用的变量函数。

在 MATLAB 中，who 函数用于列出工作区中的变量，它的调用格式见表1-2。

表1-2 who 调用格式

调 用 格 式	说 明
who	按字母顺序列出当前活动工作区中所有变量的名称
who -file filename	列出指定的 MAT 文件中的变量名称
who global	列出全局工作区中的变量名称
who … var1 … varN	只列出指定的变量。此语法与先前语法中的任何参数结合使用
who … – regexp expr1 … exprN	只列出与指定的正则表达式匹配的变量
C = who（…）	将变量的名称存储在元胞数组 C 中

在 MATLAB 中，whos 函数用于列出工作区中的变量及其大小和类型，其调用格式与 who 函数相同，这里不再赘述。

在 MATLAB 中，exist 函数用于检查变量、脚本、函数、文件夹或类的存在情况，它的调用格式见表1-3。

例1-7：检查变量的定义情况。

解：MATLAB 程序如下。

```
>> x
函数或变量 'x' 无法识别
>> exist x
ans =
    0
>> x=1
x =
    1
>> exist x
ans =
    1
```

表 1-3 exist 调用格式

调 用 格 式	说　　明
exist name	以数字形式返回 name 的类型。不同的数字代表不同的 name 类型。 ● 0：name 不存在或因其他原因找不到变量、脚本、函数、文件夹或类 ● 1：name 是工作区中的变量 ● 2：name 是扩展名为 .m、.mlx、或 .mlapp 的文件，name 是具有未注册文件扩展名（.mat、.fig、.txt）的文件的名称 ● 3：name 是 MATLAB 搜索路径上的 MEX 文件 ● 4：name 是已加载的 Simulink®模型或者位于 MATLAB 搜索路径上的 Simulink 模型或库文件 ● 5：name 是内置 MATLAB 函数。这不包括类 ● 6：name 是 MATLAB 搜索路径上的 P 代码文件 ● 7：name 是文件夹 ● 8：name 是类
exist namesearchType	返回 name 的类型，从而将结果限定为指定的类型 searchType。要搜索结果的类型，指定为下列值。 ● builtin：只检查内置函数，可能的返回值为 5、0 ● class：只检查类，可能的返回值为 8、0 ● dir：只检查文件夹，可能的返回值为 7、0 ● file：只检查文件或文件夹，可能的返回值为 2、3、4、6、7、0 ● var：只检查变量，可能的返回值为 1、0
A = exist（…）	将 name 的类型返回到 A

1.1.2 数据的显示格式

一般而言，在 MATLAB 中数据的存储与计算都是以双精度进行的，但有多种显示形式。在默认情况下，若数据为整数，就以整数表示；若数据为实数，则以保留小数点后 4 位的精度近似表示。

用户可以改变数字显示格式。控制数字显示格式的命令是 format，其调用格式见表 1-4。

表 1-4 format 调用格式

调用格式	说　　明
format style	将命令行窗口中的输出显示格式更改为 style 指定的格式。style 类型见表 1-5
format	自行将输出格式重置为默认值，即浮点表示法的短固定十进制小数点格式和适用于所有输出行的宽松行距

例 1-8：控制数字显示格式。

解：MATLAB 程序如下。

```
>>format long,pi
ans =
 3.141592653589793
>> format short,pi
ans =
    3.1416
>> format rat,pi
```

```
ans =
    355/113
```

表 1-5　style 类型格式

类 型 格 式	说　　明	示　　例
format short	5 位定点表示（默认值），短固定十进制小数点格式，小数点后包含 4 位数	3. 1416
format long	15 位定点表示，长固定十进制小数点格式，double 值的小数点后包含 15 位数，single 值的小数点后包含 7 位数	3. 141592653589793
formatshortE	5 位浮点表示，短科学计数法，小数点后包含 4 位数	3. 1416e + 00
formatlongE	15 位浮点表示，长科学计数法，double 值的小数点后包含 15 位数，single 值的小数点后包含 7 位数	3. 141592653589793e + 00
formatshortG	在 5 位定点和 5 位浮点中选择最好的格式表示，MATLAB 自动选择	3. 1416
formatlongG	在 15 位定点和 15 位浮点中选择最好的格式表示，MATLAB 自动选择	3. 14159265358979
formatshortEng	短工程记数法，小数点后包含 4 位数，指数为 3 的倍数	3. 1416e + 000
formatlongEng	长工程记数法，包含 15 位有效位数，指数为 3 的倍数	3. 14159265358979e + 000
format hex	二进制双精度数字的 16 进制格式表示	400921fb54442d18
format +	在矩阵中，用符号 +、- 和空格表示正号、负号和零	+
format bank	用美元与美分定点表示，货币格式，小数点后包含两位数	3. 14
format rat	以有理数（分数）形式输出结果	1/2
format compact	变量之间没有空行	X = 1 X 1
format loose	变量之间有空行，添加空白行以使输出更易于阅读	X = 1 X 1

在 MATLAB 中，rat 函数将数字以有理数（分数）形式输出，作用类似于 format rat，其调用式见表 1-6。

表 1-6　rat 调用格式

调 用 格 式	说　　明
S = rats（X）	使用默认长度 13 返回一个包含 X 元素的有理近似值的字符向量
S = rats（X, strlen）	返回长度为 strlen 的字符向量

例 1-9：有理式显示预定义变量。

解：MATLAB 程序如下。

```
> > pi
```

```
ans =

    3.1416

>> rats(pi)

ans =

    '    355/113    '
>> rats(pi,30)

ans =

    '    80143857/25510582    '
```

1.1.3 算术运算符

MATLAB 语言的算术运算符见表 1-7。

表 1-7 MATLAB 语言的算术运算符

运 算 符	定 义
+	算术加
−	算术减
*	算术乘
.*	点乘
^	算术乘方
.^	点乘方
\	算术左除
.\	点左除
/	算术右除
./	点右除
'	矩阵转置。当矩阵是复数时，求矩阵的共轭转置
.'	矩阵转置。当矩阵是复数时，不求矩阵的共轭

其中，算术运算符加、减、乘、除及乘方与传统意义上的加、减、乘、除及乘方类似，用法基本相同，而点乘、点乘方等运算有其特殊的一面。点运算是指元素点对点的运算，即矩阵内元素对元素之间的运算。点运算要求参与运算的变量在结构上必须是相似的。

例 1-10：计算 $18 \div 7 + 15 \times 6 - 8$ 的值。

解：MATLAB 程序如下。

```
>> a=18/7+15* 6-8
a =
  84.5714
>> format rat    % 以有理数形式输出结果
```

```
>> a
a =
    592/7
>> format hex        % 16 进制格式表示
>> a
a =
    4055249249249249
>> format short      % 5 位定点表示(默认值)
>> a
a =
    84.5714
```

MATLAB 常用的基本数学函数及三角函数见表 1-8。

表 1-8 基本数学函数与三角函数

名　称	说　明	名　称	说　明
abs（x）	数量的绝对值或向量的长度	sign（x）	符号函数（Signum function）。当 x < 0 时，sign（x）= -1；当 x = 0 时，sign（x）= 0；当 x > 0 时，sign（x）= 1
angle（z）	复数 z 的相角（Phase angle）	sin（x）	正弦函数
sqrt（x）	开平方	cos（x）	余弦函数
real（z）	复数 z 的实部	tan（x）	正切函数
imag（z）	复数 z 的虚部	asin（x）	反正弦函数
conj（z）	复数 z 的共轭复数	acos（x）	反余弦函数
round（x）	四舍五入至最近整数	atan（x）	反正切函数
fix（x）	无论正负，舍去小数至最近整数	atan2（x, y）	四象限的反正切函数
floor（x）	向负无穷大方向取整	sinh（x）	超越正弦函数
ceil（x）	向正无穷大方向取整	cosh（x）	超越余弦函数
rat（x）	将实数 x 化为分数表示	tanh（x）	超越正切函数
rats（x）	将实数 x 化为多项分数展开	asinh（x）	反超越正弦函数
rem	求两整数相除的余数	acosh（x）	反超越余弦函数
sqrt	开方	atanh（x）	反超越正切函数

例 1-11：计算开方函数。

解：MATLAB 程序如下。

```
>> x = 95^3
x =
    857375
>> y = sqrt(x)
y =
925.9455
```

当表达式比较复杂或重复出现的次数太多时，更好的办法是先定义变量，再由变量表达式计算得到结果。

例 1-12：复数计算函数。

解：MATLAB 程序如下。

```
> > x = 5 + 2i
x =
  5.0000 + 2.0000i
> > angle(x)  % 求复数 x 的相角
ans =
   0.3805
> > abs(x)
ans =
   5.3852
> > sin(x)
ans =
  - 3.6077 + 1.0288i
```

1.1.4 关系运算符

关系运算符主要用于对矩阵与数、矩阵与矩阵进行比较，返回表示二者关系的由数 0 和 1 组成的矩阵，0 和 1 分别表示不满足和满足指定关系。

MATLAB 语言的关系运算符见表 1-9。

表 1-9　MATLAB 语言的关系运算符

运 算 符	定 义
= =	等于
~ =	不等于
>	大于
> =	大于等于
<	小于
< =	小于等于

例 1-13：计算关系运算符的值。

解：MATLAB 程序如下。

```
> > 2 > 2
ans =
  logical
  0
> > 2 < 2
ans =
  logical
  0
> > 1 = = 1
ans =
  logical
  1
```

1.1.5 逻辑运算符

MATLAB 语言进行逻辑判断时,所有非零数值均被认为真,而零为假。在逻辑判断结果中,判断为真时输出 1,判断为假时输出 0。

MATLAB 语言的逻辑运算符见表 1-10。

表 1-10　MATLAB 语言的逻辑运算符

运 算 符	定　义
& 或 and	逻辑与。两个操作数同时为非零值时,结果为 1,否则为 0
| 或 or	逻辑或。两个操作数同时为 0 时,结果为 0,否则为 1
~ 或 not	逻辑非。当操作数为 0 时,结果为 1,否则为 0
xor	逻辑异或。两个操作数之一为非零值时,结果为 1,否则为 0
any	有非零元素则为 1,否则为 0
all	所有元素均非零则为 1,否则为 0

在算术、关系、逻辑三种运算符中,算术运算符优先级最高,关系运算符次之,而逻辑运算符优先级最低。在逻辑运算符中,"非"的优先级最高,"与"和"或"有相同的优先级。

1.2　向量

1.2.1 向量的生成

本书中,在不需要强调向量的特殊性时,向量和矩阵统称为矩阵(或数组)。向量可以看成是一种特殊的矩阵,因此矩阵的运算对向量同样适用。

向量的生成有直接输入法、冒号法和利用 MATLAB 函数创建三种方法。

1. 直接输入法

生成向量最直接的方法就是在命令窗口中直接输入。格式上的要求如下。

◆ 向量元素需要用"[ ]"括起来。

◆ 元素之间可以用以空格、逗号或分号分隔。

📖 说明:

用空格和逗号分隔生成行向量,用分号分隔形成列向量。

例 1-14:创建向量示例。

解:MATLAB 程序如下。

```
>> x = [9 8 7 6]
x =
  9   8   7   6
>> x = [9;8;7;6]
x =
    9
    8
    7
    6
```

2. 冒号法

基本格式是 x = first：increment：last，表示创建一个从 first 开始，到 last 结束，数据元素的增量为 increment 的向量。若增量为 1，上面创建向量的方式简写为 x = first：last。

例 1-15：创建一个从 0 开始，增量为 –2，到 –10 结束的向量 **x**。

解：MATLAB 程序如下。

```
>> x=0:-2:-10
x =
    0    -2    -4    -6    -8   -10
```

向量的创建还可以使用引用向量元素的方式，具体调用见表 1-11。

表 1-11 引用向量元素的方式

格　　式	说　　明
x（n）	表示向量中的第 n 个元素
x（n1：n2）	表示向量中的第 n1 ~ n2 个元素

例 1-16：向量元素的引用示例。

解：MATLAB 程序如下。

```
>> x=[1 2 3 4 5 6 7 8]
x =
  1    2    3    4    5    6    7    8
>> x(2)
ans =
    2
>> x(1:2)
ans =
    1    2
```

3. 利用 MATLAB 函数创建

（1）linspace 函数

linspace 函数创建一个线性间隔的向量，通过直接定义数据元素个数，而不是数据元素直接的增量来创建向量。此函数的调用格式见表 1-12。

表 1-12 linspace 调用格式

调 用 格 式	说　　明
y = linspace（x1，x2）	创建一个 x1 和 x2 之间包含 100 个等间距点的行向量 y。元素个数默认为 100
y = linspace（x1，x2，n）	创建一个从 x1 开始，到 x2 结束，元素个数为 n 的向量 y

例 1-17：创建一个从 0 开始，到 1 结束的向量 **x**。

```
>> x=linspace(0,1)
x =
  列 1 ~ 12
```

| | 0 | 0.0101 | 0.0202 | 0.0303 | 0.0404 | 0.0505 | 0.0606 | 0.0707 |
| 0.0808 | 0.0909 | 0.1010 | 0.1111 | | | | | |

列 13~24

| | 0.1212 | 0.1313 | 0.1414 | 0.1515 | 0.1616 | 0.1717 | 0.1818 | 0.1919 |
| 0.2020 | 0.2121 | 0.2222 | 0.2323 | | | | | |

列 25~36

| | 0.2424 | 0.2525 | 0.2626 | 0.2727 | 0.2828 | 0.2929 | 0.3030 | 0.3131 |
| 0.3232 | 0.3333 | 0.3434 | 0.3535 | | | | | |

列 37~48

| | 0.3636 | 0.3737 | 0.3838 | 0.3939 | 0.4040 | 0.4141 | 0.4242 | 0.4343 |
| 0.4444 | 0.4545 | 0.4646 | 0.4747 | | | | | |

列 49~60

| | 0.4848 | 0.4949 | 0.5051 | 0.5152 | 0.5253 | 0.5354 | 0.5455 | 0.5556 |
| 0.5657 | 0.5758 | 0.5859 | 0.5960 | | | | | |

列 61~72

| | 0.6061 | 0.6162 | 0.6263 | 0.6364 | 0.6465 | 0.6566 | 0.6667 | 0.6768 |
| 0.6869 | 0.6970 | 0.7071 | 0.7172 | | | | | |

列 73~84

| | 0.7273 | 0.7374 | 0.7475 | 0.7576 | 0.7677 | 0.7778 | 0.7879 | 0.7980 |
| 0.8081 | 0.8182 | 0.8283 | 0.8384 | | | | | |

列 85~96

| | 0.8485 | 0.8586 | 0.8687 | 0.8788 | 0.8889 | 0.8990 | 0.9091 | 0.9192 |
| 0.9293 | 0.9394 | 0.9495 | 0.9596 | | | | | |

列 97~100

| | 0.9697 | 0.9798 | 0.9899 | 1.0000 |

（2）logspace 函数

logspace 函数创建一个对数分隔的向量，与 linspace 一样，logspace 也通过直接定义向量元素个数，而不是数据元素之间的增量来创建数组。其调用格式见表 1-13。

表 1-13　logspace 调用格式

调 用 格 式	说 明
y = logspace（a, b）	创建一个在 10^a 和 10^b 之间的对数间距点组成的行向量 y，元素个数默认为 50
y = logspace（a, b, n）	创建一个从 10^a 开始，到 10^b 结束，包含 n 个数据元素的向量
y = logspace（a, pi）	创建一个在 10^a 和 π 之间的对数间距点组成的行向量 y，元素个数为 50
y = logspace（a, pi, n）	创建一个在 10^a 和 π 之间的对数间距点组成的行向量 y，元素个数为 n

例 1-18：创建一个从 10 开始，到 π 结束，包含 10 个数据元素的对数间距的向量 x。

解：MATLAB 程序如下。

```
> > x = logspace(1,pi,10)
x =
  列 1 ~ 5
  10.0000    8.7928    7.7314    6.7980    5.9774
  列 6 ~ 10
   5.2558    4.6213    4.0634    3.5729    3.1416
```

1.2.2 向量运算

除此以外，还有一些特殊的向量运算，主要包括向量的点积、叉积和混合积。

1. 向量的点积运算

在 MATLAB 中，对于向量 a、b，其点积可以利用 $a \cdot b$ 得到，也可以直接用命令 dot 算出，该命令的调用格式见表 1-14。

表 1-14　dot 调用格式

调 用 格 式	说 明
dot（a, b）	返回向量 a 和 b 的点积。需要说明的是，a 和 b 必须同维
dot（a, b, dim）	返回向量 a 和 b 在 dim 维的点积

例 1-19：向量的点积运算示例。

解：MATLAB 程序如下。

```
> > a = [1 2 3 4 5];
> > b = [3 8 10 12 13];
> > c = a . * b
ans =

   3    16    30    48    65
> > sum(c)
ans =

 162
> > d = dot(a,b)
d =
    162
```

2. 向量的叉积运算

在空间解析几何学中，两个向量叉乘的结果是一个过两相交向量交点且垂直于两向量所在平面的向量。在 MATLAB 中，向量的叉积运算可由函数 cross 来实现。cross 函数调用格式见表 1-15。

表 1-15　cross 调用格式

调用格式	说　明
cross（a，b）	返回向量 a 和 b 的叉积。需要说明的是，a 和 b 必须是三维的向量
cross（a，b，dim）	返回向量 a 和 b 在 dim 维的叉积。需要说明的是，a 和 b 必须有相同的维数，size（a，dim）和 size（b，dim）的结果必须为 3

例 1-20：向量的叉积运算示例。

解：MATLAB 程序如下。

```
>> a = [1 2 3];
>> b = [3 4 6];
>> c = cross(a,b)
c =
      0    3   -2
```

3. 向量的混合积运算

在 MATLAB 中，向量的混合积运算可由以上两个函数（dot、cross）共同来实现。

例 1-21：向量的混合积运算示例。

解：MATLAB 程序如下。

```
>> a = [9 8 7];
>> b = [3 5 6];
>> c = [6 4 5];
>> d = dot(a,cross(b,c))
d =
      51
```

上例表示，首先进行向量 *b* 与 *c* 的叉积运算，然后再把叉积的结果与向量 *a* 进行点积运算。

1.3　矩阵

MATLAB 即 Matrix Laboratory（矩阵实验室）的缩写，可见该软件在处理矩阵问题上的优势。

按照空间结构分类，矩阵可分为一维矩阵、二维矩阵、三维矩阵，向量可以看作一维矩阵，因此，向量中的点积、叉集运算在矩阵中也适用，本节不再赘述。

 1.3.1　矩阵的生成

矩阵的生成主要有直接输入法、M 文件生成法和文本文件生成法等。

1. 直接输入法

在键盘上直接按行方式输入矩阵是最方便、最常用的创建数值矩阵的方法，尤其适合较小的简单矩阵。在用此方法创建矩阵时，应当注意以下几点。

◆ 输入矩阵时要以"[ ]"为其标识符号，矩阵的所有元素必须都在括号内。

◆ 矩阵同行元素之间由空格（个数不限）或逗号分隔，行与行之间用分号或按〈Enter〉键分隔。

◆ 矩阵大小不需要预先定义。

◆ 矩阵元素可以是运算表达式。

◆ 若"[　]"中无元素，表示空矩阵。

◆ 如果不想显示中间结果，可以用";"结束。

例1-22：创建矩阵示例。

解：MATLAB程序如下。

```
> > A = [1 2 3;4 5 6;7 8 9]
A =

    1    2    3
    4    5    6
    7    8    9
> > B = [9 8 7;6 5 4;3 2 1]
B =
    9    8    7
    6    5    4
    3    2    1
```

在输入矩阵时，MATLAB允许方括号里还有方括号，结果跟不加方括号是一样的。

2. M 文件生成法

当矩阵的规模比较大时，直接输入法就显得笨拙，出差错也不易修改。为了解决这些问题，可以将所要输入的矩阵按格式先写入一文本文件中，并将此文件以m为其扩展名，即M文件。

M文件是一种可以在MATLAB环境下运行的文本文件，它可以分为命令式文件和函数式文件两种。在此处主要用到的是命令式M文件，用它的简单形式来创建大型矩阵。在MATLAB命令窗口中输入M文件名，所要输入的大型矩阵即可被输入到内存中。

M文件中的变量名与文件名不能相同，否则会造成变量名和函数名的混乱。

例1-23：编制M文件，该包含表1-16中20位25~34周岁的健康女性的测量数据。

表1-16　测量数据

受试验者 i	1	2	3	4	5	6	7	8	9	10
三头肌皮褶厚度 x_1	19.5	24.7	30.7	29.8	19.1	25.6	31.4	27.9	22.1	25.5
大腿围长 x_2	43.1	49.8	51.9	54.3	42.2	53.9	58.6	52.1	49.9	53.5
中臂围长 x_3	29.1	28.2	37	31.1	30.9	23.7	27.6	30.6	23.2	24.8
身体脂肪 y	11.9	22.8	18.7	20.1	12.9	21.7	27.1	25.4	21.3	19.3
受试验者 i	11	12	13	14	15	16	17	18	19	20
三头肌皮褶厚度 x_1	31.1	30.4	18.7	19.7	14.6	29.5	27.7	30.2	22.7	25.2
大腿围长 x_2	56.6	56.7	46.5	44.2	42.7	54.4	55.3	58.6	48.2	51
中臂围长 x_3	30	28.3	23	28.6	21.3	30.1	25.6	24.6	27.1	27.5
身体脂肪 y	25.4	27.2	11.7	17.8	12.8	23.9	22.6	25.4	14.8	21.1

解：在 M 文件编辑器中输入如下内容。

```
% healthy_women.m
% 创建一个 M 文件,用以输入大规模矩阵
measurement = [11.9 22.8 18.7 20.1 12.9 21.7 27.1 25.4 21.3 19.3 25.4 27.2 11.7 17.8 12.8
23.9 22.6 25.4 14.8 21.1;19.5 24.7 30.7 29.8 19.1 25.6 31.4 27.9 22.1 25.5 31.1 30.4 18.7 19.7
14.6 29.5 27.7 30.2 22.7 25.2;43.1 49.8 51.9 54.3 42.2 53.9 58.6 52.1 49.9 53.5 56.6 56.7 46.5
44.2 42.7 54.4 55.3 58.6 48.2 51;29.1 28.2 37 31.1 30.9 23.7 27.6 30.6 23.2 24.8 30 28.3 23 28.6
21.3 30.1 25.6 24.6 27.1 27.5]
```

以文件名"healthy_women.m"保存，然后在 MATLAB 命令窗口中输入文件名，得到下面的结果。

```
>> healthy_women
measurement =
  1~7 列
  11.9000   22.8000   18.7000   20.1000   12.9000   21.7000   27.1000
  19.5000   24.7000   30.7000   29.8000   19.1000   25.6000   31.4000
  43.1000   49.8000   51.9000   54.3000   42.2000   53.9000   58.6000
  29.1000   28.2000   37.0000   31.1000   30.9000   23.7000   27.6000
  8~14 列
  25.4000   21.3000   19.3000   25.4000   27.2000   11.7000   17.8000
  27.9000   22.1000   25.5000   31.1000   30.4000   18.7000   19.7000
  52.1000   49.9000   53.5000   56.6000   56.7000   46.5000   44.2000
  30.6000   23.2000   24.8000   30.0000   28.3000   23.0000   28.6000
  15~20 列
  12.8000   23.9000   22.6000   25.4000   14.8000   21.1000
  14.6000   29.5000   27.7000   30.2000   22.7000   25.2000
  42.7000   54.4000   55.3000   58.6000   48.2000   51.0000
  21.3000   30.1000   25.6000   24.6000   27.1000   27.5000
```

3. 文本文件生成法

MATLAB 中的矩阵还可以由文本文件创建，即在文件夹（通常为 work 文件夹）中建立 txt 文件，在命令窗口中直接调用此文件名即可。

例 1-24：用文本文件创建矩阵 x，其中

$$x = \begin{pmatrix} 1 & 2 & 3 \\ 4 & 5 & 6 \\ 7 & 8 & 10 \end{pmatrix}$$

解：在记事本中建立文件。

```
1   2   3
4   5   6
7   8   10
```

并以 wenben.txt 保存，在 MATLAB 命令窗口中输入如下内容。

```
>> load wenben.txt
>> wenben
wenben =
```

```
        1    2    3
        4    5    6
        7    8   10
```

1.3.2 特殊矩阵

在工程计算以及理论分析中，经常会遇到一些特殊的矩阵，比如全0矩阵、单位矩阵、随机矩阵等。对于这些矩阵，在MATLAB中都有相应的命令可以直接生成。

1. 全0矩阵

在MATLAB中，全零矩阵使用zeros命令表示，该命令的调用格式见表1-17。

表1-17 zeros调用格式

调用格式	说明
X = zeros（m）	生成m阶全0矩阵
X = zeros（m, n）	生成m行n列全0矩阵
X = zeros（size（A））	创建与A维数相同的全0矩阵
X = zeros（…, typename）	返回一个由零组成并且数据类型为typename的矩阵。要创建的数据类型（类），指定为'double'、'single'、'logical'、'int8'、'uint8'、'int16'、'uint16'、'int32'、'uint32'、'int64'、'uint64'或提供zeros支持的其他类的名称
X = zeros（…, 'like', p）	返回一个与p类似的由零值组成的矩阵，它具有与p相同的数据类型（类）、稀疏度和复/实性。要创建的矩阵的原型，指定为矩阵

例1-25：全0矩阵生成示例。

解：在MATLAB命令窗口中输入以下命令。

```
>> X = zeros(2,3,'uint32')
X =

  2×3uint32 矩阵

  0  0  0
  0  0  0
```

2. 全1矩阵

在MATLAB中，全1矩阵使用ones命令表示，该命令的调用格式见表1-18。

表1-18 ones调用格式

调用格式	说明
ones（m）	生成m阶全1矩阵
ones（m, n）	生成m行n列全1矩阵
ones（size（A））	创建与A维数相同的全1矩阵
X = ones（classname） X = ones（n, classname） X = ones（sz1, …, szN, classname） X = ones（sz, classname）	返回由1组成并且数据类型为classname的n×n矩阵。其中classname指定数据类型。大小向量sz定义size（X），classname定义class（X）
X = ones（'like', p） X = ones（n, 'like', p） X = ones（sz1, …, szN, 'like', p） X = ones（sz, 'like', p）	返回一个由1组成的如同p的n×n矩阵。大小向量sz定义size（X），classname定义class（X）

例 **1-26**：全 1 矩阵生成示例。

解：在 MATLAB 命令窗口中输入以下命令。

```
> > p = [1 +2i  3i];
> > X = ones(2,3,'like',p)
X =
   1.0000 + 0.0000i  1.0000 + 0.0000i  1.0000 + 0.0000i
   1.0000 + 0.0000i  1.0000 + 0.0000i  1.0000 + 0.0000i
```

3. 单位矩阵

若 $\lambda_1 = \lambda_2 = \cdots = \lambda_n = 1$，即

$$E_n = \begin{pmatrix} 1 & 0 & \cdots & 0 \\ 0 & 1 & \cdots & 0 \\ \vdots & \vdots & & \vdots \\ 0 & 0 & \cdots & 1 \end{pmatrix}$$

将该矩阵称为单位矩阵。

如果 A 为 $m \times n$ 矩阵，那么 $E_m A = A E_n = A$ 在 MATLAB 中，单位矩阵使用 eye 命令表示，该命令的调用格式见表 1-19。

表 1-19　eye 调用格式

调 用 格 式	说　　　明
I = eye	返回标量 1
eye（m）	生成 m 阶单位矩阵
eye（m, n）	生成 m 行 n 列单位矩阵
eye（size（A））	创建与 A 维数相同的单位矩阵
I = eye（classname） I = eye（n, classname） I = eye（n, m, classname） I = eye（sz, classname）	返回一个主对角线元素为 1 且其他位置元素为 0 的 n × m 矩阵。其中 classname 指定数据类型 class（I）。大小向量 sz 定义 size（I）
I = eye（'like', p） I = eye（n, 'like', p） I = eye（n, m, 'like', p） I = eye（sz, 'like', p）	返回一个与 p 类似的 n × m 矩阵

4. 魔方矩阵

在 MATLAB 中，magic 函数用来生成零矩阵，该命令的调用格式见表 1-20。

表 1-20　magic 调用格式

调 用 格 式	说　　　明
M = magic（n）	生成由 $1 \sim n^2$ 的整数构成并且总行数和总列数相等的 n × n 矩阵

例 **1-27**：魔方矩阵示例

解：在 MATLAB 命令窗口中输入以下命令。

```
> > magic(3)
ans =
    8    1    6
    3    5    7
    4    9    2
```

5. 希尔伯特矩阵

在 MATLAB 中，hilb 函数用来生成希尔伯特（Hilbert）矩阵，逆希尔伯特矩阵的函数为 inhilb，其调用方法见表 1-21。

表 1-21　hilb 调用格式

调用格式	说　明
hilb（n）	生成 n 阶希尔伯特矩阵
H = hilb（n, classname）	生成 'single' 或 'double' 类的 n 阶希尔伯特矩阵

在 MATLAB 中，invhilb 函数用来生成逆希尔伯特矩阵，其调用方法见表 1-22。

表 1-22　invhilb 调用格式

调用格式	说　明
invhilb（n）	生成 n 阶逆希尔伯特矩阵
H = invhilb（n, classname）	生成 'single' 或 'double' 类的 n 阶逆希尔伯特矩阵

例 1-28：创建希尔伯特矩阵。

解：在 MATLAB 命令窗口中输入以下命令。

```
> > A = hilb(4)
A =
    1.0000    0.5000    0.3333    0.2500
    0.5000    0.3333    0.2500    0.2000
    0.3333    0.2500    0.2000    0.1667
    0.2500    0.2000    0.1667    0.1429
```

6. 测试矩阵

在 MATLAB 中，利用 gallery 生成测试矩阵，它的使用格式见表 1-23。

表 1-23　gallery 命令的使用格式

调用格式	说　明
[A, B, C, …] = gallery（matrixname, P1, P2, …）	返回 matrixname，指定的测试矩阵 P1, P2, …是单个矩阵系列所需的输入参数。调用语法中使用的可选参数 P1, P2, …的数目因矩阵而异。matrixname 的名称与对应的矩阵说明见表 1-24
[A, B, C, …] = gallery（matrixname, P1, P2, …, classname）	生成一个 classname 类的矩阵，classname 输入必须为 'single' 或 'double'
gallery（3）	创建对扰动敏感的病态 3×3 矩阵
gallery（5）	创建 5×5 矩阵，包含对舍入误差很敏感的特征值问题

表 1-24　matrixname 的名称

属　性	名　称	调 用 格 式
'binomial'	二项式矩阵	A = gallery ('binomial', n)
'cauchy'	Cauchy 矩阵	A = gallery ('cauchy', x, y)
'chebspec'	Chebyshev 谱微分矩阵	A = gallery ('chebspec', n, k)
'chebvand'	Chebyshev 多项式的范德蒙德矩阵	A = gallery ('chebvand', x)
'chow'	奇异特普利茨下海森伯格矩阵	A = gallery ('chow', n, alpha, delta)
'circul'	循环矩阵	A = gallery ('circul', v)
'clement'	具有零对角项的三对角矩阵	A = gallery ('clement', n, k)
'compar'	比较矩阵	A = gallery ('compar', B, k)
'condex'	矩阵条件数估计量的反例	A = gallery ('condex', n, k, alpha)
'cycol'	列循环重复的矩阵	A = gallery ('cycol', n, k) A = gallery ('cycol', [m n], k)
'dorr'	对角占优、病态、三对角矩阵（稀疏矩阵）	A = gallery ('dorr', n, theta) [v1, v2, v3] = gallery ('dorr', n, alpha)
'dramadah'	矩阵元素全是 0 和 1 的矩阵	A = gallery ('dramadah', n, k) (A) = norm (inv (A), 'fro')
'fiedler'	Fiedler 对称矩阵	A = gallery ('fiedler', x)
'forsythe'	Forsythe 矩阵或扰动 Jordan 块	A = gallery ('forsythe', n, alpha, lambda)
'frank'	具有病态特征值的 Frank 矩阵	A = gallery ('frank', n, k)
'gcdmat'	最大公因子矩阵	A = gallery ('gcdmat', n)
'gearmat'	齿轮矩阵	A = gallery ('gearmat', n, i, j)
'grcar'	具有敏感特征值的 Toeplitz 矩阵	A = gallery ('grcar', n, k)
'hanowa'	特征值位于复平面上的垂直线上的矩阵	A = gallery ('hanowa', n, alpha)
'house'	住户矩阵	[v, beta] = gallery ('house', x)
'integerdata'	在指定范围内均匀分布的随机抽样整数矩阵	A = gallery ('integerdata', imax, [m, n, …], k)
'invhess'	上 Hessenberg 矩阵的逆	gallery ('invhess', x, y)
'invol'	对合矩阵（该矩阵是它自己的逆矩阵）	A = gallery ('invol', n)
'ipjfact'	具有阶乘元素的 Hankel 矩阵	[A, beta] = gallery ('ipjfact', n, k)
'jordbloc'	约旦块矩阵	A = gallery ('jordbloc', n, lambda)
'kahan'	上梯形 Kahan 矩阵	A = gallery ('kahan', n, theta, pert)
'kms'	Kac-Murdock-Szeg Toeplitz 矩阵	A = gallery ('kms', n, rho)
'krylov'	Krylov 矩阵	A = gallery ('krylov', B, x, k)
'lauchli'	Lauchli 矩形矩阵	A = gallery ('lauchli', n, mu)
'lehmer'	Lehmer 对称正定矩阵	A = gallery ('lehmer', n)
'leslie'	来自 Leslie 人口模型的出生数和存活率矩阵	A = gallery ('leslie', x, y)
'lesp'	具有实、敏感特征值的三对角矩阵	A = gallery ('lesp', n)
'lotkin'	Lotkin 矩阵	A = gallery ('lotkin', n)

（续）

属　　性	名　　　称	调用格式
'minij'	对称正定矩阵	A = gallery ('minij', n)
'moler'	Moler 对称正定矩阵	A = gallery ('moler', n, alpha)
'neumann'	离散 Neumann 问题的奇异矩阵（稀疏矩阵）	A = gallery ('neumann', n) A = gallery ('neumann', [m n])
'normaldata'	从标准正态分布（高斯分布）随机抽样的数字数组	A = gallery ('normaldata', [m, n, …], k)
'orthog'	正交和近正交矩阵	A = gallery ('orthog', n, k)
'parter'	Parter 矩阵	A = gallery ('parter', n)
'pei'	PEI 矩阵	A = gallery ('pei', n, alpha)
'poisson'	Poisson 方程中的块三对角矩阵（稀疏矩阵）	A = gallery ('poisson', n)
'prolate'	长矩阵	A = gallery ('prolate', n, alpha)
'randcolu'	具有规范化列和指定奇异值的随机矩阵	A = gallery ('randcolu', n)
'randcorr'	具有指定特征值的随机相关矩阵	A = gallery ('randcorr', n)
'randhess'	随机正交上 Hessenberg 矩阵	A = gallery ('randhess', n)
'randjorth'	随机 J-正交矩阵	A = gallery ('randjorth', n)
'rando'	由元素 −1、0 或 1 组成的随机矩阵	A = gallery ('rando', n, k)
'randsvd'	具有预先分配奇异值的随机矩阵	A = gallery ('randsvd', n, kappa, mode, kl, ku)
'redheff'	1 和 0 的 Redheffer 矩阵	A = gallery ('redheff', n)
'riemann'	与黎曼假说相关的矩阵	A = gallery ('riemann', n)
'ris'	RIS 矩阵	A = gallery ('ris', n)
'sampling'	具有病态整数特征值的非对称矩阵	A = gallery ('sampling', x)
'smoke'	具有"烟环"伪谱的复矩阵	A = gallery ('smoke', n)
'toeppd'	对称正定 Toeplitz 矩阵	A = gallery ('toeppd', n, m, x, theta)
'toeppen'	五对角 Toeplitz 矩阵（稀疏矩阵）	五对角 Toeplitz 矩阵（稀疏矩阵）
'tridiag'	三对角矩阵（稀疏矩阵）	A = gallery ('tridiag', n)
'triw'	Wilkinson 上三角矩阵	A = gallery ('triw', n, alpha, k)
'uniformdata'	从标准均匀分布随机抽样的数字矩阵	A = gallery ('uniformdata', [m, n, ...], k)
'wathen'	Wathen 矩阵（稀疏矩阵）	A = gallery ('wathen', nx, ny)
'wilk'	Wilkinson 设计或讨论的各种矩阵	[U, b] = gallery ('wilk', 3)

例 **1-29**：生成对称矩阵。

解：在 MATLAB 命令窗口中输入以下命令。

```
>> c = linspace(0,10,6);   % 创建 0~10 的向量 c,向量元素个数为 6
>> A = gallery('fiedler',c)
A =
     0     2     4     6     8    10
     2     0     2     4     6     8
     4     2     0     2     4     6
```

```
    6    4    2    0    2    4
    8    6    4    2    0    2
   10    8    6    4    2    0
```

例 1-30：生成豪斯霍尔德矩阵。

解：在 MATLAB 命令窗口中输入以下命令。

```
>> x = linspace(0,10,5);
>> [v,beta,s] = gallery('house',x',0)
v =
   13.6931
    2.5000
    5.0000
    7.5000
   10.0000
beta =
    0.0053
s =
  -13.6931
```

7. 随机矩阵

rand 函数、randi 函数和 randn 函数使用随机数生成器生成随机矩阵，具体的调用格式见表 1-25。

表 1-25　函数调用格式

命 令 名	说　　明
rand（m）	在 [0, 1] 区间内生成 m 阶均匀分布的随机矩阵
rand（m, n）	生成 m 行 n 列均匀分布的随机矩阵
rand（size（A））	在 [0, 1] 区间内创建一个与 A 维数相同的均匀分布的随机矩阵
X = randn（n）	由正态分布的随机矩阵成的 n×n 矩阵。
randi（n）	返回一个介于 1 和 n 之间的均匀分布的伪随机整数

在 MATLAB 中 rng 函数控制随机数生成，具体的调用格式见表 1-26。

例 1-31：检索和还原生成器设置。

解：在 MATLAB 命令窗口中输入以下命令。

```
>> x = rand(1,5)      % 调用 rand 第一次生成随机值向量
x =
    0.8147    0.9058    0.1270    0.9134    0.6324
>> x = rand(1,5)      % 调用 rand 第二次生成随机值向量
x =
  0.0975    0.2785    0.5469    0.9575    0.9649
>> s = rng;           % 将当前生成器设置保存在 s 中
>> x = rand(1,5)      % 调用 rand 以生成随机值向量
x =

    0.1576    0.9706    0.9572    0.4854    0.8003
```

```
>> rng(s);        % 通过调用 rng 还原原始生成器设置
>> y = rand(1,5)  % 生成一组新的随机值并验证 x 和 y 是否相等
y =
    0.1576    0.9706    0.9572    0.4854    0.8003
```

表 1-26   rng 函数调用格式

命令名	说　明
rng（seed）	使用非负整数 seed 为随机数生成器提供种子，以使 rand、randi 和 randn 生成可预测的数字序列
rng（'shuffle'）	根据当前时间为随机数生成器提供种子
rng（seed，generator）	指定 rand、randi 和 randn 使用的随机数生成器的类型。generator 输入为以下项之一。 ● 'twister'：梅森旋转 ● 'simdTwister'：面向 SIMD 的快速梅森旋转算法 ● 'combRecursive'：组合多递归 ● 'philox'：执行 10 轮的 Philox 4×32 生成器 ● 'threefry'：执行 20 轮的 Threefry 4×64 生成器 ● 'multFibonacci'：乘法滞后 Fibonacci ● 'v5uniform'：传统 MATLAB 5.0 均匀生成器 ● 'v5normal'：传统 MATLAB 5.0 正常生成器 ● 'v4'：传统 MATLAB 4.0 生成器
rng（'default'）	将随机数生成器的设置重置为其默认值
scurr = rng	返回 rand、randi 和 randn 使用的随机数生成器的当前设置
rng（s）	将 rand、randi 和 randn 使用的随机数生成器的设置还原回之前用 s = rng 等命令捕获的值
sprev = rng（…）	返回 rand、randi 和 randn 使用的随机数生成器的以前设置，然后更改这些设置

1.3.3 矩阵元素函数

矩阵建立起来之后，还需要对其元素进行引用、修改。表 1-27 列出矩阵元素的引用格式，表 1-28 列出了常用的矩阵元素修改命令。

表 1-27   矩阵元素的引用格式

格　式	说　明
X（m，:）	表示矩阵中第 m 行的元素
X（:，n）	表示矩阵中第 n 列的元素
X（:，:，p）	表示三维矩阵 X 的第 p 页
X（:）	将 X 中的所有元素重构成一个列向量
X（:，:）	将 X 中的所有元素重构成一个二维矩阵
X（j: k）	索引矩阵中第 j ~ k 个元素，因此相当于向量 $[A(j), A(j+1), \cdots, A(k)]$
X（:，j: k）	包含第一个维度中的所有下标，使用向量 j: k 对第二个维度进行索引。返回包含列 $[A(:,j), A(:,j+1), \cdots, A(:,k)]$ 的矩阵
X（m，n1: n2）	表示矩阵中第 m 行中第 n1 ~ n2 个元素

例 1-32：矩阵元素的引用。

解：在 MATLAB 命令窗口中输入以下命令。

表1-28 矩阵元素修改命令

命令名	说　明
D = ［A；B C］	A 为原矩阵，B、C 中包含要扩充的元素，D 为扩充后的矩阵
A (m,:) = [ ]	删除 A 的第 m 行
A (:, n) = [ ]	删除 A 的第 n 列
A (m, n) =a；A (m,:) = ［a b…］；A (:, n) = ［a b…］	对 A 的第 m 行第 n 列的元素赋值；对 A 的第 m 行赋值；对 A 的第 n 列赋值

```
>> A = gallery('krylov',5)   %  创建克里洛夫矩阵
A =

    1.0000   -1.1564    7.5693   -2.8651    98.5245
    1.0000    1.9966    1.2684  -14.0008   -89.1960
    1.0000    2.9715    8.9941   25.1793    57.9993
    1.0000    6.8485   12.4405   60.5949   136.3530
    1.0000    4.6030    2.1602   38.9971    16.6650
>> A(:,1)
ans =

    1
    1
    1
    1
    1
>> A(:,3)
ans =

    7.5693
    1.2684
    8.9941
   12.4405
    2.1602
>> A(1,2:3)
ans =

   -1.1564    7.5693
```

例 1-33：扩充矩阵。

解：在 MATLAB 命令窗口中输入以下命令。

```
>> A=hilb(4)   %  创建 4 阶希尔伯特矩阵
A =
    1.0000    0.5000    0.3333    0.2500
    0.5000    0.3333    0.2500    0.2000
    0.3333    0.2500    0.2000    0.1667
```

```
     0.2500     0.2000     0.1667     0.1429
>> A(3,:) = []                % 删除矩阵第三行
A =
     1.0000     0.5000     0.3333     0.2500
     0.5000     0.3333     0.2500     0.2000
     0.2500     0.2000     0.1667     0.1429
>> A(:,3) = []                % 删除矩阵第三列
A =
     1.0000     0.5000     0.2500
     0.5000     0.3333     0.2000
     0.2500     0.2000     0.1429
>> B = ones(3);
>> C = magic(6);
>> D = [A;B]                  % 按列扩充矩阵,添加矩阵行数
D =

     1.0000     0.5000     0.2500
     0.5000     0.3333     0.2000
     0.2500     0.2000     0.1429
     1.0000     1.0000     1.0000
     1.0000     1.0000     1.0000
     1.0000     1.0000     1.0000
>> D = [D C]                  % 扩充矩阵,添加矩阵列数
D =

   列 1~5

     1.0000     0.5000     0.2500    35.0000     1.0000
     0.5000     0.3333     0.2000     3.0000    32.0000
     0.2500     0.2000     0.1429    31.0000     9.0000
     1.0000     1.0000     1.0000     8.0000    28.0000
     1.0000     1.0000     1.0000    30.0000     5.0000
     1.0000     1.0000     1.0000     4.0000    36.0000

   列 6~9

    6.0000    26.0000    19.0000    24.0000
    7.0000    21.0000    23.0000    25.0000
    2.0000    22.0000    27.0000    20.0000
   33.0000    17.0000    10.0000    15.0000
   34.0000    12.0000    14.0000    16.0000
   29.0000    13.0000    18.0000    11.0000
```

不但矩阵元素可以引用修改，矩阵的维度和方向也可以进行变换，常用的矩阵变维命令见表-29。

表 1-29　矩阵变维命令

命 令 名	说　　明
C (:) = A (:)	将 A 矩阵转换成 C 矩阵的维度，A、C 矩阵元素个数必须相同
reshape (X, m, n)	将已知矩阵变维成 m 行 n 列的矩阵

1. 矩阵的旋转

在 MATLAB 中，rot90 命令用于将数组旋转 90°，该命令的格式与说明见表 1-30。

表 1-30　rot90 命令

函 数 类 型	说　　明
rot90 (A)	将 A 逆时针方向旋转 90°对于多维数组，rot90 在由第一个和第二个维度构成的平面中旋转
rot90 (A, k)	将 A 逆时针方向旋转 90° * k，k 可为正整数或负整数

例 1-34：旋转矩阵示例。

解：在 MATLAB 命令窗口中输入以下命令。

```
>> A = gallery('parter',3)    % 创建分配矩阵
A =

    2.0000   -2.0000   -0.6667
    0.6667    2.0000   -2.0000
    0.4000    0.6667    2.0000
>> rot90(A)                   % 逆时针旋转 90°
ans =

   -0.6667   -2.0000    2.0000
   -2.0000    2.0000    0.6667
    2.0000    0.6667    0.4000
```

2. 矩阵的镜像

在 MATLAB 中，flip 命令用于镜像矩阵，翻转矩阵元素，该命令的格式与说明见表 1-31。

表 1-31　flip 命令

函 数 类 型	说　　明
B = flip (A)	返回的矩阵 B 具有与 A 相同的大小，但元素顺序已反转
B = flip (A, dim)	沿维度 dim 反转 A 中元素的顺序

数组的镜像变换实质是翻转矩阵元素的操作，分为两种，包括左右翻转与上下翻转。

◆ flip (A, 1) 将翻转每一列中的元素。

◆ flip (A, 2) 将翻转每一行中的元素。

例 1-35：数组上下翻转示例。

解：在 MATLAB 命令窗口中输入以下命令。

```
>> alpha =1;
>> A = gallery('pei',6,alpha)    % 创建 pei 矩阵
A =
```

```
     2    1    1    1    1    1
     1    2    1    1    1    1
     1    1    2    1    1    1
     1    1    1    2    1    1
     1    1    1    1    2    1
     1    1    1    1    1    2
>> flip(A,1)   %  将翻转每一列中的元素
ans =

     1    1    1    1    1    2
     1    1    1    1    2    1
     1    1    1    2    1    1
     1    1    2    1    1    1
     1    2    1    1    1    1
     2    1    1    1    1    1
>> flip(A,2)   %  将翻转每一行中的元素
ans =

     1    1    1    1    1    2
     1    1    1    1    2    1
     1    1    1    2    1    1
     1    1    2    1    1    1
     1    2    1    1    1    1
     2    1    1    1    1    1
```

在 MATLAB 中，还包括专门的左右翻转与上下翻转命令，下面分别进行介绍。

（1）左右翻转

使用 fliplr 函数将矩阵中的元素左右翻转，调用方法如下。

```
B = fliplr(A)
```

例 1-36：矩阵左右翻转示例。

解：在 MATLAB 命令窗口中输入以下命令。

```
>> A = gallery('minij',3)%  创建对称正定矩阵 A
A =

     1    1    1
     1    2    2
     1    2    3
>> B = fliplr(A)
B =

     1    1    1
     2    2    1
     3    2    1
```

（2）上下翻转

使用 flipud 函数将矩阵中的元素左右翻转，调用方法如下。

```
B = flipud(A)
```

例 1-37：矩阵上下翻转示例。

解：在 MATLAB 命令窗口中输入以下命令。

```
>> A = magic(3)
A =
    0.7431    0.1712    0.2769
    0.3922    0.7060    0.0462
    0.6555    0.0318    0.0971
>> B = flipud(A)
B =
    0.6555    0.0318    0.0971
    0.3922    0.7060    0.0462
    0.7431    0.1712    0.2769
```

例 1-38：矩阵的变维示例。

解：在 MATLAB 命令窗口中输入以下命令。

```
>> A = 1:12;
>> B = reshape(A,2,6)
B =
    1    3    5    7    9   11
    2    4    6    8   10   12
>> C = zeros(3,4);          % 用":"法必须先设定修改后矩阵的形状
>> C(:) = A(:)
C =
    1    4    7   10
    2    5    8   11
    3    6    9   12
```

例 1-39：矩阵串联与变向示例。

解：在 MATLAB 命令窗口中输入以下命令。

```
>> A = eye(3);          % 创建 3 阶单位矩阵
>> B = magic(3);
>> C = [A;B]
C =

    1    0    0
    0    1    0
    0    0    1
    8    1    6
    3    5    7
    4    9    2
>> flipdim(C,1)
```

```
ans =

    4    9    2
    3    5    7
    8    1    6
    0    0    1
    0    1    0
    1    0    0
> > flipdim(C,2)
ans =

    0    0    1
    0    1    0
    1    0    0
    6    1    8
    7    5    3
    2    9    4
```

3. 矩阵带宽

矩阵带宽是显示器视频放大器通频带宽度的简称，凡电子电路都存在一个固有的通频带。带宽越宽，响应速度就越快，允许通过的信号频率越高，信号失真越小。

矩阵的上带宽和下带宽是通过求包含非零值的最远一个对角线（分别在主对角线上方或下方）测得的。

对于包含元素 A_{ij} 的矩阵 $\boldsymbol{A}$：

上带宽 B_1 是最小数，这样无论何时 $j - i > B_1$，$A_{ij} = 0$。

下带宽 B_2 是最小数，这样无论何时 $i - j < B_2$，$A_{ij} = 0$。

在 MATLAB 中，bandwidth 命令用于得到矩阵的上下带宽，该命令的格式与说明见表1-32。

表 1-32　diag 命令

函数类型	说明
B = bandwidth (A, type)	返回 type 指定的矩阵 A 的带宽。若 type 为'lower'，返回下带宽；为'upper'，返回上带宽
[lower, upper] = bandwidth (A)	返回矩阵 A 的下带宽 lower 和上带宽 upper

在 MATLAB 中，isbanded 命令用于矩阵是否位于特定的下带宽和上带宽范围内，该命令的格式与说明见表1-33。

表 1-33　isbanded 命令

命令名	说明
tf = isbanded (A, lower, upper)	如果矩阵 A 在指定的下带宽 lower 和上带宽 upper 范围内，则 tf = isbanded (A, lower, upper) 返回逻辑值 1（true）；否则返回逻辑值 0（false）

例 1-40：矩阵带宽示例。

解：MATLAB 程序如下。

```
>> A = gallery('lotkin',4)        % 创建第一行为1的希尔伯特矩阵
A =
    1.0000    1.0000    1.0000    1.0000
    0.5000    0.3333    0.2500    0.2000
    0.3333    0.2500    0.2000    0.1667
    0.2500    0.2000    0.1667    0.1429
>> [lower,upper] = bandwidth(A)   % 返回矩阵 A 的下带宽 lower 和上带宽 upper
lower =
    3
upper =
    3
```

1.3.4 对角矩阵

对矩阵元素修改的特例包括对角元素和上（下）三角阵的抽取。在 MATLAB 中包括专用的命令。

1. 对角矩阵

n 阶矩阵显示格式如下

$$\begin{pmatrix} \lambda_1 & 0 & \cdots & 0 \\ 0 & \lambda_2 & \cdots & 0 \\ \vdots & \vdots & & \vdots \\ 0 & 0 & \cdots & \lambda_n \end{pmatrix}$$

则称该矩阵为对角矩阵。两个对角矩阵的和是对角矩阵，两个对角矩阵的积也是对角矩阵。

对于矩阵 $A \in \mathbf{C}^{n \times n}$，所谓的矩阵对角化就是找一个非奇异矩阵 P，使得

$$P^{-1}AP = \begin{pmatrix} \lambda_1 & & \\ & \ddots & \\ & & \lambda_n \end{pmatrix}$$

其中，$\lambda_1, \cdots, \lambda_n$ 为 A 的 n 个特征值。

矩阵对角化在实际中可以大大简化矩阵的各种运算，但不是每个矩阵均可进行对角化转换，因此判断矩阵是否可以进行对角化转换是首要步骤。

◆ 定理 1：n 阶矩阵 A 可对角化的充要条件是 A 有 n 个线性无关的特征向量。

◆ 定理 2：矩阵 A 可对角化的充要条件是 A 的每一个特征值的几何重复度等于代数重复度。

◆ 定理 3：实对称矩阵 A 总可以对角化，且存在正交矩阵 P 使得

$$P^{\mathrm{T}}AP = \begin{pmatrix} \lambda_1 & & \\ & \ddots & \\ & & \lambda_n \end{pmatrix}$$

其中，$\lambda_1, \cdots, \lambda_n$ 为 A 的 n 个特征值。

对于矩阵 $\begin{pmatrix} a_{11} & \cdots & a_{1n} \\ \vdots & \ddots & \vdots \\ a_{m1} & \cdots & a_{mn} \end{pmatrix}$，斜对角上的元素是主对角线元素，如图 1-1

所示，包括 a_{11}，a_{22}，$\cdots$，a_{mn}。

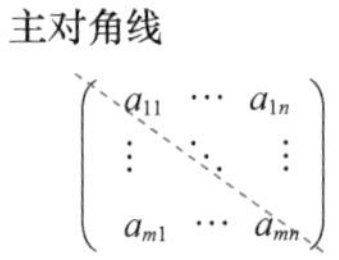

在 MATLAB 中，diag 命令用于抽取矩阵的对角线上的元素，组成对角

主对角线

$$\begin{pmatrix} a_{11} & \cdots & a_{1n} \\ \vdots & \ddots & \vdots \\ a_{m1} & \cdots & a_{mn} \end{pmatrix}$$

图 1-1　主对角元素

线数组，该命令的格式与说明见表1-34。

表1-34　diag 命令

函 数 类 型	说　　明
diag（A，k）	抽取矩阵 A 的第 k 条对角线上的元素向量。k 为 0 时即抽取主对角线，k 为正整数时抽取上方第 k 条对角线上的元素，k 为负整数时抽取下方第 k 条对角线上的元素
diag（A）	抽取矩阵 A 主对角线
diag（v，k）	使得向量 v 为所得矩阵第 k 条对角线上的元素向量
diag（v）	使得向量 v 为所得数组主对角线上的元素向量

在 MATLAB 中，isdiag 命令用于确定矩阵是否为对角矩阵，该命令的格式与说明见表1-35。

表1-35　isdiag 命令

命 令 名	说　　明
tf = isdiag（A）	如果 A 是一个对角矩阵，则 tf = isdiag（A）返回逻辑值 1（true）；否则返回逻辑值 0（false）

例1-41：矩阵对角线抽取示例。

解：MATLAB 程序如下。

```
>> A = eye(4)
A =
1   0   0   0
0   1   0   0
0   0   1   0
0   0   0   1
>> v = diag(A)
v =
1
1
1
1
```

2. 上对角矩阵

在 MATLAB 中，triu 命令用于抽取矩阵的对角线上三角部分的元素，下三角元素使用 0 替代，组成上对角线矩阵，如图1-2所示，该命令的格式与说明见表1-36。

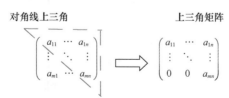

图1-2　上三角矩阵转换

例1-42：上对角矩阵示例。

解：MATLAB 程序如下。

表 1-36　triu 命令

命令名	说　明
triu（A）	提取矩阵 A 的主上三角部分
triu（A，k）	提取矩阵 A 的第 k 条对角线上面的部分（包括第 k 条对角线）

```
> > triu([2 2 2;1 2 1],1)   % 提取矩阵的主上三角部分
ans =

     0    2    2
     0    0    1
```

在 MATLAB 中，istriu 命令用于确定矩阵是否为上三角矩阵，该命令的格式与说明见表 1-37。

表 1-37　istriu 命令

命令名	说　明
tf = istriu（A）	如果 A 是一个上三角矩阵，则 tf = istriu（A）返回逻辑值 1（true）；否则返回逻辑值 0（false）

例 1-43：上三角矩阵示例。

解：MATLAB 程序如下。

```
> > A = magic(4)
A =
    16     2     3    13
     5    11    10     8
     9     7     6    12
     4    14    15     1
> > B = triu(A, -1)
B =

16     2     3    13
 5    11    10     8
 0     7     6    12
 0     0    15     1
> > istriu(B)
ans =
  logical
   0
```

3. 下对角矩阵

在 MATLAB 中，tril 命令用于抽取矩阵的对角线下三角部分的元素，其余部分用 0 替代，组成下对角线矩阵，如图 1-3 所示，该命令的格式与说明见表 1-38。

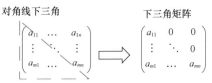

图 1-3　下三角矩阵转换

表1-38 tril 命令

命令名	说　明
tril（A）	提取矩阵 A 的主下三角部分
tril（A，k）	提取矩阵 A 的第 k 条对角线下面的部分（包括第 k 条对角线）

在 MATLAB 中，istril 命令用于确定矩阵是否为下三角矩阵，该命令的格式与说明见表1-39。

表1-39 istril 命令

命令名	说　明
tf = istril（A）	如果 A 是一个下三角矩阵，则 tf = istriu（A）返回逻辑值 1（true）；否则返回逻辑值 0（false）

例1-44：下三角矩阵示例。

解：MATLAB 程序如下。

```
> > A = eye(4)
A =

   1   0   0   0
   0   1   0   0
   0   0   1   0
   0   0   0   1
> >tril(A, -1)
ans =

   0   0   0   0
   0   0   0   0
   0   0   0   0
   0   0   0   0
> >istril(A)
ans =
  logical
   1
```

1.3.5 矩阵基本运算

矩阵的基本运算包括加、减、乘、数乘、点乘、乘方、左乘、右乘、求逆等。其中加、减、乘与大家所学的线性代数中的定义是一样的，相应的运算符为" + "" – "" * "，而矩阵的除法运算是 MATLAB 所特有的，分为左除和右除，相应运算符为" \ "和" / "。

MATLAB 的除法运算较为特殊。对于简单数值而言，算术左除与算术右除也不同。算术右除与传统的除法相同，即 $a/b = a \div b$；而算术左除则与传统的除法相反，即 $a \backslash b = b \div a$。

对矩阵而言，算术右除 B/A 相当于求解线性方程 $X * A = B$ 的解；算术左除 $A \backslash B$ 相当于求解线性方程 $A * X = B$ 的解。点左除与点右除与上面点运算相似，是变量对应于元素进行点除。

例1-45：矩阵的基本运算示例。

解：MATLAB 程序如下。

```
> > A = gallery('cauchy',1:5,2:6);   %  创建柯西矩阵
A =

0.3333    0.2500    0.2000    0.1667    0.1429
0.2500    0.2000    0.1667    0.1429    0.1250
0.2000    0.1667    0.1429    0.1250    0.1111
0.1667    0.1429    0.1250    0.1111    0.1000
0.1429    0.1250    0.1111    0.1000    0.0909
> > B = eye(5)
B =

1    0    0    0    0
0    1    0    0    0
0    0    1    0    0
0    0    0    1    0
0    0    0    0    1
> > A* B
ans =

0.3333    0.2500    0.2000    0.1667    0.1429
0.2500    0.2000    0.1667    0.1429    0.1250
0.2000    0.1667    0.1429    0.1250    0.1111
0.1667    0.1429    0.1250    0.1111    0.1000
0.1429    0.1250    0.1111    0.1000    0.0909
> > A * B
ans =

0.3333         0         0         0         0
     0    0.2000         0         0         0
     0         0    0.1429         0         0
     0         0         0    0.1111         0
     0         0         0         0    0.0909
> > A .\B
ans =

3    0    0    0    0
0    5    0    0    0
0    0    7    0    0
0    0    0    9    0
0    0    0    0   11
```

    MATLAB 以矩阵为基本运算单元，而构成矩阵的基本单元是数据。为了更好地学习和掌握矩阵的运算，首先对数据的基本函数作简单介绍。

    另外，常用的运算还有指数函数、对数函数、平方根函数等。用户可查看相应的帮助获得使用方法和相关信息。

第 2 章　MATLAB 基础知识

内容指南

MATLAB 是一种功能非常强大的科学计算软件。使用 MATLAB 之前，应该对它有一个整体的认识，熟悉并掌握该软件最基本的命令，包括文件路径设置、文件的管理、图形绘制，为后面的学习打下坚实的基础。

内容要点

- 文件路径
- 文件夹的管理
- 打开和关闭文件
- 文件属性
- 二维绘图命令
- 图形属性设置

2.1　文件路径

任何一个文件的操作（如文件的打开、创建、读写、删除、复制等），都需要确定文件在磁盘中的位置。MATLAB 与 C 语言一样，也是通过文件路径（文件夹位置）来定位文件的。不同的操作系统对路径的格式有不同的规定，但大多数的操作系统都支持树状目录结构，即有一个根目录（Root），在根目录下，可以存在文件和子目录（Sub Directory），子目录下又可以包含各级子目录及文件。

路径下的实际目录取决于文件的格式。

在 Windows 系统下，一个有效的路径格式如下。

drive：\ < dir… > \ < file or dir >

其中， < drive： >是文件所在的逻辑驱动器盘符， < dir… >是文件或目录所在的各级子目录， < file or dir >是所要操作的文件或目录名。MATLAB 的路径输入必须满足这种格式要求。

当前文件夹是 MATLAB 用于查找文件的参考位置。该文件夹也可称为当前目录、当前工作文件夹或现有工作目录。

在 MATLAB 中，除了可以利用"当前文件夹"工具栏查看当前文件夹外，还可以执行命令，更改或显示当前文件夹。

1. 显示搜索路径

MATLAB 的操作是在它的搜索路径（包括当前路径）中进行的，如果调用的函数在搜索路径之外，MATLAB 就会认为该函数不存在。初学者往往会遇到这种问题，明明自己编写的函数在某个路径下，但 MATLAB 却报告此函数不存在。其实只要把程序所在的目录扩展成为 MATLAB 的搜索路径就可以了。

搜索路径是文件系统中所有文件夹的子集。MATLAB 使用搜索路径来高效地定位用于 Mathworks 产品的文件。

默认的 MATLAB 搜索路径是 MATLAB 的主安装目录和所有工具箱的目录，用户可以通过以下几种形式查看搜索路径。

1）在 MATLAB 中，path 命令用于文件的搜索路径，该命令的使用格式见表 2-1。

表 2-1　path 命令的使用格式

命 令 格 式	说　明
path	显示 MATLAB 搜索路径，该路径存储在 pathdef. m 中
path（newpath）	将搜索路径更改为 newpath
path（oldpath，newfolder）	将 newfolder 文件夹添加到搜索路径的末尾
path（newfolder，oldpath）	将 newfolder 文件夹添加到搜索路径的开头
p = path（…）	以字符向量形式返回 MATLAB 搜索路径

例 2-1：显示 MATLAB 下的搜索路径。

解：MATLAB 程序如下。

```
> > path
MATLABPATH
C:\Users\yan\Documents\MATLAB
C:\Users\yan\AppData\Local\Temp\Editor_vxdxq
C:\Program Files\Polyspace\R2020a\toolbox\matlab\capabilities
C:\Program Files\Polyspace\R2020a\toolbox\matlab\datafun
C:\Program Files\Polyspace\R2020a\toolbox
...
C:\Program Files\Polyspace\R2020a\toolbox\rtw\targets\xpc\xpc\xpcmngr
C:\Program Files\Polyspace\R2020a\toolbox\rtw\targets\xpc\xpcdemos
```

2）在命令窗口输入命令 pathtool 进入搜索路径设置对话框，如图 2-1 所示。单击"添加文件夹"按钮，或者单击"添加并包含子文件夹"按钮，进入文件夹浏览对话框。前者只把某一目录下的文件包含进搜索范围而忽略子目录，后者将子目录也包含进来。最好选择后者以避免一些可能的错误。

图 2-1　"设置路径"对话框

在文件夹浏览对话框中，选择一个已存在的文件夹，或者新建一个文件夹，然后在"设置路径"对话框中单击"保存"按钮就将该文件夹保存进搜索路径了。

在 MATLAB 中，userpath 命令用于查看或更改默认用户工作文件夹，该命令的使用格式见表2-2。

表 2-2　userpath 命令的使用格式

命 令 格 式	说　　明
userpath	返回搜索路径上的第一个文件夹，指定为字符向量
userpath（newpath）	将搜索路径上的第一个文件夹设置为 newpath
userpath（'reset'）	将搜索路径上的第一个文件夹设置为自己平台的默认文件夹
userpath（'clear'）	立即从搜索路径中删除第一个文件夹

例 2-2：查看 userpath 文件夹。

解：MATLAB 程序如下。

```
> > clear
> > close all
> > pwd    % 显示当前路径
ans =
    'C:\Program Files \Polyspace \R2020a \bin'
> > userpath   % 确认当前文件夹为 userpath 文件夹
ans =
    'C:\Users \yan \Documents \MATLAB'
```

在 MATLAB 中，pathsep 命令用于显示带分隔符的搜索路径，该命令的使用格式见表2-3。

表 2-3　pathsep 命令的使用格式

命 令 格 式	说　　明
c = pathsep	返回适用于当前平台的搜索路径分隔符

2. 搜索路径文件夹

搜索路径上的文件夹顺序十分重要。当在搜索路径上的多个文件夹中出现同名文件时，MAT-LAB 将使用搜索路径中最靠前的文件夹中的文件。

在 MATLAB 中，addpath 命令用于从搜索路径中添加文件夹，不仅可以添加搜索目录，还可以设置新目录的位置。该命令的使用格式见表2-4。

表 2-4　addpath 命令的使用格式

命 令 格 式	说　　明
addpath（folderName1，…，folderNameN）	将指定的文件夹添加到当前搜索路径的顶层
addpath（folderName1，…，folderNameN，position）	将指定的文件夹添加到 position 指定的搜索路径的最前面或最后面。'-begin '将指定文件夹添加到搜索路径的顶层。'-end '将指定文件夹添加到搜索路径的底层
addpath（…，'-frozen'）	为所添加的文件夹禁用文件更改检测
oldpath = addpath（…）	返回在添加指定文件夹之前的路径

例 2-3：添加新的搜索路径。

解：MATLAB 程序如下。

```
>> clear
>> close all
>> addpath('c:\MATLAB\work','-end')    % 将新目录添加到整个搜索路径的末尾
>> path                                % 显示添加新路径的搜索路径
MATLABPATH
C:\Users\Administrator\Documents\MATLAB
D:\Program Files\Polyspace\R2020a\toolbox\matlab\capabilities
D:\Program Files\Polyspace\R2020a\toolbox\matlab\datafun
...
D:\Program Files\Polyspace\R2020a\toolbox\rtw\targets\xpc\xpcdemos
C:\MATLAB\work
>> addpath('c:\MATLAB\work','-begin')  % 将新目录添加到整个搜索路径的开始
>> path
MATLABPATH
C:\MATLAB\work
C:\Users\Administrator\Documents\MATLAB
...
```

在 MATLAB 中，savepath 命令用于保存当前搜索路径，该命令的使用格式见表 2-5。

表 2-5　savepath 命令的使用格式

命令格式	说　明
savepath	将当前 MATLAB 搜索路径保存到当前文件夹的现有 pathdef.m 文件中。如果当前文件夹中没有 pathdef.m 文件，则 savepath 将搜索路径保存到当前路径上的第一个 pathdef.m 文件中。如果当前路径上不存在此文件，则 savepath 会将搜索路径保存到 MATLAB 在启动时查找的 pathdef.m 文件
savepath folderName/pathdef.m	将当前搜索路径保存到 folderName 指定的文件夹中的 pathdef.m。如果不指定 folderName，则 savepath 会将 pathdef.m 保存到当前文件夹中
status = savepath（…）	当 savepath 命令操作成功时，status 输出为 0，否则为 1

在 MATLAB 中，rmpath 命令用于从搜索路径中删除文件夹，该命令的使用格式见表 2-6。

表 2-6　rmpath 命令的使用格式

命令格式	说　明
rmpath（folderName）	从搜索路径中删除指定文件夹。其中，folderName 表示文件夹名称

例 2-4：从搜索路径中删除文件夹。

解：MATLAB 程序如下。

```
>> clear
>> close all
>> mkdir myplan      % 在当前目录下创建名称为 myplan 的文件夹
>> addpath('myplan') % 将新目录添加到整个搜索路径的开始
```

```
> > path
MATLABPATH
C:\Program Files \Polyspace \R2020a \bin \myplan
C:\Users \Administrator \Documents \MATLAB
> > rmpath('C:\Program Files \Polyspace \R2020a \bin \myplan')   %  删除目录文件夹
> > path
MATLABPATH
C:\Users \Administrator \Documents \MATLAB
...
```

在 MATLAB 中，genpath 命令用于生成路径名称，输出由 MATLAB 所有搜索路径连接而成的长字符串，该命令的使用格式见表 2-7。

表 2-7   genpath 命令的使用格式

命 令 格 式	说　明
p = genpath	返回一个包含路径名称的字符向量
p = genpath （folderName）	返回一个包含路径名称的字符向量，该路径名称中包含 folderName 以及 folderName 下的多级子文件夹

3. 确定文件和文件夹是否在搜索路径下

在 MATLAB 中，what 命令列出当前文件夹的路径以及在当前文件夹中找到的与 MATLAB 相关的所有文件和文件夹。该命令的使用格式见表 2-8。

表 2-8   what 命令的使用格式

命 令 格 式	说　明
what	列出文件夹中的 MATLAB 文件。这里列出的文件包括 MATLAB 程序文件 (.m 和 .mlx)、MAT 文件、Simulink 模型文件 (.mdl 和 .slx)、MEX 文件、MATLAB App 文件 (.mlapp)、P 文件，以及所有的类文件夹和包文件夹
what folderName	列出 folderName 的路径、文件和文件夹信息。文件夹的名称，folderName 指定为字符向量或字符串标量。对于本地文件夹，不需要给出文件夹的完整路径
s = what （…）	返回结构体数组形式的结果

例 2-5：列出路径、文件和文件夹信息。

解：MATLAB 程序如下。

```
> > clear
> > close all
> > what example    %  列出 example 文件夹中 MATLAB 的文件和文件夹
文件夹 D:\Program Files \Polyspace \R2020a \toolbox \matlab \project \example 中的 Packages matlab
```

在 MATLAB 中，which 命令显示当前文件夹的路径，以及在当前文件夹中找到的相应文件的完整路径。该命令的使用格式见表 2-9。

表 2-9   which 命令的使用格式

命 令 格 式	说　明
which item	显示 item 的完整路径

如果 item 是一个重载的函数或方法，则 which item 只返回找到的第一个函数或方法的路径。

例 2-6：列出路径、文件和文件夹信息。

解：MATLAB 程序如下。

```
>> clear
>> close all
>> whichaiji.jpg      % 列出当前路径下 aiji.jpg 文件的完整路径
D:\Program Files\Polyspace\R2020a\bin\yuanwenjian\10\aiji.jpg
```

2.2 文件夹的管理

一般情况下，MATLAB 函数在处理文件时，始终输入参数为接收这些文件的完整路径，确保 MATLAB 能够找到需要的文件，可以构造并传递完整路径、将当前文件夹更改至正确的文件夹，或是将所需文件夹添加到路径。

2.2.1 当前文件夹管理

在 MATLAB 中，cd 命令用于更改当前文件夹，修改文件路径，该命令的使用格式见表 2-10。

表 2-10　cd 命令的使用格式

命 令 格 式	说　　　明
cd	显示当前文件夹
cd newFolder	将当前文件夹更改为 newFolder。如果 newFolder 包含空格，请使用单引号将其引起来。../表示当前文件夹的上一级。多个 ../ 表示当前文件夹之上的若干级。./表示相对于当前文件夹的路径
oldFolder = cd（newFolder）	将现有的当前文件夹返回给 oldFolder，然后将当前文件夹更改为 newFolder

例 2-7：使用完整路径和相对路径更改当前文件夹。

解：MATLAB 程序如下。

```
>> clear
>> close all
>> cd                        % 显示当前目录文件夹
c:\Program Files\Polyspace\R2020a\bin\yuanwenjian
>> cd 'c:\Program Files\Polyspace\R2020a\bin'  % 更改当前路径  ▸ C: ▸ Program Files ▸ Polyspace ▸ R2020a ▸ bin ▸
>> cd ..\..        % 更改当前目录文件夹为当前文件夹的上一级的上一级  ▸ C: ▸ Program Files ▸ Polyspace ▸
```

在 MATLAB 中，pwd 命令用于确定当前文件夹，与 cd 命令不同的是，该命令还可存储路径该命令的使用格式见表 2-11。

表 2-11　pwd 命令的使用格式

命 令 格 式	说　　　明
pwd	显示当前文件夹
currentFolder = pwd	返回当前文件夹的路径

例 **2-8**：显示文件路径。

解：MATLAB 程序如下。

```
> > clear
> > close all
> > pwd                    % 显示当前目录文件夹，在工作区中存储路径变量
ans =
  'C:\Program Files \Polyspace \R2020a \bin'
> > lj = pwd              % 将当前路径变量赋值给变量 lj
lj =
  'C:\Program Files \Polyspace \R2020a \bin'
```

1. 显示当前路径下的内容

在 MATLAB 中，dir 命令用于列出文件夹内容，该命令的使用格式见表 2-12。

表 **2-12** **dir** 命令的使用格式

命 令 格 式	说　　明
dir	列出当前文件夹中的文件和文件夹
dir name	列出与 name 匹配的文件和文件夹。如果 name 为文件夹，dir 列出该文件夹的内容。使用绝对或相对路径名称指定 name。name 参数的文件名可以包含 * 通配符，路径名称可以包含 * 和 * * 通配符。与 * * 通配符相邻的字符必须为文件分隔符
listing = dir（name）	返回与 name 匹配的文件和文件夹的属性

在 MATLAB 中，ls 命令用于列出文件夹内容，用法与 dir 命令基本相同。

其中，list = ls（name）返回当前文件夹中与指定 name 匹配的文件和文件夹的名称。

例 **2-9**：列出指定名称匹配的文件。

解：MATLAB 程序如下。

```
> > clear
> > close all
> > dir * .exe    % 列出当前目录下符合条件的文件
matlab. exe
```

例 **2-10**：列出文件。

解：MATLAB 程序如下。

```
> > clear
> > close all
> > ls * .exe    % 列出具有 .exe 扩展名的所有文件和文件夹
matlab. exe
```

2. 2. 2 创建文件夹

在 MATLAB 中，mkdir 命令用于新建文件夹，若创建的文件已经存在，则 MATLAB 发出警告。如果操作失败，则 mkdir 会向命令行窗口发出错误。该命令的使用格式见表 2-13。

例 **2-11**：在当前路径下创建指定名称的文件夹。

解：MATLAB 程序如下。

表 2-13　mkdir 命令的使用格式

命 令 格 式	说　明
mkdir folderName	创建文件夹 folderName
mkdir parentFolder folderName	在 parentFolder 中创建 folderName。如果 parentFolder 不存在，MATLAB 创建该文件夹
status = mkdir（…）	创建指定的文件夹，并在操作成功或文件夹已存在时返回状态 status 的值为 1
[status，msg] = mkdir（…）	返回发生的任何警告或错误的消息文本 msg
[status，msg，msgID] = mkdir（…）	返回发生的任何警告或错误的消息 ID

```
>> clear
>> close all
>> mkdir newfile      % 在当前目录下创建名称为 newfile 的文件夹
```

完成程序后，在当前目录下显示新建的文件夹，如图 2-2 所示。

图 2-2　新建文件夹

　　mkdir 命令新建文件夹后，isfolder 命令用于检查位于指定路径或当前文件夹中的文件夹是否存在，该命令运行结果为逻辑值 logical，是指定路径或当前文件夹中的文件夹，返回 1；否则，返回 0。

　　例 2-12：确定当前路径下创建文件夹。

　　解：MATLAB 程序如下。

```
>> clear
>> close all
>> mkdir newfolder      % 在当前目录下中创建名称为 newfile 的文件夹
```

```
>> isfolder('newfolder')   % 检查 newfolder 是否为文件夹
ans =
  logical
  1
```

2.2.3 删除、移动或复制文件夹

1. 删除文件夹

在 MATLAB 中，rmdir 命令用于删除文件夹，它的使用格式见表2-14。

表 2-14 rmdir 命令的使用格式

命 令 格 式	说　　明
rmdir folderName	将从当前文件夹中删除文件夹 folderName
rmdir folderName s	删除 folderName 中的所有子文件夹和文件
status = rmdir（…）	删除指定的文件夹，并在操作成功时返回状态 status 值 1
[status，msg] = rmdir（…）	返回发生的任何警告或错误的消息文本 msg
[status，msg，msgID] = rmdir（…）	返回发生的任何警告或错误的消息 ID

使用 rmdir 删除的文件夹将无法恢复。

例**2-13**：在当前文件夹中创建文件夹、删除文件夹。

解：MATLAB 程序如下。

```
>> clear
>> close all
>> mkdir matlab      % 在当前文件夹中创建名为 matlab 的文件夹
>> rmdir matlab      % 在当前文件夹中删除名为 matlab 的文件夹
```

2. 移动文件夹

在 MATLAB 中，movefile 命令用于移动或重命名文件或文件夹，它的使用格式见表2-15。

表 2-15 movefile 命令的使用格式

命 令 格 式	说　　明
movefile source	将 source 文件或文件夹移动到当前文件夹中
movefile source destination	将 source 文件或文件夹移动到 destination
movefile source destination f	执行移动操作，无论 destination 是否可写
status = movefile（…）	移动指定的文件或文件夹，并在操作成功时返回状态 status 值 1
[status，msg] = movefile（…）	返回发生的任何警告或错误的消息文本 msg
[status，msg，msgID] = movefile（…）	返回发生的任何警告或错误的消息 ID

3. 复制文件夹

在 MATLAB 中，copyfile 命令用于复制文件或文件夹，它的使用格式见表2-16。

例**2-14**：在当前文件夹中创建文件夹副本。

解：MATLAB 程序如下。

表 2-16　copyfile 命令的使用格式

命 令 格 式	说　　明
copyfile source	将 source 文件或文件夹复制到当前文件夹中
copyfile source destination	将 source 文件或文件夹移动到 destination ● 如果 source 是文件，则 destination 可以是文件或文件夹 ● 如果 source 是文件夹，则 destination 必须是文件夹 ● 如果 source 是文件夹或指定了多个文件，而 destination 不存在，则 copyfile 将创建 destination
copyfile source destination f	执行复制操作，无论 destination 是否可写
status = copyfile（…）	移动指定的文件或文件夹，并在操作成功时返回状态 status 值 1
［status，msg］= copyfile（…）	返回发生的任何警告或错误的消息文本 msg
［status，msg，msgID］= copyfile（…）	返回发生的任何警告或错误的消息 ID

```
>> clear
>> close all
>> mkdir xfile1            % 在当前目录下中创建名称为 xfile1.m 的文件夹
>> copyfile xfile1 yfile2  % 在当前文件夹中创建 xfile1 文件夹的副本，并为其指定名称
yfile2
```

2.3　打开和关闭文件

文件是 MATLAB 与外部进行数据交换的工具，文件的基本操作包括文件的打开与关闭。

1. 打开文件

无论是要读写 ASCII 码文件还是二进制文件，都必须先用 fopen 函数将其打开。在 MATLAB 中，默认情况下，fopen 命令用于打开文件或获得有关打开文件的信息，以二进制格式打开文件，它的使用格式见表 2-17。

表 2-17　fopen 命令的使用格式

命 令 格 式	说　　明
fileID = fopen（filename）	打开文件名为 filename 的文件，以二进制读取形式进行访问，并返回等于或大于 3 的整数文件标识符 MATLAB 保留文件标识符 0、1 和 2 分别用于标准输入、标准输出（屏幕）和标准错误
fileID = fopen（filename，permission）	permission 指定访问类型的文件，见表 2-18
fileID = fopen（filename，permission，machinefmt，encodingIn）	使用 machinefmt 参数另外指定在文件中读写字节或位时的顺序，见表 2-19。可选的 encodingIn 参数指定与文件相关联的字符编码方案，见表 2-20
［fileID，errmsg］= fopen（…）	返回一条因系统而异的错误消息空字符向量 errmsg
fIDs = fopen（'all'）	返回包含所有打开文件的文件标识符的行向量。向量中元素的数量等于打开文件的数量
filename = fopen（fileID）	返回上一次调用 fopen 在打开 fileID 指定的文件时所使用的文件名。输出文件名将解析到完整路径
［filename，permission，machinefmt，encodingOut］= fopen（fileID）	返回上一次调用 fopen 在打开指定文件时所使用的权限、计算机格式以及编码。如果是以二进制模式打开的文件，则 permission 会包含字母' b '。encodingOut 输出是一个标准编码方案名称

如果 fopen 无法打开文件，则 fileID 为 – 1。

表 2-18　permission 文件访问类型变量

符 号 变 量	说　　　　明
' r '	打开要读取的文件
' w '	打开或创建要写入的新文件。放弃现有内容（如果有）
' a '	打开或创建要写入的新文件。追加数据到文件末尾
' r + '	打开要读写的文件
' w + '	打开或创建要读写的新文件。放弃现有内容（如果有）
' a + '	打开或创建要读写的新文件。追加数据到文件末尾
' A '	打开文件以追加（但不自动刷新）当前输出缓冲区
' W '	打开文件以写入（但不自动刷新）当前输出缓冲区

要以文本模式打开文件，需要注意下面几点。

◆ 将字母 ' t '附加到 permission 参数，如' rt '或' wt + '，以文本模式写入或读取文件。

◆ 读取操作如果遇到回车符后加换行符（'\ r \ n'），则会从输入中删除回车符。

◆ 写入操作在输出中的任何换行符之前插入一个回车符。

如果不指定编码方案，fopen 将使用系统的默认编码方案打开文件进行处理。在 MATLAB 中写入文件，则以文本模式打开或创建新文件，然后在记事本或不会将 '\ n' 识别为换行符序列的任意文本编辑器中打开该文件。写入文件时，用'\ r \ n' 结束每行。

表 2-19　machinefmt 读取或写入字节或位的顺序变量

符 号 变 量	说　　　　明
' n ' 或 ' native '	系统字节排序方式（默认）
' b ' 或 ' ieee-be '	Big-endian 排序
' l ' 或 ' ieee-le '	Little-endian 排序
' s ' 或 ' ieee-be. l64 '	Big-endian 排序，64 位长数据类型
' a ' 或 ' ieee-le. l64 '	Little-endian 排序，64 位长数据类型

默认情况下，对新建的文件使用 Little-endian 排序方式进行排序，现有二进制文件可以使用 Big-endian 或 Little-endian 排序方式。

表 2-20　encodingIn 字符编码方案名称

符 号 变 量	说　　　明	适 用 范 围
' Big5 '	' ISO-8859-1 '	' windows-874 '
' Big5-HKSCS '	' ISO-8859-2 '	' windows-949 '
' CP949 '	' ISO-8859-3 '	' windows-1250 '
' EUC-KR '	' ISO-8859-4 '	' windows-1251 '
' EUC-JP '	' ISO-8859-5 '	' windows-1252 '
' EUC-TW '	' ISO-8859-6 '	' windows-1253 '
' GB18030 '	' ISO-8859-7 '	' windows-1254 '
' GB2312 '	' ISO-8859-8 '	' windows-1255 '
' GBK '	' ISO-8859-9 '	' windows-1256 '
' IBM866 '	' ISO-8859-11 '	' windows-1257 '
' KOI8-R '	' ISO-8859-13 '	' windows-1258 '

（续）

符 号 变 量	说　　明	适 用 范 围
' KOI8-U '	' ISO-8859-15 '	' US-ASCII '
	' Macintosh '	' UTF-8 '
	' Shift_ JIS '	

2. 关闭文件

在 MATLAB 中，fclose 命令用于关闭一个或所有打开的文件，它的使用格式见表 2-21。

表 2-21　fclose 命令的使用格式

命 令 格 式	说　　明
fclose （fileID)	关闭打开的文件
fclose （' all ')	关闭所有打开的文件
status = fclose （…）	当关闭操作成功时，status 返回 0。否则，status 返回 −1

例 2-15：在当前路径下创建并打开文件。

解：MATLAB 程序如下。

```
> > clear
> > close all
> > fileID = fopen('mytxt. txt','w');    % 创建并打开新文件 mytxt. txt
> > fclose(fileID);                      % 关闭该文件
```

2.4　文件属性

在 MATLAB 中，isfile 命令用于检查指定路径或当前文件夹中的文件是否存在，该命令运行结果为逻辑值 logical，是指定路径或当前文件夹中的文件，返回 1；否则，返回 0。

例 2-16：创建文件夹并判断是否为文件。

解：MATLAB 程序如下。

```
> > clear
> > close all
> > mkdir newfolder        % 在当前目录下中创建名称为 newfolder 的文件夹
> > isfile('newfolder')    % 检查 newfolder 是否为文件
> > isfile('myfile1. txt')  % 检查 myfile1. txt 是否为文件
ans =
  logical
  1
```

在 MATLAB 中，fileparts 命令用于获取文件名的组成部分，它的主要使用格式见表 2-22。

表 2-22　fileparts 命令的使用格式

调 用 格 式	说　　明
［filepath，name，ext] = fileparts （filename)	返回指定文件的路径名称、文件名和扩展名 fileparts 仅解析指定的 filename。不会验证文件是否存在

例 2-17：显示当前路径下文件的信息。

解：MATLAB 程序如下。

```
>> clear
>> close all
>> file = 'C:\Program Files\Polyspace\R2020a\toolbox\images\imdata\yellowlily.jpg
';                                      % 定义文件变量
>> [filepath,name,ext] = fileparts(file)  % 获取文件变量中文件名的组成部分
filepath =
    'C:\Program Files\Polyspace\R2020a\toolbox\images\imdata'
name =
    'yellowlily'
ext =
    '.jpg'
```

在 MATLAB 中，fullfile 命令用于从各个部分构建完整文件名，它的主要使用格式见表 2-23。

表 2-23　fullfile 命令的使用格式

调用格式	说明
f = fullfile（filepart1，…，filepartN）	根据指定的文件夹和文件名构建完整的文件设定

例 2-18：创建完整文件路径。

解：MATLAB 程序如下。

```
>> clear
>> close all
>> f = fullfile('myfolder','mysubfolder','myfile.m')  % 根据字符向量返回文件完整路
径的
f =
    'myfolder\mysubfolder\myfile.m'
```

在 MATLAB 中，表 2-24 中的函数用来构建完整文件名。

表 2-24　构建完整文件函数

函数	说明
filesep	显示包含文件分隔符的完整的文件名
fileattrib	设置或者获取文件或文件夹的属性
exist	检查变量、脚本、函数、文件夹或类的存在情况
type	显示文件内容
visdiff	比较两个文件或文件夹

2.5　二维绘图命令

二维绘图命令是学习用 MATLAB 作图最重要的部分，在本节中将会详细介绍一些常用的控制参数。

2.5.1 plot 绘图命令

plot 命令是最基本的绘图命令，也是最常用的一个绘图命令。当执行 plot 命令时，系统会自动

创建一个新的图形窗口。若之前已经有图形窗口打开，那么系统会将图形画在最近打开过的图形窗口上，原有图形也将被覆盖。事实上，在上面两节中我们已经对这个命令有了一定的了解，本节将详细讲述该命令的各种用法。

plot 命令的常用格式见表 2-25。

表 2-25   plot 命令的使用格式

调 用 格 式	说　　明
plot (X, Y)	当 X 是实向量时，则绘制出以该向量元素的下标（即向量的长度，可用 MATLAB 函数 length（）求得）为横坐标，以该向量元素的值为纵坐标的一条连续曲线 当 X 是实矩阵时，按列绘制出每列元素值相对应的曲线，曲线数等于 x 的列数 当 X 是负数矩阵时，按列分别绘制出以元素实部为横坐标，以元素虚部为纵坐标的多条曲线
plot (X, Y, LineSpec)	当 X、Y 是同维向量时，绘制以 X 为横坐标、以 Y 为纵坐标的曲线 当 X 是向量，Y 是有一维与 X 等维的矩阵时，绘制出多根不同颜色的曲线，曲线数等于 Y 阵的另一维数，X 作为这些曲线的横坐标 当 X 是矩阵，Y 是向量时，同上，但以 Y 为横坐标 当 X、Y 是同维矩阵时，以 X 对应的列元素为横坐标，以 Y 对应的列元素为纵坐标分别绘制曲线，曲线数等于矩阵的列数。其中 X、Y 为向量或矩阵，LineSpec 为用单引号标记的字符串，用来设置所画数据点的类型、大小、颜色，以及数据点之间连线的类型、粗细、颜色等
plot (X1, Y1, X2, Y2, …)	绘制多条曲线。在这种用法中，(Xi, Yi) 必须是成对出现的，上面的命令等价于逐次执行 plot (Xi, Yi) 命令，其中 i = 1, 2, …
plot (X1, Y1, LineSpec1, …, Xn, Yn, LineSpecn, …)	这种格式的用法与用法 3 相似，不同之处的是此格式有参数的控制，运行此命令等价于依次执行 plot (Xi, Yi, Si)，其中 i = 1, 2, …
plot (Y)	创建数据 Y 的二维线图。 当 Y 是实向量（$Y(i) = a$）时，则绘制出以该向量元素的下标 i（即向量的长度，可用 MATLAB 函数 length（）求得的值为横坐标），以该向量元素的值 a 为纵坐标的一条连续曲线 当 Y 是实矩阵时，按列绘制出每列元素值相对齐下标的曲线，曲线数等于 x 的列数 当 Y 是复数矩阵（$Y = a + bi$）时，按列分别绘制出以元素实部 a 为横坐标，以元素虚部 b 为纵坐标的多条曲线
plot (Y, LineSpec)	设置线条样式、标记符号和颜色
plot (…, Name, Value)	使用一个或多个属性参数值指定曲线属性，线条的设置属性见表 2-26
plot (ax, …)	ax 是指定坐标区，指定为 Axes 对象、PolarAxes 对象或 GeographicAxes 对象。如果不指定坐标区或当前坐标区是笛卡儿坐标区，plot 函数将使用当前坐标区 若要在极坐标区上绘图，指定 PolarAxes 对象作为第一个输入参数，或者使用 polarplot 函数。要在地理坐标区上绘图，指定 GeographicAxes 对象作为第一个输入参数，或者使用 geoplot 函数
h = plot (…)	创建由图形线条对象组成的列向量 h，可以使用 h 修改图形数据的属性

实际应用中，LineSpec 是某些字母或符号的组合，由 MATLAB 系统默认设置，即曲线默认一律采用"实线"线型，不同曲线将按表 2-28 所给出的前 7 种颜色（蓝、绿、红、青、品红、黄、黑）顺序着色。

LineSpec 的合法设置参见表 2-27 ~ 表 2-29。

表 2-26 线条属性表

字 符	说 明	参 数 值
color	线条颜色	指定为 RGB 三元组、十六进制颜色代码、颜色名称或短名称
LineWidth	指定线宽	默认为 0.5
Marker	标记符号	'+'、'o'、'*'、'.'、'x'、'square'或's'、'diamond'或'd'、'v'、'^'、'>'、'<'、'pentagram'或'p'、'hexagram'或'h'、'none'
MarkerIndices	要显示标记的数据点的索引	[a b c]）在第 a、第 b 和第 c 个数据点处显示标记
MarkerEdgeColor	指定标识符的边缘颜色	'auto'（默认）、RGB 三元组、十六进制颜色代码、'r'、'g'、'b'
MarkerFaceColor	指定标识符填充颜色	'none'（默认）、'auto'、RGB 三元组、十六进制颜色代码、'r'、'g'、'b'
MarkerSize	指定标识符的大小	默认为 6
DatetimeTickFormat	刻度标签的格式	'yyyy-MM-dd'、'dd/MM/yyyy'、'dd. MM. yyyy'、'yyyy 年 MM 月 dd 日'、'MMMM d, yyyy'、'eeee, MMMM d, yyyy HH: mm: ss'、'MMMM d, yyyy HH: mm: ss Z'
DurationTickFormat	刻度标签的格式	'dd: hh: mm: ss' 'hh: mm: ss' 'mm: ss' 'hh: mm'

表 2-27 线型符号及说明

线型符号	符号含义	线型符号	符号含义
-	实线（默认值）	:	点线
--	虚线	-.	点画线

表 2-28 颜色控制字符表

字 符	色 彩	RGB 值
b（blue）	蓝色	001
g（green）	绿色	010
r（red）	红色	100
c（cyan）	青色	011
m（magenta）	品红	101
y（yellow）	黄色	110
k（black）	黑色	000
w（white）	白色	111

表 2-29 线型控制字符表

字 符	数据点	字 符	数据点
+	加号	>	向右三角形
o	小圆圈	<	向左三角形
*	星号	s	正方形
.	实点	h	正六角星
x	交叉号	p	正五角星
d	菱形	v	向下三角形
^	向上三角形		

例 **2-19**：在某次物理实验中，测得摩擦系数不同情况下路程与时间的数据见表 2-30。在同一图中做出不同摩擦系数情况下路程随时间的变化曲线。

解：此问题可以将时间 *t* 写为一个列向量，相应测得的路程 *s* 的数据写为一个 6×4 的矩阵，然后利用 plot 命令即可。具体的程序如下。

```
>> close all
>> clear
>> x = 0:0.2:1;                    % 创建 0 到 1 的向量 x,元素间隔为 0.2
>> y = [0 0 0 0;0.58 0.31 0.18 0.08;0.83 0.56 0.36 0.19;1.14 0.89 0.62 0.30;1.56 1.23 0.78
0.36;2.08 1.52 0.99 0.49];         % 直接输入矩阵 y
>> plot(x,y)                       % 绘制 x、y 向量的二维图像
```

表 **2-30**　不同摩擦系数时路程和时间的关系

时间/s	路程 1/m	路程 2/m	路程 3/m	路程 4/m
0	0	0	0	0
0.2	0.58	0.31	0.18	0.08
0.4	0.83	0.56	0.36	0.19
0.6	1.14	0.89	0.62	0.30
0.8	1.56	1.23	0.78	0.36
1.0	2.08	1.52	0.99	0.49

运行结果如图 2-3 所示。

例 **2-20**：在同一个图上画出 $y = \sin x$、$y = 2\sin\left(x + \dfrac{\pi}{4}\right)$、$y = 0.5\sin\left(x - \dfrac{\pi}{4}\right)$ 的图像。

解：在 MATLAB 命令窗口中输入如下命令。

```
>> close all
>> clear
>> x1 = linspace(0,2* pi,100);    % 创建 0 到 2π 的向量 t,元素个数为 100
>> x2 = x1 + pi/4;                % 定义自变量表达式 x2
>> x3 = x1-pi/4;                  % 定义自变量表达式 x3
>> y1 = sin(x1);                  % 定义函数表达式 y1
>> y2 = 2* sin(x2);               % 定义函数表达式 y2
>> y3 = 0.5* sin(x3);             % 定义函数表达式 y3
>> plot(x1,y1,x2,y2,x3,y3)        % 绘制多条曲线
```

运行结果如图 2-4 所示。

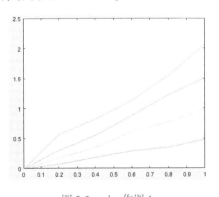

图 2-3　plot 作图 1

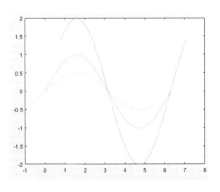

图 2-4　plot 作图 2

注意：

上面的 linspace 命令用来将已知的区间 $[0, 2\pi]$ 100 等分。这个命令的具体使用格式为 linspace (a, b, n)，作用是将已知区间 $[a, b]$ 作 n 等分，返回值为分各节点的坐标。

例 2-21：在同一个图上画出 $y = \sin x$、$y = \cos x$、$y = \sin\left(x + \dfrac{\pi}{4}\right)$、$y = \cos\left(x + \dfrac{\pi}{4}\right)$ 的图像，分别设置曲线显示线型与颜色。

解：在 MATLAB 命令窗口中输入如下命令。

```
>> close all
>> clear
>> x = 0:pi/100:2* pi;
>> y1 = sin(x);
>> y2 = cos(x);
>> y3 = sin(x + pi/4);
>> y4 = cos(x + pi/4);
>> plot(x,y1,'r*',x,y2,'kp',x,y3,'bd',x,y4,'g^') % 绘制多条曲线,曲线1颜色为红色,曲线
样式为* ;曲线2曲线样式为正五角星,曲线颜色为黑色;曲线3曲线样式为菱形,颜色为蓝色;曲线4曲线样
式为向上三角形,颜色为绿色
```

运行结果如图 2-5 所示。

 说明：

hold on 命令用来使当前轴及图形保持不变，准备接受此后 plot 所绘制的新的曲线。hold off 使当前轴及图形不再保持上述性质。hold 在 on 和 off 之间切换保留状态。hold (ax, …) 为 ax 指定的坐标区而非当前坐标区设置 hold 状态。指定坐标区作为以上任何语法的第一个输入参数。使用单引号将 'on' 和 'off' 输入引起来，如 hold (ax, 'on')。

例 2-22：在同一坐标系下画出下面函数在 $[-\pi, \pi]$ 上的简图：

$$y1 = e^{\sin x}, y2 = e^{\cos x}, y3 = e^{\sin x + \cos x}, y4 = e^{\sin x - \cos x}.$$

解：在 MATLAB 命令窗口中输入如下命令。

```
>> clear
>> close all
>> x = -pi:pi/10:pi;           % 创建 -π 到 π 的向量 x,元素间隔为 π/10
>> y1 = exp(sin(x));           % 定义函数表达式 y1
>> y2 = exp(cos(x));           % 定义函数表达式 y2
>> y3 = exp(sin(x) + cos(x));  % 定义函数表达式 y3
>> y4 = exp(sin(x)-cos(x));    % 定义函数表达式 y4
>> plot(x,y1,'b:',x,y2,'d-',x,y3,'m >:',x,y4,'rh-') % 绘制多条曲线,设置曲线颜色与曲线样
```
式。其中,曲线1为蓝色,样式为":";曲线2标记为菱形,曲线样式为实线;曲线3为品红色,标记为向右三角形,样式为":";曲线4为红色,曲线样式为实线,标记样式为正六角形

运行结果如图 2-6 所示。

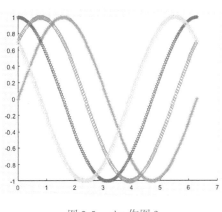

图 2-5　plot 作图 3

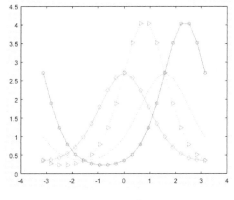

图 2-6　plot 作图 4

小技巧

如果读者不知道 hold on 命令及用法，但又想在当前坐标下画出后续图像时，便可以使用 plot 命令的此种用法。

例 2-23：在同一个图上画出 $y = \sin x$、$y = \cos x$ 的图像，统一设置曲线显示线型与颜色。

解：在 MATLAB 命令窗口中输入如下命令。

```
>> close all
>> x = 0:pi/10:2* pi;      % 创建 0 到 2π 的向量 x,元素间隔为 π/10
>> y1 = sin(x);            % 定义函数表达式 y1
>> y2 = cos(x);            % 定义函数表达式 y2
>> plot(x, y1, x, y2,'LineWidth', 2 ','Marker', '<','MarkerEdgeColor','r','Marker-
FaceColor',[0.5,0.5,0.5])     % 使用 Name,Value 对组来指定线宽、标记类型、标记大小和标记颜色。
将标记边颜色设置为红色,并使用 RGB 颜色值设置标记面颜色
```

运行结果如图 2-7 所示。

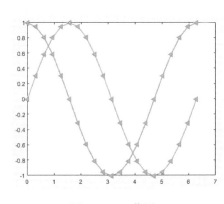

图 2-7　plot 作图 5

例 2-24：在指定的坐标区画出 $y = \sin x$、$y = \sin(x + 1)$ 的图像。

解：在 MATLAB 命令窗口中输入如下命令。

```
>> close all
>> ax1 = subplot(2,1,1);   % subplot 函数分割图像窗口为两行一列 2 × 1 = 2 两个视图,ax1 为
第一个视图的坐标系
```

```
>> ax2 = subplot(2,1,2);          % ax2 为第二个视图的坐标系
>> x =0:pi/10:2* pi;              % 创建 0 到 2π 的向量 x,元素间隔为 π/10
>> y1 = sin(x);                   % 定义函数表达式 y1
>> y2 = sin(x +1);                % 定义函数表达式 y2
>> plot(ax1,x,y1);               % 在指定坐标系 ax1 绘制图形线条
>> plot(ax2,x,y2);               % 在指定坐标系 ax2 绘制图形线条
```

运行结果如图 2-8 所示。

例 2-25：在同一个图上画出 $y = \sin x$、$y = \sin(x + 1)$ 的图像，分别设置曲线显示线型与颜色。

解：在 MATLAB 命令窗口中输入如下命令。

```
>> close all
>> clear
>> x =0:pi/10:2* pi;
>> y1 = sin(x);
>> y2 = sin(x +1);
>> p =plot(x,y1,x,y2);            % 在 p 中返回两个图形线条
>> p(1).LineWidth = 4;            % 通过句柄设置曲线线宽为 4
>> p(2).Marker = 'pentagram';    % 通过句柄为曲线添加标记为正五角星
>> p(2).MarkerSize = 10;         % 通过句柄为曲线设置标记大小为 10
```

运行结果如图 2-9 所示。

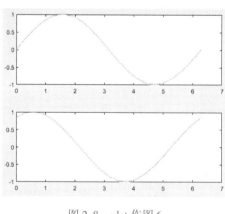

图 2-8   plot 作图 6

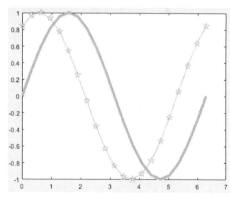

图 2-9   plot 作图 7

2.5.2　line 命令

在 MATLAB 中，MATLAB 自动把坐标轴画在边框上，如果需要从坐标原点拉出坐标轴，可以利用 line 命令，用于在图形窗口的任意位置画直线或折线，line 命令的常用格式见表 2-31。

表 2-31   line 命令的使用格式

调用格式	说　明
line（x, y）	使用向量 x 和 y 中的数据在当前坐标区中绘制线条
line（x, y, z）	在三维坐标中绘制线条
line	使用默认属性设置绘制一条从点（0, 0）到（1, 1）的线条
line（…, Name, Value）	使用一个或多个名称 – 值对组参数修改线条的外观
line（ax, …）	在由 ax 指定的坐标区中，而不是在当前坐标区（gca）中创建线条
pl = line（…）	返回创建的所有基元 line 对象

例 2-26：在同一个图上画出 $y = \sin x$、$y = \sin(x+1)$ 的图像，设置曲线显示线型与颜色。

解：在 MATLAB 命令窗口中输入如下命令。

```
>> close all
>> clear
>> x = linspace(0,10)';        % 创建 0 到 10 的列向量 x，默认元素个位数为 100
>> y = [sin(x) sin(x+1)];      % 定义函数表达式 y
>> line(x,y,'LineWidth', 2,'Marker','d','MarkerFaceColor','y','MarkerEdgeColor','r');  % 设置图形线条属性,线宽为2,标记为四边形,标记填充颜色为黄色,标记轮廓颜色为红色
```

运行结果如图 2-10 所示。

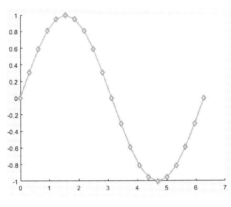

图 2-10　绘制线条

2.5.3　subplot 命令

如果要在同一图形窗口中分割出所需要的几个窗口来，可以使用 subplot 命令，subplot 命令的常用格式见表 2-32。

表 2-32　subplot 命令的使用格式

调用格式	说　明
subplot（m, n, p）	将当前窗口分割成 m×n 个视图区域，并指定第 p 个视图为当前视图
subplot（m, n, p, 'replace'）	删除位置 p 处的现有坐标区并创建新坐标区
subplot（m, n, p, 'align'）	创建新坐标区，以便对齐图框。此选项为默认行为
subplot（m, n, p, ax）	将现有坐标区 ax 转换为同一图窗中的子图
subplot（'Position', pos）	在 pos 指定的自定义位置创建坐标区。指定 pos 作为 [left bottom width height] 形式的四元素向量。如果新坐标区与现有坐标区重叠，新坐标区将替换现有坐标区
subplot（…, Name, Value）	使用一个或多个名称 – 值对组参数修改坐标区属性
ax = subplot（…）	返回创建的 Axes 对象，可以使用 ax 修改坐标区
subplot（ax）	将 ax 指定的坐标区设为父图窗的当前坐标区。如果父图窗尚不是当前图窗，此选项不会使父图窗成为当前图窗

需要注意的是，这些子图的编号是按行来排列的，例如，第 s 行第 t 个视图区域的编号为 $(s-1) \times n + t$。如果在此命令之前并没有任何图形窗口被打开，那么系统将会自动创建一个图形窗口并将其为割成 $m \times n$ 个视图区域。

例 **2-27**：画出 $y = \sin x$、$y = \cos x$ 的图像，作出大小不同的子图图像。

解：在 MATLAB 命令窗口中输入如下命令。

```
>> close all
>> clear
>> x = 0:pi/10:2*pi;              % 创建 0 到 2π 的向量 x，元素间隔为 π/10
>> y1 = sin(x);                   % 定义函数表达式 y1
>> y2 = cos(x);                   % 定义函数表达式 y2
>> subplot(2,2,1),plot(x,y1,'r')  % 在图形窗口分割的视图 1 中绘制 y1(x)，曲线颜色为红色
>> subplot(2,2,2),plot(x,y2,'g')  % 在图形窗口分割的视图 2 中绘制 y2(x)，曲线颜色为绿色
>> subplot(2,2,[3,4]),plot(x,y1,x,y2,'LineWidth',3,'Marker','p','MarkerFaceColor','g','MarkerEdgeColor','r');   % 设置图形中绘制曲线 1-y1(x)、曲线 2-y2(x)，大小为窗口 3 和 4，图形线条属性中线宽为 3，标记为五角星，标记填充颜色为绿色，标记轮廓颜色为红色
```

运行后所得的图像为图 2-11。

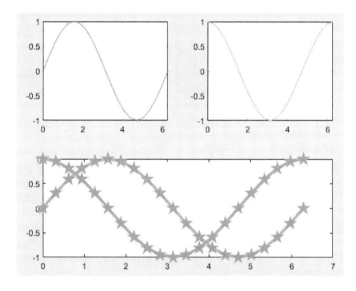

图 2-11　大小不同的子图

2.5.4　tiledlayout 绘图命令

tiledlayout 函数用于创建分块图布局，用于显示当前图窗中的多个绘图。如果没有图窗，MATLAB 创建一个图窗并按照设置进行布局。如果当前图窗包含一个现有布局，MATLAB 使用新布局替换该布局。它的使用格式见表 2-33。

分块图布局包含覆盖整个图窗或父容器的不可见图块网格。每个图块可以包含一个用于显示绘图的坐标区。创建布局后，调用 nexttile 函数以将坐标区对象放置到布局中。然后调用绘图函数在该坐标区中绘图。nexttile 函数的使用格式见表 2-34。

例 **2-28**：图窗布局应用。

解：MATLAB 程序如下。

表 2-33　tiledlayout 命令的使用格式

调用格式	说　　明
tiledlayout（m, n）	将当前窗口分割成 m×n 个视图区域，默认状态下，只有一个空图块填充整个布局。当调用 nexttile 函数创建新的坐标区域时，布局都会根据需要进行调整以适应新坐标区，同时保持所有图块的纵横比约为 4：3
tiledlayout（'flow'）	指定布局的 'flow' 图块排列
tiledlayout（…, Name, Value）	使用一个或多个名称－值对组参数指定布局属性
tiledlayout（parent, …）	在指定的父容器（可指定为 Figure、Panel 或 Tab 对象）中创建布局
t = tiledlayout（…）	返回 TiledChartLayout 对象 t，使用 t 配置布局的属性

表 2-34　tiledlayout 命令的使用格式

调用格式	说　　明
nexttile	创建一个坐标区对象，再将其放入当前图窗中的分块图布局的下一个空图块中
nexttile（tilenum）	指定要在其中放置坐标区的图块的编号。图块编号从 1 开始，按从左到右、从上到下的顺序递增。如果图块中有坐标区或图对象，nexttile 会将该对象设为当前坐标区
nexttile（span）	创建一个占据多行或多列的坐标区对象。指定 span 作为 [r c] 形式的向量。坐标区占据 r 行×c 列的图块。坐标区的左上角位于第一个空的 r×c 区域的左上角
nexttile（tilenum, span）	创建一个占据多行或多列的坐标区对象。将坐标区的左上角放置在 tilenum 指定的图块中
nexttile（t, …）	在 t 指定的分块图布局中放置坐标区对象
ax = nexttile（…）	返回坐标区对象 ax，使用 ax 对坐标区设置属性

```
> > close all             % 关闭当前已打开的文件
> > clear                 % 清除工作区的变量
> > x = linspace(-pi,pi); % 创建 -π 到 π 的向量 x，默认元素个数为 100
> > y = exp(x);           % 定义以向量 x 为自变量的函数表达式 y1
> > tiledlayout(2,2)      % 将当前窗口布局为 2×2 的视图区域
> > nexttile             % 在第一个图块中创建一个坐标区对象
> > plot(x)              % 在新坐标区中绘制图形，绘制曲线
> > nexttile            % 创建第二个图块和坐标区，并在新坐标区中绘制图形
> > plot(x,y)           % 显示以 x 为横坐标、以 y 为纵坐标的曲线
> > nexttile([1 2])     % 创建第三个图块，占据 1 行 2 列的坐标区
> > plot(x,y)           % 在新坐标区中绘制图形，显示以 x 为横坐标、以 y 为纵坐标的曲线
```

运行结果如图 2-12 所示。

2.6　图形属性设置

本节内容是学习用 MATLAB 绘图最重要的部分，也是学习后面内容的一个基础。在本节中将会详细介绍图形标注的相关内容。

2.6.1　坐标系与坐标轴

在实际工程中，往往会涉及不同坐标系或坐标轴下的图像问题，一般情况下绘图命令使用的是笛卡儿（直角）坐标系，下面简单介绍几个工程计算中常用的其他坐标系下的绘图命令。

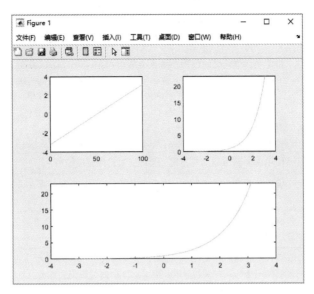

图 2-12　图窗布局

1. 坐标系的调整

MATLAB 的绘图函数可根据要绘制的曲线数据的范围自动选择合适的坐标系，使得曲线尽可能清晰地显示出来。所以，一般情况下用户不必自己选择绘图坐标。但是有些图形，如果用户感觉自动选择的坐标不合适，则可以利用函数 axis（）选择新的坐标系。

函数 axis（）的调用格式为：

axis（xmin，xmax，ymin，ymax，zmin，zmax）

这个函数格式的功能是设置 x，y，z 坐标的最小值和最大值。函数输入参数可以是 4 个，也可以是 6 个，分别对应于二维或三维坐标系的最大和最小值。

注意：

相应的最小值必须小于最大值。

2. 坐标轴控制

axis 命令用于控制坐标轴的显示、刻度、长度等特征，它有很多种使用方式，表 2-35 列出了一些常用的调用格式。

例 2-29：坐标系与坐标轴转换。

解：MATLAB 程序如下。

```
>> t=0:2* pi/99:2* pi;
>> x=1.15* cos(t);y=3.25* sin(t);
>> subplot(2,3,1),plot(x,y),axis normal,grid on,
>> title('Normal and Grid on')
>> subplot(2,3,2),plot(x,y),axis equal,grid on,title('Equal')
>> subplot(2,3,3),plot(x,y),axis square,grid on,title('Square')
>> subplot(2,3,4),plot(x,y),axis image,box off,title('Image and Box off')
>> subplot(2,3,5),plot(x,y),axis image fill,box off
>> title('Image and Fill')
>> subplot(2,3,6),plot(x,y),axis tight,box off,title('Tight')
```

表 2-35　axis 命令的调用格式

调 用 格 式	说　　明
axis（limits）	指定当前坐标区的范围。输入参数可以是 4 个［xmin xmax ymin ymax］，也可以是 6 个［xmin xmax ymin ymax zmin zmax］，还可以是 8 个［xmin xmax ymin ymax zmin zmax cmin cmax］，分别对应于二维、三维或四维坐标区的范围。其中，cmin 是对应于颜色图中的第一种颜色的数据值；cmax 是对应于颜色图中的最后一种颜色的数据值 对于极坐标区，以下列形式指定范围［thetamin thetamax rmin rmax］：将 *theta* 坐标轴范围设置为从 thetamin 到 thetamax。将 *r* 坐标轴范围设置为从 rmin 到 rmax
Axis style	使用 style 样式设置轴范围和尺度，进行限制和缩放
Axismode	设置是否自动选择范围。将模式指定为 manual、auto 或 semiautomatic（手动、自动或半自动）选项之一，如' auto x '
Axisydirection	原点放在轴的位置。ydirection 的默认值为 *xy*，即将原点放在左下角。*y* 值按从下到上的顺序逐渐增加
Axisvisibility	设置坐标轴的可见性。visibility 的默认值为 on，即显示坐标区背景。visibility 为 off 时，表示关闭坐标区背景的显示，但坐标区中的绘图仍会显示
lim = axis	返回当前坐标区的 *x* 轴和 *y* 坐标轴范围。对于三维坐标区，还会返回 *z* 坐标轴范围。对于极坐标区，返回 *theta* 轴和 *r* 坐标轴范围
［m，v，d］= axis（'state'）	返回坐标轴范围选择、坐标区可见性和 *y* 轴方向的当前设置，具体参数见表 2-36
… = axis（ax，…）	使用 ax 指定的坐标区或极坐标区

表 2-36　坐标轴参数

参　　数	可　能　取　值
mode	' auto '或' manual '
visibility	' on '或' off '
ydirection	' xy '或' ij '

运行结果如图 2-13 所示。

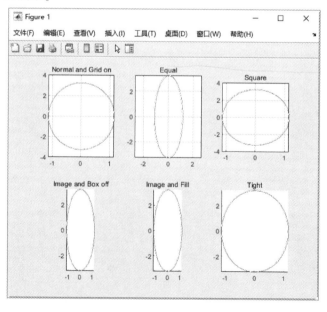

图 2-13　坐标系与坐标轴转换

2.6.2 图形注释

MATLAB 中提供了一些常用的图形标注函数，利用这些函数可以为图形添加标题，为图形的坐标轴加标注，为图形加图例，也可以把说明、注释等文本放到图形的任何位置。

1. 图形标题

在 MATLAB 绘图命令中，title 命令用于给图形对象加标题，它的调用格式也非常简单，见表 2-37。

表 2-37 title 命令的调用格式

调 用 格 式	说 明
title（'text'）	在当前坐标轴上方正中央放置字符串' text '作为图形标题
title（target, ' text '）	将标题字符串' text '添加到指定的目标对象
title（' text ', ' PropertyName ', PropertyValue, …）	对由命令 title 生成的图形对象的属性进行设置，输入参数"text"为要添加的标注文本
h = title（…）	返回作为标题的 text 对象句柄

📖 说明：

可以利用 gcf 与 gca 来获取当前图形窗口与当前坐标轴的句柄。

对坐标轴进行标注，相应的命令为 xlabel、ylabel、zlabel，作用分别是对 x 轴、y 轴、z 轴添加标签，它们的调用格式都是一样的，下面以 xlabel 为例进行说明，见表 2-38。

表 2-38 xlabel 命令的调用格式

调 用 格 式	说 明
xlabel（' string '）	在当前轴对象中的 x 轴上标注说明语句 string
xlabel（fname）	先执行函数 fname，返回一个字符串，然后在 x 轴旁边显示出来
xlabel（' text ', ' PropertyName ', PropertyValue, …）	指定轴对象中要控制的属性名和要改变的属性值，参数"text"为要添加的标注名称

例 2-30：余弦波图形。

解：MATLAB 程序如下。

```
> > x = linspace(0,10* pi,100);
> > plot(x,cos(x))
> > title('余弦波')
> > xlabel('x坐标')
> > ylabel('y坐标')
```

运行结果如图 2-14 所示。

2. 图形标注

在给所绘得的图形进行详细标注时，最常用的两个命令是 text 与 gtext，它们均可以在图形的具体部位进行标注。

在 MATLAB 绘图命令中，text 命令用于给图形对象加标注，它的调用格式也非常简单，见表 2-39。

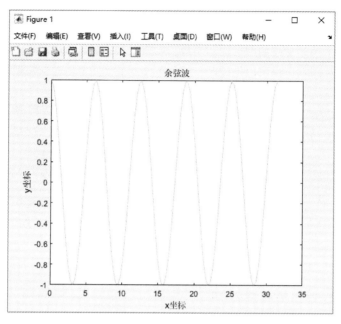

图 2-14　为余弦波图形添加标题和坐标轴运行结果

表 2-39　*text* 命令的调用格式

调用格式	说　明
text（x，y，'string'）	在图形中指定的位置（x，y）上显示字符串 string
text（x，y，z，'string'）	在三维图形空间中的指定位置（x，y，z）上显示字符串 string
text（x，y，z，'string'，'PropertyName'，PropertyValue，…）	在三维图形空间中的指定位置（x，y，z）上显示字符串 string，且对指定的属性进行设置，表 2-40 给出了文本属性名、含义及属性值的有效值与默认值
text（ax，…）	将在由 ax 指定的坐标区中创建文本标注
t = text（…）	返回一个或多个文本对象 t，使用 t 修改所创建的文本对象的属性

上表中的这些属性及相应的值都可以通过 get 命令来查看，以及用 set 命令来修改。

text 命令中的'\ rightarrow '是 TeX 字符串。在 MATLAB 中，TeX 中的一些希腊字母、常用数学符号、二元运算符号、关系符号以及箭头符号都可以直接使用。

例 2-31：正弦函数图形。

画出正弦函数在 $[0，2\pi]$ 上的图像，标出 $\sin\frac{3\pi}{4}$、$\sin\frac{5\pi}{4}$ 在图像上的位置，并在曲线上标出函数名。

解：MATLAB 程序如下。

```
>> x =0:pi/50:2* pi;
>> plot(x,sin(x))
>> title('正弦函数图形')
>> xlabel('x Value'),ylabel('sin(x)')
>> text(3* pi/4,sin(3* pi/4),'<--sin(3pi/4)')
>> text(5 * pi/4,sin (5 * pi/4),' sin (5pi/4) \rightarrow ',' HorizontalAlignment ',
'right')
```

表 2-40　text 命令属性列表

属性名	含 义	有 效 值	默 认 值
Editing	能否对文本进行编辑	on、off	off
Interpretation	tex 字符是否可用	tex、none	tex
Extent	text 对象的范围（位置与大小）	[left，bottom，width，height]	随机
HorizontalAlignment	文本水平方向的对齐方式	left、center、right	left
Position	文本范围的位置	[x，y，z] 直角坐标系	[ ]（空矩阵）
Rotation	文本对象的方位角度	标量 [单位为度（°）]	0
Units	文本范围与位置的单位	Pixels（屏幕上的像素点）、normalized（把屏幕看成一个长、宽为 1 的矩形）、inches、centimeters、points、data	data
VerticalAlignment	文本垂直方向的对齐方式	normal（正常字体）、italic（斜体字）、oblique（斜角字）、top（文本外框顶上对齐）、cap（文本字符顶上对齐）、middle（文本外框中间对齐）、baseline（文本字符底线对齐）、bottom（文本外框底线对齐）	middle
FontAngle	设置斜体文本模式	normal（正常字体）、italic（斜体字）、oblique（斜角字）	normal
FontName	设置文本字体名称	用户系统支持的字体名或者字符串 Fixed-Width	Helvetica
FontSize	文本字体大小	结合字体单位的数值	10 points
FontUnits	设置属性 FontSize 的单位	points（1 points ＝1/72inches）、normalized（把父对象坐标轴作为单位长的一个整体；当改变坐标轴的尺寸时，系统会自动改变字体的大小）、inches、centimeters、pixels	points
FontWeight	设置文本字体的粗细	light（细字体）、normal（正常字体）、demi（黑体字）、bold（粗体字）	normal
Clipping	设置坐标轴中矩形的剪辑模式	on：当文本超出坐标轴的矩形时，超出的部分不显示 off：当文本超出坐标轴的矩形时，超出的部分显示	off
EraseMode	设置显示与擦除文本的模式	normal、none、xor、background	normal
SelectionHighlight	设置选中文本是否突出显示	on、off	on
Visible	设置文本是否可见	on、off	on
Color	设置文本颜色	有效的颜色值：ColorSpec	
HandleVisibility	设置文本对象句柄对其他函数是否可见	on、callback、off	on
HitTest	设置文本对象能否成为当前对象	on、off	on
Selected	设置文本是否显示出"选中"状态	on、off	off
Tag	设置用户指定的标签	任何字符串	"（即空字符串）
Type	设置图形对象的类型	字符串' text '	

（续）

属性名	含义	有效值	默认值
UserData	设置用户指定数据	任何矩阵	[ ]（即空矩阵）
BusyAction	设置如何处理对文本回调过程中断的句柄	cancel、queue	queue
ButtonDownFcn	设置当鼠标在文本上单击时，程序做出的反应	字符串	"（即空字符串）
CreateFcn	设置当文本被创建时，程序做出的反应	字符串	"（即空字符串）
DeleteFcn	设置当文本被删除（通过关闭或删除操作）时，程序做出的反应	字符串	"（即空字符串）

运行结果如图 2-15 所示。

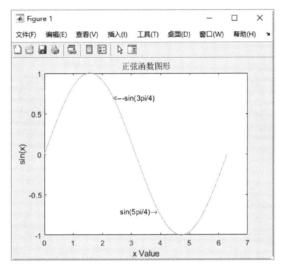

图 2-15　正弦函数图形及标注

gtext 命令可以让鼠标在图形的任意位置进行标注。当指针进入图形窗口时，会变成一个大十字形，等待用户的操作。它的调用格式如下。

```
gtext('string','property',propertyvalue,…)
```

调用这个函数后，图形窗口中的鼠标指针会成为十字指针，通过移动鼠标来进行定位，即指针移到预定位置后按下鼠标左键或键盘上的任意键都会在指针位置显示指定文本"string"。由于要用鼠标操作，该函数只能在 MATLAB 命令行窗口中进行。

例 2-32：倒数函数图形。

绘制倒数函数 $y = \dfrac{1}{x}$ 在 $[0, 2]$ 上的图形，标出 $\dfrac{1}{4}$、$\dfrac{1}{2}$ 在图像上的位置，并在曲线上标出函数名。

解：MATLAB 程序如下。

```
>> x=0:0.1:2;
>> plot(x,1./x)
```

```
>> title('倒数函数')
>> xlabel('x'),ylabel('1./x')
>> text(0.25,1./0.25,'<---1./0.25')
>> text(0.5,1./0.5,'1./0.5\rightarrow','HorizontalAlignment','right')
>> gtext('y=1./x')
```

运行结果如图 2-16a 所示，鼠标指针显示为十字形。单击即可在指定的位置添加函数名，如图 2-16b 所示。

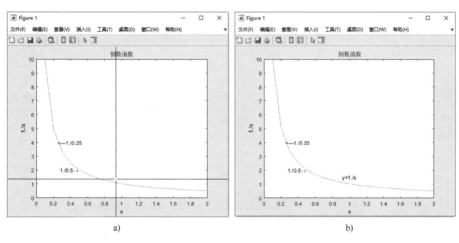

a) b)

图 2-16 倒数函数图形与图形标注

a) 指针显示为十字形 b) 添加函数名

3. 图例标注

当在一幅图中出现多种曲线时，用户可以根据自己的需要，利用 legend 命令对不同的图例进行说明。它的调用格式见表 2-41。

表 2-41 legend 命令的调用格式

调用格式	说 明
legend（subset，'string1'，'string2'，…）	仅在图例中包括 subset 中列出的数据序列的项。subset 以图形对象向量的形式指定
legend（labels）	使用字符向量元胞数组、字符串数组或字符矩阵设置标签每一行字符串作为标签
legend（target，…）	在 target 指定的坐标区或图中添加图例
legend（vsbl）	控制图例的可见性，vsbl 可设置为 'hide'、'show' 或 'toggle'
legend（bkgd）	删除图例背景和轮廓。bkgd 的默认值为 'boxon'，即显示图例背景和轮廓
legend（'off'）	从当前的坐标轴中移除图例
legend	为每个绘制的数据序列创建一个带有描述性标签的图例
legend（…，Name，Value）	使用一个或多个名称-值对组参数来设置图例属性。设置属性时，必须使用元胞数组 {} 指定标签
legend（…，'Location'，lcn）	设置图例位置。'Location '指定放置位置，包括' north '、' south '、' east '、' west '、' northeast ' 等
legend（…，'Orientation'，ornt）	ornt 指定图例放置方向，默认值为 ' vertical '，即垂直堆叠图例项；' horizontal '表示并排显示图例项
lgd = legend（…）	返回图例对象，常用于在创建图例后查询和设置图例属性
h = legend（…）	返回图例的句柄向量

例 2-33：图例标注函数。

在同一个图形窗口内画出函数 $y_1 = \sin x$，$y_2 = \dfrac{x}{2}$，$y_3 = \cos x$ 的图像，并作出相应的图例标注。

解：MATLAB 程序如下。

```
>> x = linspace(0,2* pi,100);
>> y1 = sin(x);
>> y2 = x/2;
>> y3 = cos(x);
>> plot(x,y1,'- r',x,y2,'+b',x,y3,'* g')
>> title('图例标注函数')
>> xlabel('xValue'),ylabel('yValue')
>> axis([0,7, -2,3])
>> legend('sin(x)','x/2','cos(x)')
```

运行结果如图 2-17 所示。

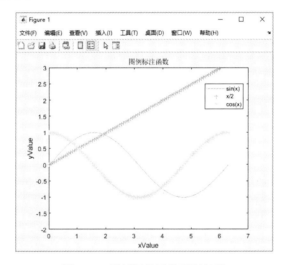

图 2-17　图例标注函数运行结果

4. 分隔线控制

为了使图像的可读性更强，可以利用 grid 命令给二维或三维图形的坐标面增加分隔线。grid 命令的调用格式见表 2-42。

表 2-42　grid 命令的调用格式

调 用 格 式	说　　明
grid on	显示当前坐标区或图的主网格线
grid off	删除当前坐标区或图上的所有网格线
grid	转换主网格线的显示与否的状态
grid minor	切换改变次网格线的可见性。次网格线出现在刻度线之间。并非所有类型的图都支持次网格线
grid（target，…）	使用由 target 指定的坐标区或图，而不是当前坐标区或图。其他输入参数应使用单引号引起来

例 2-34：分隔线显示函数。

在同一个图形窗口内画出正弦和余弦函数的图像，并加入分隔线。

解：MATLAB 程序如下。

```
> > x = linspace(0,2* pi,100);
> > y1 = sin(x);
> > y2 = cos(x);
> > h = plot(x,y1,'- r',x,y2,'. k');
> > title('格线控制')
> > legend(h,'sin(x)','cos(x)')
> > grid on
```

运行结果如图 2-18 所示。

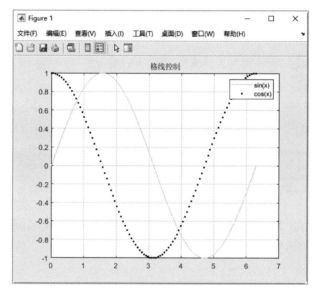

图 2-18   分隔线显示函数运行结果

第3章 概率分布

内容指南

统计和机器学习工具箱支持 30 多个概率分布，包括连续分布、离散分布、参数分布和非参数分布。在实际应用中遇到的基本上是离散型或连续型随机变量. 本书只讨论这两种随机变量。

自然界和社会上发生的某些现象，在个别试验中其结果呈现出不确定性，但在大量重复试验中其结果又具有统计规律性的现象，我们称之为随机现象，本章研究和揭示随机现象统计规律性，也就是概率分布。

内容要点

- 概率分布基础
- 离散型随机变量
- 连续型随机变量
- 概率分布图
- 图形交互

3.1 概率分布基础

概率分布是指用于表述随机变量取值的概率规律。若要全面了解随机试验，则必须知道试验的全部可能结果及各种可能结果发生的概率，即随机试验的概率分布。

3.1.1 概率分布定义

设 X 是一个随机变量，x 是任意实数，函数
$$F(x) = P\{X \leq x\}, \ -\infty < x < \infty$$
称为 X 的分布函数。

对于任意实数 x_1，x_2 $(x_1 < x_2)$，有
$$P\{x_1 < X \leq x_2\} = P\{X \leq x_2\} - P\{X \leq x_1\}$$
$$= F(x_2) - F(x_1)$$

因此，若已知 X 的分布函数，就知道 X 落在任一区间 $(x_1, x_2]$ 上的概率，从这个意义上说，分布函数完整地描述了随机变量的统计规律性。

分布函数是一个普通的函数，正是通过它，我们将能用数学分析的方法来研究随机变量。

当提到一个随机变量的"概率分布"时，指的是它的分布函数；当 x 是连续型随机变量时，指的是它的概率密度，当 x 是离散型随机变量时，指的是它的分布律。

3.1.2 概率分布对象

通过对采样数据进行概率分布拟合或者通过指定参数值定义概率分布对象，可以对概率分布对象执行各种分析。

在 MATLAB 中，makedist 函数用于创建概率分布对象，该函数具体的调用格式见表 3-1。

表 3-1 makedist 函数调用格式

命 令 名	说 明
pd = makedist (distname)	创建具有指定参数值的概率分布对象，distname 表示分布对象的名称，使用默认参数值，其余名称见表 3-2，用来确定返回的概率分布对象的类型
pd = makedist (distname, Name, Value)	使用名称 – 值对参数指定的一个或多个分布参数值创建概率分布对象
list = makedist	返回单元格数组 list
makedist – reset	通过搜索程序对象中包含的文件路径重置分布列表

表 3-2 分布名称

分 布 名 称	说 明	分 布 对 象
' Beta '	B 分布	BetaDistribution
' Binomial '	二项分布	BinomialDistribution
' BirnbaumSaunders '	疲劳寿命分布	BirnbaumSaundersDistribution
' Burr '	伯尔分布	BurrDistribution
' Exponential '	指数分布	ExponentialDistribution
' ExtremeValue '	极值分布	ExtremeValueDistribution
' Gamma '	伽马分布	GammaDistribution
' GeneralizedExtremeValue '	广义极值分布	GeneralizedExtremeValueDistribution
' GeneralizedPareto '	广义帕累托分布	GeneralizedParetoDistribution
' HalfNormal '	半正态分布	HalfNormalDistribution
' InverseGaussian '	逆高斯分布	InverseGaussianDistribution
' Logistic '	逻辑分布	LogisticDistribution
' Loglogistic '	对数逻辑分布	LoglogisticDistribution
' Lognormal '	对数正态分布	LognormalDistribution
' Multinomial '	多项式分布	MultinomialDistribution
' Nakagami '	Nakagami 分布	NakagamiDistribution
' NegativeBinomial '	负二项分布	NegativeBinomialDistribution
' Normal '	正态分布	NormalDistribution
' PiecewiseLinear '	分段线性分布	PiecewiseLinearDistribution
' Poisson '	泊松分布	PoissonDistribution
' Rayleigh '	瑞利分布	RayleighDistribution
' Rician '	莱斯分布	RicianDistribution
' Stable '	稳定分布	StableDistribution
' tLocationScale '	t 位置规模分布	tLocationScaleDistribution
' Triangular '	三角分布	TriangularDistribution
' Uniform '	均匀分布	UniformDistribution
' Weibull '	威布尔分布	WeibullDistribution

在 MATLAB 中，random 函数用于创建指定分布的随机数，该函数具体的调用格式见表 3-3。

表 3-3 random 函数调用格式

命令名	说明
y = random ('name', x, A)	在 x 处根据指定的单参数分布族计算随机数。'name' 为概率分布函数名称，A 指定分布族的分布参数
y = random ('name', x, A, B)	A、B 为指定分布族的分布参数
y = random ('name', x, A, B, C)	A、B、C 为指定分布族的分布参数
y = random ('name', x, A, B, C, D)	A、B、C、D 为指定分布族的分布参数
y = random (pd)	计算概率分布对象 pd 随机数
R = random (⋯, sz1, ⋯, szN)	sz1, ⋯, szN 是每个维度的大小
R = random (⋯, sz)	sz 是每个维度的大小, sz = [sz1, ⋯, szN]

例 3-1：产生指定分布随机数。

解：MATLAB 程序如下。

```
> > close all
> > pd = makedist ('Weibull')          % 使用默认参数值创建 Weibull 概率分布对象
pd =
  Weibull distribution
    A = 1
    B = 1
> > rng ('default')                    % 预分布内存
> > r = random (pd,5,1)                % 从 Weibull 概率分布对象中生成随机数
r =

    0.2049
    0.0989
    2.0637
    0.0906
    0.4583
> > X = rand (size (r),'like',r)    % 创建与 Weibull 概率分布随机数类型相同的随机数
X =

    0.0975
    0.2785
    0.5469
    0.9575
    0.9649
```

在 MATLAB 中，fitdist 函数使用最大似然估计法，通过将概率分布对象拟合到数据中，从样本数据中估计概率分布参数，创建概率分布对象，该函数具体的调用格式见表 3-4。

表 3-4　**fitdist** 函数调用格式

命 令 名	说　　明
pd = fitdist (x, distname)	通过对列向量 x 中的数据进行 distname 指定的分布拟合，创建概率分布对象
pd = fitdist (x, distname, Name, Value)	使用名称 – 值对参数指定的一个或多个分布参数值创建概率分布对象
[pdca, gn, gl] = fitdist (x, distname, 'By', groupvar)	返回由 distname 指定类型的概率分布对象 pdca、组标签的元胞数组 gn 以及分组变量水平的元胞数组 gl
[pdca, gn, gl] = fitdist (x, distname, 'By', groupvar, Name, Value)	使用一个或多个名称 – 值对组参数指定的附加选项

在 MATLAB 中，truncate 函数表示截断概率分布对象，该函数具体的调用格式见表 3-5。

表 3-5　**truncate** 函数调用格式

命 令 名	说　　明
t = truncate (pd, lower, upper)	将概率分布对象 pd 截断到指定间隔 [lower, upper]

例 3-2：创建概率分布对象。

解：MATLAB 程序如下。

```
>> close all
>> pd = makedist('Gamma')              % 使用默认参数值创建伽马分布对象
pd =
GammaDistribution

  Gamma 分布
    a = 1
b = 1
>> t = truncate(pd,0,2)                 % 截断分布的下限为 0,上限为 2
t =
GammaDistribution

  Gamma 分布
    a = 1
    b = 1
  截断到区间 [0,2]
>> x = linspace(0,3,1000);              % 定义采样样本
>> plot(x,pdf(pd,x))                    % 绘制原始伽马分布 pdf
>> hold on
>> plot(x,pdf(t,x),'LineStyle','--')   % 绘制截断伽马分布 pdf
>> legend('Normal','Truncated')
>> hold off
```

运行结果见图 3-1。

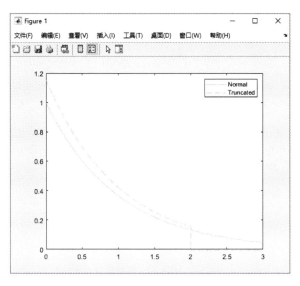

图 3-1　创建原始与截断样本 pdf

3.1.3 概率分布函数

在 MATLAB 中，pdf 函数用于随机数的概率密度函数 pdf，该函数具体的调用格式见表 3-6。

表 3-6　pdf 函数调用格式

命　令　名	说　　　明
y = pdf ('name', x, A)	在 x 处计算概率密度函数（pdf）值。'name' 为概率分布函数名称，见表 3-7，A 为指定分布族的分布参数
y = pdf ('name', x, A, B)	A、B 为指定分布族的分布参数
y = pdf ('name', x, A, B, C)	A、B、C 为指定分布族的分布参数
y = pdf ('name', x, A, B, C, D)	A、B、C、D 为指定分布族的分布参数
y = pdf (pd, x)	计算概率分布对象 pd 在 x 处的 pdf

例 3-3：创建指定概率分布的概率密度函数 pdf。

解：MATLAB 程序如下。

```
>> close all
>> pd = makedist('Normal')        % 创建一个标准正态分布对象
pd =

NormalDistribution

  正态分布
mu = 0
sigma = 1
>> x = -3:.1:3;                   % 指定样本采样区间 x
>> pdf = pdf(pd,x);              % 使用正态分布计算概率密度函数
>> plot(x,pdf,'LineWidth',2)     % 绘制正态分布 pdf
```

表 3-7 概率分布名称

' name '	分布名称	输入参数 A	输入参数 B	输入参数 C	输入参数 D
' Beta '	B 分布	a 第一个形状参数	b 第二个形状参数	—	—
' Binomial '	二项分布	n 试验次数	p 每次试验成功的概率	—	—
' BirnbaumSaunders '	疲劳寿命分布	β 尺度参数	γ 形状参数	—	—
' Burr '	伯尔分布	α 尺度参数	c 第一个形状参数	k 第二个形状参数	—
' Chisquare '	卡方分布	ν 自由度	—	—	—
' Exponential '	指数分布	μ 均值	—	—	—
' Extreme Value '	极值分布	μ 位置参数	σ 尺度参数	—	—
' F '	F 分布	$\nu1$ 分子自由度	$\nu2$ 分母自由度	—	—
' Gamma '	伽马分布	a 形状参数	b 尺度参数	—	—
' Generalized Extreme Value '	广义极值分布	k 形状参数	σ 尺度参数	μ 位置参数	—
' Generalized Pareto '	广义帕累托分布	k 尾部指数（形状）参数	σ 尺度参数	μ 阈值（位置）参数	—
' Geometric '	几何分布	p 概率参数	—	—	—
' HalfNormal '	半正态分布	μ 位置参数	σ 尺度参数	—	—
' Hypergeometric '	超几何分布	m 总体的大小	k 总体中具有所需特征的项数	n 抽取的样本数量	—
' InverseGaussian '	逆高斯分布	μ 尺度参数	λ 形状参数	—	—
' Logistic '	逻辑分布	μ 均值	σ 尺度参数	—	—
' LogLogistic '	对数逻辑分布	μ 对数值的均值	σ 对数值的尺度参数	—	—
' Lognormal '	对数正态分布	μ 对数值的均值	σ 对数值的标准差	—	—
' Nakagami '	Nakagami 分布	μ 形状参数	ω 尺度参数	—	—
' Negative Binomial '	负二项分布	r 成功次数	p 单个试验的成功概率	—	—
' Noncentral F '	非中心 F 分布	$\nu1$ 分子自由度	$\nu2$ 分母自由度	δ 非中心参数	—
' Noncentral t '	非中心 t 分布	ν 自由度	δ 非中心参数	—	—
' Noncentral Chi-square '	非中心分布	ν 自由度	δ 非中心参数	—	—
' Normal '	正态分布	μ 均值	σ 标准差	—	—
' Poisson '	泊松分布	λ 均值	—	—	—
' Rayleigh '	瑞利分布	b 尺度参数	—	—	—
' Rician '	莱斯分布	s 非中心参数	σ 尺度参数	—	—
' Stable '	稳定分布	α 第一个形状参数	β 第二个形状参数	γ 尺度参数	δ 位置参数
' T '	学生 t 分布	ν 自由度	—	—	—
' tLocationScale '	地点－规模分布	μ 位置参数	σ 尺度参数	ν 形状参数	—
' Uniform '	均匀分布（连续）	a 下部端点（最小值）	b 上部端点（最大值）	—	—
' Discrete Uniform '	均匀分布（离散）	n 最大可观测值	—	—	—
' Weibull '	威布尔分布	a 尺度参数	b 形状参数	—	—

运行结果如图 3-2 所示。

累积分布函数（Cumulative Distribution Function），又叫分布函数，是概率密度函数的积分，能

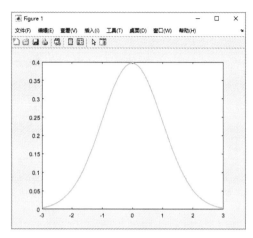

图 3-2 概率密度图

完整描述一个实随机变量 X 的概率分布。

对于所有实数 x，累积分布函数定义如下：

$$F_x(x) = P(X \leq x).$$

对离散变量而言，累积分布函数是所有小于等于 a 的值出现概率的和。

在 MATLAB 中，cdf 函数用于计算累积分布函数 cdf，该函数具体的调用格式见表 3-8。

表 3-8 cdf 函数调用格式

命 令 名	说　　明
y = cdf ('name', x, A)	在 x 处计算累积分布函数（cdf）值。'name' 为概率分布函数名称，见表 3-2，A 指定分布族的分布参数
y = cdf ('name', x, A, B)	A、B 为指定分布族的分布参数
y = cdf ('name', x, A, B, C)	A、B、C 为指定分布族的分布参数
y = cdf ('name', x, A, B, C, D)	A、B、C、D 为指定分布族的分布参数
y = cdf (pd, x)	计算概率分布对象 pd 在 x 处的 cdf
y = cdf (···, 'upper')	使用更精确计算极值上尾概率的算法计算 cdf 的补函数

若累积分布函数 F 是连续的严格增函数，则存在其反函数 $F^{-1}(y)$，$y \in [0,1]$。累积分布函数的反函数可以用来生成服从该随机分布的随机变量。

设若 $F_x(x)$ 是概率分布 X 的累积分布函数，并存在反函数 F_x^{-1}，若 a 是 $[0,1)$ 区间上均匀分布的随机变量，则 $F_x^{-1}(a)$ 服从 X 分布。

在 MATLAB 中，icdf 函数用于计算逆累积分布函数 icdf，该函数具体的调用格式见表 3-9。

例 3-4：在标准正态分布表中，若已知 $p = 0.975$，求 x。

通常所说的标准正态分布是 $\mu = 0$，$\sigma = 1$ 的正态分布。当 $\mu = 0$，$\sigma = 1$ 时，正态分布就成为标准正态分布 $N(0,1)$。

解：

```
> > close all
> > x = icdf('norm',0.975,0,1)

x =

    1.9600
```

表3-9 **icdf** 函数调用格式

命令名	说明
x = icdf ('name', p, A)	根据指定的单参数分布族的逆累积分布函数（Icdf）。'name'为概率分布函数名称，A指定分布族的分布参数
x = icdf ('name', p, A, B)	A、B为指定分布族的分布参数
x = icdf ('name', p, A, B, C)	A、B、C为指定分布族的分布参数
x = icdf ('name', p, A, B, C, D)	A、B、C、D为指定分布族的分布参数
x = icdf (pd, x)	计算概率分布对象 pd 的 icdf

例3-5：已知：自由度为10的双边界检验 t 分布，绘制概率分布图并求对应的临界值。

```
>> close all
>> x = -1:0.1:1;               % 指定样本采样区间 x
>> pdf = pdf('T',x,10);        % 自由度为10,使用 t 概率分布计算概率密度函数
>> cdf = cdf('T',x,10);        % 自由度为10,使用 t 概率分布计算累积概率分布函数
>> plot(x,pdf,x,cdf)           % 绘制卡方概率分布 pdf
>> legend('t 分布 pdf','t 分布 cdf');
>> lambda = icdf('t',0.025,10)
lambda =

    -2.2281
```

运行结果如图3-3所示。

可以看出，概率密度分布以 0 为中心，左右对称的单峰分布；t 分布是一簇曲线，其形态变化与 n（确切地说与自由度 ν）大小有关。自由度 ν 越小，t 分布曲线越低平；自由度 ν 越大，t 分布曲线越接近标准正态分布（u 分布）曲线。

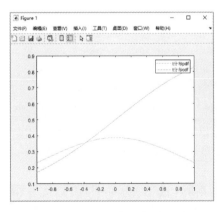

图3-3 概率分布图

3.2 离散型随机变量

有些随机变量，它全部可能取到的值是有限个或可列无限多个，这种随机变量称为离散型随机变量。要掌握一个离散型随机变量 x 的统计规律，必须且只需知道 x 的所有可能取值以及取每一个可能值的概率。

例如，随机变量 x，它只可能取 0，1，2，3 四个值，它是一个离散型随机变量；又如某城市的 120 急救电话台一昼夜收到的呼唤次数也是离散型随机变量。若以 T 记某元件的寿命，它所可能取的值充满一个区间，是无法按一定次序列举出来的，因而它是一个非离散型的随机变量。

离散概率分布是指随机变量只能取有限（或可数无限）数量的值的概率分布，分布函数见表 3-10。

表 3-10　离散概率分布函数

函　　数	说　　明
二项分布	拟合和计算二项分布，生成该分布的随机样本
几何分布	计算几何分布，生成该分布的随机样本
超几何分布	计算超几何分布或其逆分布，生成伪随机样本
多项分布	计算多项分布或其逆分布，生成伪随机样本
负二项分布	对数据进行负二项分布参数拟合，计算负二项分布或其逆分布，生成伪随机样本
泊松分布	拟合和计算泊松分布，生成该分布的随机样本
均匀分布（离散）	计算离散均匀分布或其逆分布，生成伪随机样本

下面介绍三种重要的离散型随机变量分布函数。

3.2.1　(0−1) 分布

设随机变量 X 只可能取 0 与 1 两个值，它的分布律是

$P\{X=k\} = p^k(1-p)^{1-k}, k=0,1 \quad (0<p<1)$，

则称 X 服从以 p 为参数的 (0−1) 分布，(0−1) 分布就是 $n=1$ 情况下的二项分布。

(0−1) 分布的分布律也可写成

X	0	1
p_k	$1-p$	p

对于一个随机试验，如果它的样本空间只包含两个元素，即 $S=\{e_1, e_2\}$，总能在 S 上定义一个服从 (0−1) 分布的随机变量

$$X = X(e) = \begin{cases} 0, & \text{当 } e=e_1 \\ 1, & \text{当 } e=e_2 \end{cases}$$

来描述这个随机试验的结果，例如，对新生婴儿的性别进行登记，检查产品的质量是否合格，某车间的电力消耗是否超过负荷以及前面多次讨论过的"抛硬币"试验等都可以用 (0−1) 分布的随机变量来描述。(0−1) 分布是经常遇到的一种分布，任何一个只有两种结果的随机现象都服从 0−1 分布。

在 MATLAB 中，binornd 函数用于生成二项分布的随机样本，该函数具体的调用格式见表 3-11。

表 3-11　binornd 函数调用格式

命 令 名	说　　明
r = binornd (n, p)	r 是二项分布中的随机数，n 为指定二项分布生成随机数的次数，p 为每次试验成功的概率
r = binornd (n, p, sz1, ⋯, szN)	sz1, ⋯, szN 是每个维度的大小
r = binornd (n, p, sz)	sz 是每个维度的大小，sz = [sz1, ⋯, szN]

在 MATLAB 中，binopdf 函数用于计算二项分布概率密度函数，该函数具体的调用格式见表3-12。

表 3-12　binopdf 函数调用格式

命 令 名	说　　明
y = binopdf (x, n, p)	采样次数 n 的每一次试验的成功概率 p，计算分布二项分布概率密度函数

在 MATLAB 中，binocdf 函数用于计算二项分布累积分布函数，该函数的具体的调用格式见表3-13。

表 3-13　binocdf 函数调用格式

命 令 名	说　　明
y = binocdf (x, n, p)	采样次数 n 的每一次试验的成功概率 p，计算 x 的均匀累积分布函数
y = binocdf (x, n, p, 'upper')	使用极端上尾概率的算法计算均匀累积分布函数

在 MATLAB 中，binoinv 函数用于计算二项分布逆累积分布函数，该函数的具体的调用格式见表3-14。

表 3-14　binoinv 函数调用格式

命 令 名	说　　明
X = binoinv (P, A, B)	使用参数 A 和 B（分别为最小值和最大值）在 P 中的相应概率计算均匀逆累积分布函数

例 3-6：设一汽车在开往目的地的道路上需经过四组信号灯，每组信号灯以 1/2 的概率允许或禁止汽车通过。以 X 表示汽车首次停下时，它已通过的信号灯的组数（设各组信号灯的工作是相互独立的），求 X 的概率分布。

以 p 表示每组信号灯禁止汽车通过的概率，易知 X 的分布律为

X	0	1	2	3	4
P_k	p	$(1-p)\,p$	$(1-p)^2 p$	$(1-p)^3 p$	$(1-p)^4 p$

或写成 $P\{X=k\} = (1-p)^k p$, $k=0,1,2,3$, $p\{X=4\} = (1-p)^4$。以 $p=1/2$ 代入得

X	0	1	2	3	4
p_k	0.5	0.25	0.125	0.0625	0.0625

解：MATLAB 程序如下。

```
>> close all
>> n = 4;                            % 定义采样次数
>> p = 0.5;                          % 定义概率
>> y = zeros(1,n);                   % 预分配内存
for i = 0:n
    y(i+1) = binopdf(0,i+1,p);       % 计算经过四组信号灯的已通过的信号灯的概率
end
>> y
y =

    0.5000    0.2500    0.1250    0.0625    0.0313
```

经对比，数学计算与代码运行后，通过的信号灯的组数得到的概率相同。

例 3-7：上例中，当通过 100 组信号灯，计算汽车首次停下时，它已通过的信号灯的组数为 50 组时的概率。

```
>> format long
>> p = 1 - binocdf(50,100,p)
p =

   0.460205381306411
```

3.2.2 伯努利试验、二项分布

设试验 E 只有两个可能结果：A 及 $\bar{A}$，则称 E 为伯努利（Bernoulli）试验。

设 $P(A) = p(0 < p < 1)$，此时 $P(\bar{A}) = 1 - p$。将 E 独立重复地进行 n 次，则称这一串重复的独立试验为 n 重伯努利试验。

◆ "重复" 是指在每次试验中 $P(A) = p$ 保持不变。

◆ "独立" 是指各次试验的结果互不影响，即若以

C_i 记第 i 次试验的结果，C_i 为 A 或 $\bar{A}$，$i = 1, 2, \cdots, n$。

$$p(c_1 c_2 \cdots c_n) = p(c_1)p(c_2)\cdots p(c_n)$$

n 重伯努利试验是一种很重要的数学模型，它有广泛的应用，是研究最多的模型之一。

例如，E 是抛一枚硬币观察得到正面或反面，A 表示得到正面，这是一个伯努利试验，如将硬币抛 n 次，就是 n 重伯努利试验，又如一颗骰子，若 A 表示得到 "1 点"，A 表示得到 "非 1 点"，将骰子抛 n 次，就是 n 重伯努利试验。

再如在袋中装有 a 只白球，b 只黑球，试验 E 是在袋中任取一只球，观察其颜色，以 A 表示 "取到白球"，$P(A) = a/(a+b)$，若连续取球 n 次作放回抽样，这就是 n 重伯努利试验，然而，若作不放回抽样，虽每次试验都有 $P(A) = a/(a+b)$，但各次试验不再相互独立，因而不再是 n 重伯努利试验了。

以 X 表示 n 重伯努利试验中事件 A 发生的次数，X 是一个随机变量，我们来求它的分布律，X 所有可能取的值为 $0, 1, 2, \cdots, n$。由于各次试验是相互独立的，因此事件 A 在指定的 k（$0 \leq k \leq n$）次试验中发生，在其他 $n-k$ 次试验中 A 不发生（例如，在 k 次试验中 A 发生，后而 $n-k$ 次试验中 A 不发生）的概率为

$$\underbrace{p \cdot p \cdot \cdots \cdot p}_{k\text{个}} \cdot \underbrace{(1-p) \cdot (1-p) \cdot \cdots \cdot (1-p)}_{n-k\text{个}} = p^k (1-p)^{n-k}$$

这种指定的方式共有 $\binom{n}{k}$ 种，它们是两两互不相容的，故在 n 次试验中 A 发生 k 次的概率为 $\binom{n}{k} p^k (1-p)^{n-k}$，记 $q = 1 - p$，即有

$$P\{X = k\} = \binom{n}{k} = p^k q^{n-k}, k = 0, 1, 2, \cdots, n$$

显然

$$P\{X = k\} \geq 0, k = 0, 1, 2, \cdots, n$$

$$\sum_{k=0}^{n} P\{X = k\} = \sum_{k=0}^{n} \binom{n}{k} p^k q^{n-k} = (p + q)^n = 1$$

即 $P(X=k)$ 上面满足条件,注意到 $\binom{n}{k}p^k q^{n-k}$ 刚好是二项式 $(p+q)^n$ 的展开式中出现 p^k 的那一项,随机变量 X 服从参数为 n,p 的二项分布,并记为 $X \sim b(n,p)$。

特别情况下,当 $n=1$ 时二项分布化为

$$P\{X=k\} = p^k q^{1-k}, k=0,1$$

这就是(0-1)分布。

例3-8:某人进行射击,设每次射击的命中率为0.02,独立射击400次,试求至少击中两次的概率。

将一次射击看成是一次试验设击中的次数为 X,则 $X \sim b(400,0.02)$。

X 的分布律为

$$P\{X=k\} = \binom{400}{k}(0.02)^k (0.98)^{400-k}, k=0,1,\cdots,400$$

于是所求概率为

$$P\{X \geqslant 2\} = 1 - P\{X=0\} - P\{X=1\}$$
$$= 1 - (0.98)400 - 400(0.02)(0.98)399 = 0.9972$$

解: MATLAB 程序如下。

```
>> close all            % 关闭当前已打开的文件
>> clear                % 清除工作区的变量
>> 1 - binocdf(1,400,0.02)   % 在每个值从 2 到 400 之间计算二项式累计概率密度函数值
ans =
    0.9972
>> defects = 0:400;     % 定义采样样本
>> y = binopdf(defects,400,.02);  % 检查员在任何一天射击命中的概率
>> plot(defects,y)      % 绘制生成的二项式概率值
```

运行结果见图3-4。

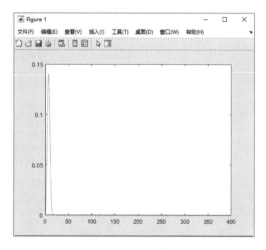

图3-4 创建二项式概率图

例3-9:如果一支棒球队有50%的机会赢得任何一场比赛,那么这支球队在162场比赛中赢得的合理范围是什么?

解: MATLAB 程序如下。

```
>> close all          % 关闭当前已打开的文件
>> clear              % 清除工作区的变量
>> binoinv([0.05 0.95],162,0.5)
ans =
    71    91
```

根据结果可知，在90%的棒球赛季中，一支500人的球队应该能在71～91场比赛中获胜。

例3-10：按规定，某种型号电子元件的使用寿命超过1500h的为一级品。已知某一大批产品的一级品率为0.2，现在从中随机地抽查20只。问20只元件中恰有 k 只（$k = 0，1，\cdots，20$）为一级品的概率是多少？

这是不放回抽样，但由于这批元件的总数很大，且抽查的元件的数量相对于元件的总数来说又很小，因而可以当作放回抽样来处理，这样做会有一些误差，但误差不大。我们将检查一只元件看它是否为一级品看成是一次试验，检查20只元件相当于做20重伯努利试验。以 X 记20只元件中一级品的只数，那么 X 是一个随机变量，且有 $X \sim b(20, 0.2)$，得所求概率为

$$P\{X = k\} = \binom{20}{k}(0.2)^k(0.8)^{20-k}, k = 0, 1, \cdots, 20$$

将计算结果见表3-15。

表3-15　概率分布

$P\{X=0\} = 0.012$	$P\{X=4\} = 0.218$	$P\{X=8\} = 0.022$
$P\{X=1\} = 0.058$	$P\{X=5\} = 0.175$	$P\{X=9\} = 0.007$
$P\{X=2\} = 0.137$	$P\{X=6\} = 0.109$	$P\{X=10\} = 0.002$
$P\{X=3\} = 0.205$	$P\{X=7\} = 0.055$	

当 $k \geq 11$ 时，$P\{X=k\} < 0.001$

解：MATLAB 程序如下。

```
>> close all                  % 关闭当前已打开的文件
>> clear                      % 清除工作区的变量
>> defects = 0:20;            % 定义采样样本，k 取值范围
>> y = binopdf(defects,20,0.2)  % 计算20只元件中恰有 k 只为一级品的概率
y =

  列 1～6

    0.0115    0.0576    0.1369    0.2054    0.2182    0.1746

  列 7～12

    0.1091    0.0545    0.0222    0.0074    0.0020    0.0005

  列 13～18

    0.0001    0.0000    0.0000    0.0000    0.0000    0.0000
```

列 19～21

```
   0.0000    0.0000    0.0000
>> stem(defects,y)                      % 绘制生成的伯努利概率值
```

运行结果见图 3-5。

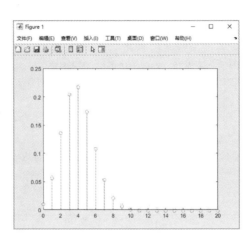

图 3-5 一级品二项式概率图

图 3-5 中看到，当 k 增加时，概率 $P\{X = k\}$ 先是随之增加，直至达到最大值（本例中当 $k = 4$ 时取到最大值），随后单调减少。一般情况下，对于固定的 n 及 p，二项分布 $b(n,p)$ 都具有这一性质。

3.2.3 泊松分布

设随机变量 X 所有可能取的值为 0，1，2，…，而取各个值的概率为

$$P\{X = k\} = \frac{\lambda^k e^{-\lambda}}{k!}, k = 0,1,2,\cdots$$

其中，$\lambda > 0$ 是常数。则称 X 服从参数为 λ 的泊松分布，记为 $X \sim \pi(\lambda)$。

易知，$P\{X = k\} \geqslant 0$，$5 = 0$，1，2，…，且有

$$\sum_{k=0}^{\infty} P\{X = k\} = \sum_{k=0}^{\infty} \frac{\lambda^k e^{-\lambda}}{k!} = e^{-\lambda} \sum_{k=0}^{\infty} \frac{\lambda^k}{k!} = e - \lambda \cdot e^{\lambda} = 1$$

泊松分布的概率密度函数（pdf）是

$$f(x \mid \lambda) = \frac{\lambda^x}{K!} e^{-\lambda}; x = 0,1,2,\cdots,\infty$$

泊松分布的累积分布函数（cdf）为

$$p = F(x \mid \lambda) = e^{-\lambda} \sum_{i=0}^{floor(x)} \frac{\lambda^i}{i!}$$

在 MATLAB 中，poissrnd 函数指定的泊松分布生成伪随机数，该函数具体的调用格式见表 3-16。

表 3-16 poissrnd 函数调用格式

命 令 名	说 明
r = poissrnd（lambda）	lambda 是速率参数
r = poissrnd（lambda，sz1，…，szN）	sz1，…，szN 是每个维度的大小
r = poissrnd（lambda，sz）	sz 是每个维度的大小，sz = [sz1，…，szN]

在 MATLAB 中，poisspdf 函数用于计算泊松分布概率密度函数，该函数具体的调用格式见表 3-17。

表 3-17 poisspdf 函数调用格式

命令名	说 明
y = poisspdf（x，lambda）	计算泊松分布概率密度函数

在 MATLAB 中，poisscdf 函数用于计算泊松分布累积分布函数，该函数具体的调用格式见表 3-18。

表 3-18 poisscdf 函数调用格式

命令名	说 明
y = poisscdf（x，lambda）	计算每个值的泊松累积分布函数
y = poisscdf（x，lambda，'upper'）	使用极端上尾概率的算法计算泊松累积分布函数

在 MATLAB 中，poissinv 函数用于计算泊松分布逆累积分布函数，该函数具体的调用格式见表 3-19。

表 3-19 poissinv 函数调用格式

命令名	说 明
X = poissinv（P，lambda）	计算泊松逆累积分布函数

例 3-11：一电话总机每分钟收到呼唤的次数服从参数为 4 的泊松分布，求

1）某分钟恰有 8 次呼唤的概率。

2）某分钟的呼唤次数大于 3 的概率。

以 X 记电话总机 1min 收到呼唤的次数，则有

$$X \sim \pi(4), p\{X = k\} = \frac{4^k e^{-4}}{k!}, k = 0,1,2\cdots$$

1）所求概率为

$$P\{X = 8\} = \frac{4^8 e^{-4}}{8!} = 0.0298$$

2）所求概率为

$$p = \sum_{k=4}^{\infty} P\{X = k\} = 1 - \sum_{k=0}^{3} p\{x = k\}$$

$$= 1 \sum_{k=0}^{3} \frac{4^k e^{-4}}{k!} = 0.5665$$

解：MATLAB 程序如下。

```
>> close all          % 关闭当前已打开的文件
>> clear              % 清除工作区的变量
>> poisspdf(8,4)      % 某分钟恰有 8 次呼唤的概率
ans =

    0.0298
>> 1-poisscdf(3,4)    % 某分钟的呼唤次数大于 3 的概率
ans =
    0.5665
```

3.3 连续型随机变量

如果对于随机变量 X 的分布函数 $F(x)$，存在非负函数 $f(x)$，使对于任意实数 x 有

$$F(x) = \int_{-\infty}^{x} f(t) \, dt \tag{3-3}$$

则称 X 为连续型随机变量，其中，函数 $f(x)$ 称为 X 的概率密度函数，简称概率密度。
连续概率分布是指随机变量可以取任何值的概率分布，分布函数见表 3-20。

表 3-20 连续概率分布函数

函 数	说 明
beta 分布	拟合和计算 beta 分布，生成该分布的随机样本
Birnbaum-Saunders 分布	拟合和计算 Birnbaum-Saunders 分布，生成该分布的随机样本
Burr Type XII 分布	拟合和计算 Burr Type XII 分布，生成该分布的随机样本
卡方分布	计算卡方分布，生成该分布的随机样本
指数分布	拟合和计算指数分布，生成该分布的随机样本
极值分布	拟合和计算极值分布，生成该分布的随机样本
F 分布	拟合和计算 F 分布，生成该分布的随机样本
gamma 分布	拟合和计算 gamma 分布，生成该分布的随机样本
广义极值分布	拟合和计算广义极值分布，生成该分布的随机样本
广义帕累托分布	拟合和计算广义帕累托分布，生成该分布的随机样本
半正态分布	拟合和计算半正态分布，生成该分布的随机样本
逆高斯分布	拟合和计算逆高斯分布，生成该分布的随机样本
核分布	基于核函数拟合平滑分布并计算分布
逻辑分布	拟合和计算逻辑分布，生成该分布的随机样本
对数逻辑分布	拟合和计算对数逻辑分布，生成该分布的随机样本
对数正态分布	拟合和计算对数正态分布，生成该分布的随机样本
Nakagami 分布	拟合和计算 Nakagami 分布，生成该分布的随机样本
非中心卡方分布	计算非中心卡方分布，生成该分布的随机样本
非中心 F 分布	计算非中心 F 分布，生成该分布的随机样本
非中心 t 分布	计算非中心 t 分布，生成该分布的随机样本
正态分布	拟合和计算正态（高斯）分布，生成该分布的随机样本
分段线性分布	计算分段线性分布，生成该分布的随机样本
瑞利分布	拟合和计算瑞利分布，生成该分布的随机样本
莱斯分布	拟合和计算莱斯分布，生成该分布的随机样本
稳定分布	拟合和计算稳定分布，生成该分布的随机样本
学生 t 分布	计算学生 t 分布，生成该分布的随机样本
t 位置尺度分布	拟合和计算 t 位置尺度分布，生成该分布的随机样本
三角分布	计算三角分布，生成该分布的随机样本
均匀分布（连续）	计算连续均匀分布，生成该分布的随机样本
Weibull 分布	拟合和计算 Weibull 分布，生成该分布的随机样本

下面介绍三种重要的连续型随机变量。

3.3.1 均匀分布

若连续型随机变量 X 具有概率密度

$$f(x) = \begin{cases} \dfrac{1}{b-a}, & a < x < b \\ 0, & 其他 \end{cases}$$

则称 X 在区间 (a,b) 上服从均匀分布，记为 $X \sim U(a,b)$。例如，均匀分布抛硬币正反面出现的次数。

在 MATLAB 中，rand 函数用于生成 [0,1] 均匀分布的随机数，该函数具体的调用格式见表 3-21。

表 3-21 rand 函数调用格式

命令名	说明
X = rand	在 [0, 1] 区间内生成均匀分布的随机数
X = rand (n)	生成 n 行 n 列均匀分布的随机数
X = rand (sz1, …, szN)	sz1, …, szN 是每个维度的大小
X = rand (sz)	sz 是每个维度的大小，sz = [sz1, …, szN]
X = rand (…, typename)	typename 指定随机数的数据类型，包括'double'（默认） | 'single'
X = rand (…, 'like', p)	返回与 p 同一对象类型的随机数
X = rand (s, …)	从随机数流 s 生成随机数

在 MATLAB 中，unifrnd 函数任意范围连续均匀分布生成随机数，该函数具体的调用格式见表 3-22。

表 3-22 unifrnd 函数调用格式

命令名	说明
r = unifrnd (a, b)	a、b 是均匀分布的随机数取值范围
r = unifrnd (a, b, sz1, …, szN)	sz1, …, szN 是每个维度的大小
r = unifrnd (a, b, sz)	sz 是每个维度的大小，sz = [sz1, …, szN]

例 3-12：创建均匀分布随机数。

解：MATLAB 程序如下。

```
>> close all
>> rng('default');    % 将随机数生成器设置为默认的种子 (0) 和算法(梅森旋转)
>> X = rand           % 在[0,1]区间内生成均匀分布的随机数
X =

    0.8147
>> rng('default');
>> r = unifrnd(0,1)   % 在[0,1]区间内生成 m 阶均匀分布的随机数
r =

    0.8147
```

如果将 X 看成是数轴上的随机点的坐标，那么，分布函数 $F(x)$ 在此处的函数值就表示 X 落在区间 $(-\infty, x]$ 上的概率。

在 MATLAB 中，unifpdf 函数用于计算均匀分布概率密度函数，该函数的具体的调用格式见表 3-23。

表 3-23   unifpdf 函数调用格式

命令名	说　明
y = unifpdf (x)	计算样本 x 均匀分布概率密度
y = unifpdf (x, a, b)	返回在区间 [a, b] 内取值的均匀分布样本 x 的概率密度

在 MATLAB 中，unifcdf 函数用于计算均匀分布累积分布函数 $F(x) = P\{X \leqslant x\}$，该函数具体的调用格式见表 3-24。

表 3-24   unifcdf 函数调用格式

命令名	说　明
p = unifcdf (x, a, b)	计算在区间 [a, b] 内每个值的均匀累积分布
p = unifcdf (x, a, b, 'upper')	使用极端上尾概率的算法计算均匀累积分布

在 MATLAB 中，unifinv 函数用于计算均匀分布逆累积分布函数，该函数具体的调用格式见表 3-25。

表 3-25   unifinv 函数调用格式

命令名	说　明
X = unifinv (P, A, B)	使用参数 A 和 B（分别为最小值和最大值）在 P 中的相应概率通过均匀逆累积分布函数计算样本

例 3-13：设 k 在 (0, 5) 服从均匀分布，求 x 的方程

$$4x^2 + 4kx + k + 2 = 0$$

有实根的概率。

x 的二次方程 $4x^2 + 4kx + k + 2 = 0$ 有实根的充要条件是它的判别式

$$\Delta = (4K)^2 - 4 \times 4(K + 2) \geqslant 0,$$

即

$$16(K + 1)(k - 2) \geqslant 0,$$

解得

$$K \geqslant 2, 或 K \leqslant -1.$$

由假设 K 在区间 (0, 5) 上服从均匀分布，其概率密度为

$$f_k(x) = \begin{cases} \dfrac{1}{5}, & 0 < x < 5 \\ 0, & 其他 \end{cases}$$

故这个二次方程有实根的概率为

$$p = P\{(K \geqslant 2)U(K \leqslant -1)\} = P\{K \geqslant 2\} + P\{K \leqslant -1\}$$

解：MATLAB 程序如下。

```
>> close all      % 关闭当前已打开的文件
>> clear          % 清除工作区的变量
>> a = 0;         % 定义取值范围
```

```
>> b = 5;
>> y = unifcdf (2,a,b) + unifcdf (1,a,b) % K 取值大于 2 或小于 1 的概率
y =

    0.6000
```

例 3-14：设电阻值 R 是一个随机变量，均匀分布在 $900 \sim 1100\Omega$，求 R 的概率密度及 R 落在 $950 \sim 1050\Omega$ 的概率。

按题意，R 的概率密度为

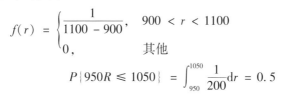

$$f(r) = \begin{cases} \dfrac{1}{1100 - 900}, & 900 < r < 1100 \\ 0, & 其他 \end{cases}$$

$$P\{950R \leqslant 1050\} = \int_{950}^{1050} \frac{1}{200} \mathrm{d}r = 0.5$$

解：MATLAB 程序如下。

```
>> close all            % 关闭当前已打开的文件
>> clear                % 清除工作区的变量
>> rng('default');
>> a = 900;             % 定义取值范围
>> b = 1100;
>> x = unifrnd(a,b)     % 在[900,1100]区间内生成均匀分布的随机数
x =

    1.0629e +03
>> y = unifpdf (x,a,b)  % 均匀分布在 900 ~ 1100 的随机数 R 的概率密度
y =
    0.0050
>> p = unifcdf(1050,a,b) - unifcdf(950,a,b)
% R 落在 950 ~ 1050Ω 的概率
p =

    0.5000
```

B 分布是一个具有双参数（第一个形状参数 a 和第二形状参数 b）的连续分布。标准均匀分布等于单位参数的分布（$a = 0$ 和 $b = 1$）。

三角分布是具有参数的三参数（下限 a、高峰 b 和上限 c）连续分布，标准均匀分布的两个随机变量的和具有 $a = 0$，$b = 1$ 和 $c = 0$ 的三角形分布的性质。

3.3.2 指数分布

若连续型随机变量 X 的概率密度为

$$f(x) = \begin{cases} \dfrac{1}{\theta} e^{-x/\theta}, & x > 0 \\ 0, & 其他 \end{cases}$$

其中，$\theta > 0$ 为常数，则称 X 服从参数为 θ 的指数分布，例如，在间隔时间内放射出 a 粒子的数目。

在 MATLAB 中，exprnd 函数指定的指数分布生成随机数，该函数具体的调用格式见表3-26。

表 3-26 exprnd 函数调用格式

命令名	说 明
r = exprnd (mu)	根据平均值 mu 指数分布随机数 r
r = exprnd (mu, sz1, …, szN)	sz1, …, szN 是每个维度的大小
r = exprnd (mu, sz)	sz 是每个维度的大小，sz = [sz1, …, szN]

例 3-15：创建指数分布随机数。

解：MATLAB 程序如下。

```
>> close all
>> s = rng;                    % 保存随机数生成器的当前状态
>> left = -exprnd(1,10,1)      % 从指数分布随机生成的 10 × 1 均值 mu = 1 的随机数
left =

  - 0.2308
  - 0.1827
  - 0.3090
  - 0.1332
  - 0.4338
  - 0.3623
  - 1.6450
  - 0.2644
  - 1.0964
  - 0.8256
>> right = exprnd(5,10,1)      % 从指数分布随机生成的 10 × 1 均值 mu = 5 的随机数
right =

    5.7149
    2.8256
    2.0875
    2.7621
    5.7256
    7.6162
    0.8425
    5.9839
    4.1252
   11.9618
```

在 MATLAB 中，exppdf 函数用于计算指数分布概率密度函数，该函数具体的调用格式见表 3-27。

表 3-27 exppdf 函数调用格式

命令名	说 明
y = exppdf (x)	计算指数分布样本 x 的概率密度
y = exppdf (x, mu)	计算平均值为 mu 指数分布随机数样本 x 的概率分布

在 MATLAB 中，expcdf 函数用于计算指数分布累积分布函数值 $F(x) = P\{X \leq x\}$，该函数具体的调用格式见表 3-28。

表 3-28　expcdf 函数调用格式

命 令 名	说 明
p = expcdf (x)	计算服从标准指数分布的 x 的累积分布函数
p = expcdf (x, mu)	计算平均值为 mu 指数分布随机数样本 x 累积分布函数值
[p, pLo, pUp] = expcdf (x, mu, pCov)	95% 置信区间为 [pLo, pUp]，pCov 表示均值估计方差
[p, pLo, pUp] = expcdf (x, mu, pCov, alpha)	置信度为 (1-alpha) 100%
_ _ _ = expcdf (_ _ _ , 'upper')	使用极端上尾概率的算法计算指数累积分布函数

在 MATLAB 中，expinv 函数用于计算指数分布逆累积分布函数，该函数具体的调用格式见表 3-29。

表 3-29　expinv 函数调用格式

命 令 名	说 明
x = expinv (p)	计算服从标准指数分布的逆累积分布函数，概率为 p 的随机数
x = expinv (p, mu)	计算平均值为 mu 指数分布概率为 p 的逆累积分布样本 x
[x, xLo, xUp] = expinv (p, mu, pCov)	95% 置信区间为 [xLo, xUp]，pCov 表示均值估计方差
[x, xLo, xUp] = expinv (p, mu, pCov, alpha)	置信度为 (1-alpha) 100%

例 3-16：设顾客在某银行的窗口等待服务的时间 X（min）服从指数分布，其概率密度为

$$f_x(x) = \begin{cases} \dfrac{1}{5}e^{-x/5}, & x > 0 \\ 0, & \text{其他} \end{cases}$$

某顾客在窗口等待服务，若超过 10min 此顾客就会离开，假设该顾客一个月要到银行 5 次，以 Y 表示一个月内顾客未等到服务而离开窗口的次数，写出 Y 的分布律，并求 $P\{Y \geq 1\}$。

顾客在窗口等待服务超过 10min 的概率为

$$p = \int_{10}^{\infty} f_x(x)\,dx = \int_{10}^{\infty} \frac{1}{5}e^{-x/5}\,dx = e^{-2}$$

故顾客去银行一次因未等到服务而离开的概率为 e^{-2}，从而 $Y \sim b(5, e^{-2})$，Y 的分布律为

$$P\{Y = k\} = \binom{5}{k}(e^{-2})k(1 - e^{-2})^{5-k}, k = 0,1,2,3,4,5$$

$$P\{Y \geq 1\} = 1 - P\{Y = 0\} = 1 - (1 - e^{-2})^5 = 0.5167$$

解：MATLAB 程序如下。

```
>> close all
>> mu = 5;                % 定义均值参数
>> p = 1-expcdf(10,mu)    % 计算顾客在窗口等待服务超过10 min，去银行一次因未等到服务而
离开的概率
ans =

    0.1353
>> 1-binocdf(0,5,p)       % 计算P{Y≥1}，一个月内客户一直未等到服务而离开窗口的概率
ans =

    0.5167
```

3.3.3 正态分布

若连续型随机变量的概率密度为

$$f(x) = \frac{1}{\sqrt{2\pi}\sigma} e - \frac{(x-\mu)^2}{2\sigma^2}, \quad -\infty < x < \infty$$

其中，$\mu, \sigma(\sigma_0)$ 为常数，则称 X 服从参数为 μ, σ 的正态分布或高斯（Gauss）分布，记为 $X \sim N(\mu, \sigma^2)$。

在自然现象和社会现象中，大量随机变量都服从或近似服从正态分布。例如，一个地区的男性成年人的身高；测量某零件长度的误差，海洋波浪的高度，半导体器件中的热噪声电流或电压等，都服从正态分布，在概率论与数理统计的理论研究和实际应用中，正态随机变量起着特别重要的作用。

在 MATLAB 中，randn 函数用于生成正态分布的随机数，该函数具体的调用格式见表 3-30。

表 3-30 randn 函数调用格式

命令名	说　明
X = randn	在 [0, 1] 区间内生成 m 阶均匀分布的随机数
X = randn（n）	生成 m 行 n 列均匀分布的随机数
X = randn（sz1, …, szN）	sz1, …, szN 是每个维度的大小
X = randn（sz）	sz 是每个维度的大小, sz = [sz1, …, szN]
X = randn（…, typename）	typename 指定随机数的数据类型，包括' double '（默认）| ' single '
X = randn（…, 'like', p）	返回与 p 同一对象类型的随机数
X = randn（s, …）	从随机数流 s 生成随机数

在 MATLAB 中，normrnd 函数用于生成正态（高斯）分布的随机数，该函数具体的调用格式见表 3-31。

表 3-31 normrnd 函数调用格式

命令名	说　明
R = normrnd（mu, sigma）	返回均值为 mu，标准差为 sigma 的正态分布的随机数据，R 可以是向量或矩阵
R = normrnd（mu, sigma, m）	m 指定随机数的个数，与 R 同维数
R = normrnd（mu, sigma, m, n）	m, n 分别表示 R 的行数和列数

在 MATLAB 中，normpdf 函数用于计算正态分布概率密度函数，该函数具体的调用格式见表 -32。

表 3-32 normpdf 函数调用格式

命令名	说　明
y = normpdf（x）	计算标准正态分布（mu = 0, sigma = 1）样本 x 的概率密度
y = normpdf（x, mu）	计算均值为 mu 和单位标准差（sigma = 1）的正态分布随机数样本 x 的概率分布
y = normpdf（x, mu, sigma）	计算均值为 mu 和标准差为 sigma 的正态分布随机数样本 x 的概率分布

在 MATLAB 中，normcdf 函数用于计算正态分布累积分布函数值 $F(x) = P\{X \leqslant x\}$，该函数具体的调用格式见表 3-33。

表 3-33 normcdf 函数调用格式

命 令 名	说 明
p = normcdf（x）	计算服从标准正态分布（mu = 0，sigma = 1）的 x 的累积分布函数
p = normcdf（x，mu）	计算均值为 mu 正态分布随机数样本 x 的累积分布函数值
p = normcdf（x，mu，sigma）	计算均值为 mu 和标准差为 sigma 的正态分布随机数样本 x 的累积分布函数值
[p，pLo，pUp] = normcdf（x，mu，sigma，pCov）	95% 置信区间为 [pLo，pUp]，pCov 表示均值估计方差
[p，pLo，pUp] = normcdf（x，mu，sigma，pCov，alpha）	置信度为（1 - alpha）100%
… = normcdf（…，'upper'）	使用极端上尾概率的算法计算正态累积分布函数

在 MATLAB 中，norminv 函数用于计算正态分布逆累积分布函数，该函数具体的调用格式见表 3-34。

表 3-34 norminv 函数调用格式

命 令 名	说 明
x = norminv（p）	计算服从标准正态分布（mu = 0，sigma = 1）的逆累积分布函数，概率为 p 的随机数 x
x = norminv（p，mu）	计算均值为 mu 的正态分布概率为 p 的逆累积分布样本 x
x = norminv（p，mu，sigma）	计算均值为 mu 和标准差为 sigma 的正态分布随机数样本 x
[x，xLo，xUp] = norminv（p，mu，sigma，pCov）	95% 置信区间为 [xLo，xUp]，pCov 表示均值估计方差
[x，xLo，xUp] = norminv（p，mu，sigma，pCov，alpha）	置信度为（1 - alpha）100%

例 3-17：某地区 18 岁的女青年的血压（收缩压，以 mmHg 计，1 mmHg = 133.322 4 Pa），服从 $N(110,12^2)$ 分布，在该地区任选一 18 岁的女青年，测量她的血压 X，求

1）$P\{X \leqslant 105\}$，$P\{100 < x \leqslant 120\}$。

2）确定最小的 x，使 $P\{X > x\} \leqslant 0.05$。

解：1）因为 $X \sim N(110,12^2)$，故有

$$P\{X \leqslant 105\} = \Phi\left(\frac{105 - 110}{12}\right) = \Phi\left(\frac{-5}{12}\right)$$

$$= 1 - \Phi(0.417) = 1 - 0.6617 = 0.3383$$

$$P\{100X \leqslant 120\} = \Phi\left(\frac{120 - 110}{12}\right) - \Phi\left(\frac{100 - 110}{12}\right)$$

$$= 2\Phi\left(\frac{10}{12}\right) - 1 = 2\Phi(0.833) - 1$$

$$= 2 \times 0.7976 - 1 = 0.5952$$

2）要求 $P\{X > x\} \leqslant 0.05$。因 $P\{X > x\} = 1 - P\{X \leqslant x\} = 1 - \Phi\left(\frac{x - 110}{12}\right)$，即要求

$$1 - \Phi\left(\frac{x - 110}{12}\right) \leqslant 0.05$$

即需
$$\Phi\left(\frac{x-110}{12}\right) \geqslant 0.95 = \Phi(1.645)$$

由此得
$$\frac{x-110}{12} \geqslant 1.645, x \geqslant 129.74$$

故 x 的最小值为 129.74。

解：MATLAB 程序如下。

```
>> close all
>> p = normcdf(105,110,12)                      % 计算 P{X≤105}

p =

    0.3385
>> p = normcdf(120,110,12) - normcdf(100,110,12)   % 计算 P{100<X≤120}

p =

0.5953
% 确定最小的 x,使 P{X>105}
>> P = 1-0.05;                                   % 计算概率 P{X≤x}
>> norminv(P,110,12)                             % 计算最小的 x
ans =

   129.7382
```

例 3-18：公共汽车门的高度是按成年男子与车门顶碰头的机会不超过 1% 设计的。设 男子身高 X（单位：cm）服从正态分布 N（175，36），求车门的最低高度。

设 h 为车门高度，X 为身高，求满足条件的 h，成年男子不与车门顶碰头的机会最低为 99%。

解：MATLAB 程序如下。

```
>> close all
>> mu = 175;                      % 定义均值
>> sigma = sqrt(36);             % 定义标准差
>> h = norminv(0.99, mu, sigma)  % 计算车门的最低高度
h =
  188.9581
```

实现均匀分布到正态分布转变的方法的基本思想是先得到服从均匀分布的随机数，再将服从均匀分布的随机数转变为服从正态分布。

3.3.4 中心极限定理

设 $X_1, X_2, \cdots, X_n$ 为独立同分布的随机变量序列，均值为 μ，方差为 σ^2，则
$$Z_n = \frac{X_1 + X_2 + \cdots + X_n - n\mu}{\sigma\sqrt{n}}$$

具有渐近分布 $N(0,1)$，也就是说当 $n \to \infty$ 时，
$$P\left\{\frac{X_1 + X_2 + \cdots + X_n - n\mu}{\sigma\sqrt{n}} \leqslant x\right\} \to \frac{1}{\sqrt{2\pi}} \int_{-\infty}^{x} e^{-\frac{t^2}{2}} dt$$

根据中心极限定理，n 个相互独立同分布的随机变量之和的分布近似于正态分布，n 越大，近似程度越好。当样本量足够大时，样本均值的分布慢慢变成正态分布。

例 3-19：由某机器生产的螺栓的长度（cm）服从参数 $\mu = 10.05, \sigma = 0.06$ 的正态分布，规定长度在范围 10.05 ± 0.12 内为合格品，求一螺栓为不合格品的概率。

记螺栓的长度为 $X, X \sim N(10.05, 0.06^2)$，螺栓不合格的概率为

$$1 - P\{10.05 - 0.12 < X < 10.05 + 0.12\}$$

$$= 1 - \left[\Phi\left(\frac{10.05 + 0.12 - 10.05}{0.06}\right) - \Phi\left(\frac{10.05 - 0.12 - 10.05}{0.06}\right)\right]$$

$$= 1 - \Phi(2) + \Phi(-2) = 0.456$$

解：MATLAB 程序如下。

```
>> close all                      % 关闭当前已打开的文件
>> clear                          % 清除工作区的变量
>> a = 10.05 - 0.12;              % 定义上下限
>> b = 10.05 + 0.12;
>> n = unifrnd(a,b,10000,1);      % 创建连续均匀分布随机数
>> N = 100;                       % 定义样本数
>> X = zeros(1,N);                % 预定义内存
% 利用中心极限定理创建符合正态分布,螺栓为合格品的概率
  for t =1:N;
      for j =1:N;
          X(t) = X(t) + n((j-1)* N +t);
      end
  end
>> mu = 10.05;                    % 定义均值
>> sigma = 0.06;                  % 定义标准差
>> x = a:0.01:b;                  % 定义采样样本
>> Y = normpdf(x, mu, sigma);     % 计算螺栓为合格品的概率
>> subplot(2,1,1)
>> histfit(X)                     % 绘制拟合直方图
>> subplot(2,1,2)
>> histfit(Y)                     % 创建拟合直方图
>> 1 - (normcdf(b, mu, sigma) - normcdf(a, mu, sigma))  % 计算螺栓为不合格品的概率
Y =

    0.0455
```

运行结果如图 3-6 所示。

3.3.5 Box-Muller 算法

设 (X, Y) 是一对相互独立的服从正态分布 $N(0,1)$ 的随机变量，则有概率密度函数：

$$f_{(X,Y)}(x,y) = \frac{1}{2\pi}e^{-\frac{x^2+y^2}{2}}$$

令 $x = R\cos\theta$，$y = R\sin\theta$，其中，$\theta \in [0, 2\pi]$，则 R 有分布函数：

$$P(R < r) = \int_0^{2\pi}\int_0^r \frac{1}{2\pi}e^{-\frac{u^2}{2}}ududの = \int_0^r e^{-\frac{u^2}{2}}udu = 1 - e^{-\frac{r^2}{2}}$$

令 $F_R(r) = 1 - e^{-\frac{r^2}{2}}$，则分布函数的反函数得：$R = F_R^{-1}(Z) = \sqrt{-2\ln(1 - Z)}$。

如果 U_1 服从均匀分布 $U(0,1)$，则 R 可由 $\sqrt{-2\ln U_1}$ 模拟生成（$1-U_1$）也为均匀分布，可被 U_1 代替）。令 θ 为 $2\pi U_2$，U_2 服从均匀分布 $U(0,1)$。得：

$$X = R\cos\theta = \sqrt{-2\ln U_1}\cos(2\pi U_2),$$
$$Y = R\sin\theta = \sqrt{-2\ln U_1}\sin(2\pi U_2)$$

X 和 Y 均服从正态分布。

用 Box Muller 方法来生成服从正态分布的随机数是十分快捷方便的，是通过 $[0,1]$ 之间的均匀分布和单位圆来生成正态分布的一种算法。这种算法虽然不需任何估计，但是有 21% 的拒绝率，且中间包括对数、平方根运算，所以效率并不高。

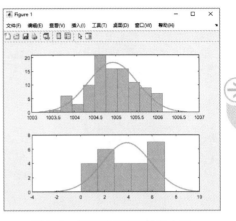

图 3-6 创建正态随机数直方图

例 3-20：利用 Box Muller 创建正态随机数。

解：MATLAB 程序如下。

```
>> N = 20;              % 定义样本数
>> N1 = 200;            % 定义样本数
>> m =110;              % 定义平均值
>> n =12;               % 定义标准差
% 利用 Box-Muller 方法创建样本数为 20 的符合正态分布随机数
for i =1:N
    a = rand;           % 创建均匀分布随机数
    b = rand;
    X1(i) = sqrt((-2)* log(a))* cos(2* pi* b);
    X2(i) = sqrt((-2)* log(a))* sin(2* pi* b);
    Y1 =X1* n +m;
    Y2 =X2* n +m;
end
% 利用 Box-Muller 方法创建样本数为 200 的符合正态分布随机数
for i =1:N1
    a = rand;           % 创建均匀分布随机数
    b = rand;
    X11(i) = sqrt((-2)* log(a))* cos(2* pi* b);
    X22(i) = sqrt((-2)* log(a))* sin(2* pi* b);
    Y11 =X11* n +m;
    Y22 =X22* n +m;
end
>> subplot(2,2,1)
>> normplot(Y1)         % 创建一个与正态分布数据比较的概率图
>> subplot(2,2,2)
>> normplot(Y2)         % 创建一个与正态分布数据比较的概率图
>> subplot(2,2,3)
>> normplot(Y11)        % 创建一个与正态分布数据比较的概率图
>> subplot(2,2,4)
>> normplot(Y22)        % 创建一个与正态分布数据比较的概率图
```

运行结果如图 3-7 所示。

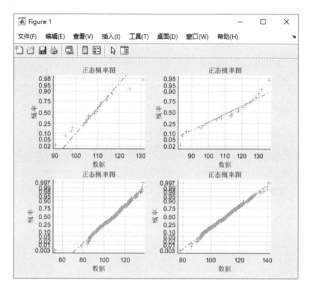

图 3-7　创建正态随机数分布图

3.4　概率分布图

概率分布就是在统计图中表示概率，横轴是数据的值，纵轴是横轴上对应数据值的概率。

3.4.1　直方图

在 MATLAB 中，histogram 命令用来绘制具有分布拟合的直方图，该命令的使用格式见表 3-35。

表 3-35　histogram 命令的调用格式

调 用 格 式	说　　　明
histogram（X）	基于 X 创建柱状图，使用均匀宽度的 bin 涵盖 X 中的元素范围并显示分布的基本形状
histogram（X，nbins）	使用标量 nbins 指定 bin 的数量
histogram（X，edges）	将 X 划分到由向量 edges 指定 bin 边界的 bin 内。除了同时包含两个边界的最后一个 bin 外，每个 bin 都包含左边界，但不包含右边界
histogram（'BinEdges'，edges，'BinCounts'，counts）	指定 bin 边界和关联的 bin 计数
histogram（C）	通过为分类数组 C 中的每个类别绘制一个条形来绘制柱状图
histogram（C，Categories）	仅绘制 Categories 指定的类别的子集
histogram（'Categories'，Categories，'BinCounts'，counts）	指定类别和关联的 bin 计数
histogram（…，Name，Value）	使用一个或多个名称 – 值对组参数设置柱形图的属性
histogram（ax，…）	将图形绘制到 ax 指定的坐标区中，而不是当前坐标区中
h = histogram（…）	返回直方图对象，常用于检查并调整柱状图的属性

在 MATLAB 中，histfit 命令用来绘制具有分布拟合的直方图，该命令的使用格式见表 3-36。

表 3-36 histfit 命令的调用格式

调用格式	说　明
histfit（data）	基于 data 创建直方图，使用均匀宽度的 bin 涵盖 X 中的元素范围并显示分布的基本形状
histfit（data，nbins）	使用标量 nbins 指定 bin 的数量
histfit（data，nbins，dist）	根据 dist 指定的分布拟合密度函数创建直方图
histfit（ax，…）	将图形绘制到 ax 指定的坐标区中，而不是当前坐标区中
h = histfit（…）	返回句柄对象，其中 h（1）是直方图的句柄，h（2）是密度曲线的句柄

例 **3-21**：绘制具有泊松分布拟合的直方图。

解：MATLAB 程序如下。

```
>> close all
>> pd = makedist('poisson')               % 定义泊松分布对象
pd =
PoissonDistribution

泊松分布
lambda = 1
>> x = 0:.1:3;                             % 指定样本采样区间 x
>> y = random (pd,20,1);                   % 创建泊松分布随机数
>> pp = pdf(pd,x);                         % 创建泊松分布随机数概率密度
>> subplot(1,2,1)
>> histogram(y)                            % 绘制泊松分布随机数直方图
>> hold on
>> plot(x,10* pp)
>> title('泊松分布的随机数概率密度图')
>> subplot(1,2,2)
>> p = histfit(y,[],'poisson');            % 构建具有泊松分布拟合的直方图
>> set(p(1),'FaceColor','r')               % 改变直方图的颜色为红色
>> set(p(2),'Color','b')                   % 改变密度曲线图的颜色为蓝色
>> title('泊松分布的随机数直方图')
>> legend('直方图','密度曲线')
```

运行结果如图 3-8 所示。

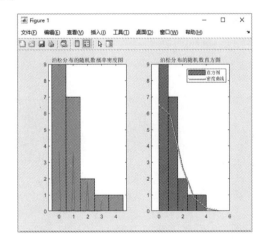

图 3-8　直方图

3.4.2 箱线图

箱线图特别适用于比较两个或两个以上数据集的性质，在数据集中某一个观察值不寻常地大于或小于该数集中的其他数据，称为疑似异常值，疑似异常值的存在，会对随后的计算结果产生不适当的影响。检查疑似异常值并加以适当地处理是十分重要的，箱线图只要稍加修改，就能用来检测数据集是否存在疑似异常值。

在 MATLAB 中，boxplot 命令用来绘制具有分布拟合的直方图，该命令的使用格式见表 3-37。

表 3-37　boxplot 命令的调用格式

调 用 格 式	说　　明
boxplot（x）	创建数据 x 的箱线图，在每个箱子上，中心标记表示中位数，箱子的底边和顶边分别表示第 25 个和 75 个百分位数。虚线会延伸到不是离群值的最远端数据点，离群值会以 '+' 符号单独绘制
boxplot（x，g）	使用 g 中包含的一个或多个分组变量创建箱线图
boxplot（ax，…）	在 ax 指定的坐标区中绘制图形
boxplot（…，Name，Value）	使用由一个或多个 Name，Value 对组参数指定的附加选项创建箱线图
h = boxplot（…）	返回箱线图句柄

例 3-22：将一温度调节器放置在贮存着某种液体的容器内，调节器整定在 d℃，液体的温度 X（以℃计）是一个随机变量，且 $X \sim X(100,0.5^2)$，绘制服从正态分布的液体的温度 X 的箱线图。

解：MATLAB 程序如下。

```
>> close all
>> rng default;                    % 创建默认随机数生成器
>> mu = 100;                       % 定义均值
>> sigma = 0.5;                    % 定义标准差
>> x = normrnd(mu,sigma,10,20);    % 创建随机数序列服从正态分布,大小为 10×20 的样本
>> subplot(2,1,1)
>> boxplot(x)                      % 使用默认格式创建箱线图
>> subplot(2,1,2)
>> boxplot(x,'Notch','on')         % 创建带缺口箱线图
```

运行结果如图 3-9 所示。

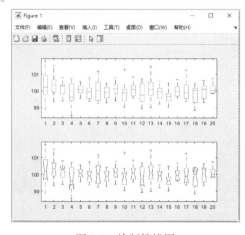

图 3-9　绘制箱线图

3.4.3 概率图

在 MATLAB 中，probplot 命令用来绘制概率图，它的使用格式见表 3-38。

表 3-38 **probplot 命令的使用格式**

调用格式	说 明
probplot（y）	使用标记符号每个数据点 y 并绘制表示理论分布的参考线。如果样本数据具有正态分布，那么数据点将沿着参考线出现，参考线用来评估数据的线性度。参考线连接数据的第一和第三、四分位数，并延伸到数据的末端。非正常分布在数据图中引入曲率
probplot（y, cens）	根据检查数据 cens 创建概率图
probplot（y, cens, freq）	频率数据为 freq
probplot（dist, …）	dist 指定概率图分布类型，可绘制正态概率图' normal '、指数概率图' exponential '、极值概率图' extreme value '、半正规概率图' half normal '、对数正态概率图' lognormal '、逻辑概率图' logistic '、对数概率图' loglogistic '、瑞利概率图' rayleigh '、威布尔概率图' weibull '
probplot（ax, …）	在指定的坐标轴 ax 中绘制概率图
probplot（ax, pd）	使用概率分布对象指定概率图分布类型
probplot（ax, fun, params）	在指定的概率图轴 ax 上添加一条拟合线。funf 拟合函数的函数句柄，params 表示函数使用参数
probplot（…, ' noref '）	概率图中不显示参考线
h = probplot（…）	返回对象的图形句柄

例 3-23：一工厂生产的某种设备的寿命 X（以年计）服从指数分布，概率密度为

$$f(x) = \begin{cases} \dfrac{1}{4}e^{-x/4}, & x > 0 \\ 0, & x \leq 0 \end{cases}$$

工厂规定，出售的设备若在售出一年之内损坏可予以调换，若工厂售出一台设备赢利 100 元，调换一台设备厂方需花费 300 元，绘制厂方出售一台设备净赢利的概率图。

一台设备在一年内调换的概率为

$$p = P\{X < 1\} = \int_0^1 \frac{1}{4}e^{-x/4}dx = -e^{-x/4}\Big|_0^1 = 1 - e^{-x/4}$$

以 Y 记工厂售出一台设备的净赢利值，则 Y 具有分布律

Y	100	100 − 300
p_k	$e^{-1/4}$	$1 - e^{-1/4}$

解：MATLAB 程序如下。

```
>> close all
>> s = rng;                          % 保存随机数生成器的当前状态
>> mu = 4;                           % 定义均值参数
>> x = exprnd(mu,100,1);             % 计算厂方出售 100 台设备净赢利的概率
>> subplot(211)
>> p1 = probplot(x);                 % 显示正态分布概率图,确定随机数是否服从正态分布
>> subplot(212)
>> p2 = probplot('exponential',x);   % 显示指数分布概率图,确定随机数是否服从极值分布
```

运行结果如图 3-10 所示。

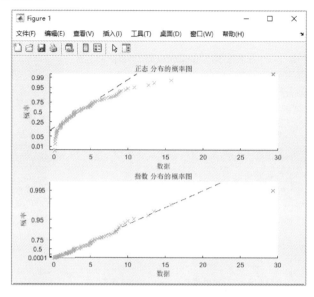

图 3-10　概率图

注意:

根据图形得知, 计算厂方出售 100 台设备净赢利的概率服从指数分布。

3.5　图形交互

MATLAB 提供了图形用户界面的设计功能, 用户可以自行设计人机交互界面, 以显示各种计算信息、图形、声音等, 或提示输入计算所需的各种参数。

3.5.1　随机数直方图

随机数生成工具是一个图形用户界面, 它根据指定的概率分布生成随机样本, 并将样本显示为直方图。使用该工具探讨更改参数和样本大小对分布的影响。

在 MATLAB 中, randtool 函数用于生成交互式随机数。执行该命令打开随机数生成工具, 如图 3-11 所示。

例 3-24: 某车间生产的圆盘直径在区间 (a,b) 服从均匀分布, 显示圆盘面积。

设圆盘直径为 X, 按题设 X 具有概率密度

$$fx(x) = \begin{cases} \dfrac{1}{b-a} & a < x < b, a = 10, b = 0 \\ 0, & 其他 \end{cases}$$

圆盘直径在区间 (10, 0) 服从均匀分布。绘制概率分布曲线。

解: MATLAB 程序如下。

```
>> close all
>> randtool
```

弹出"随机数生成工具"窗口, 在"分布"下拉列表下选择"均匀"选项, 样本数为 100 max 为 10, min 为 0, 如图 3-12 所示。

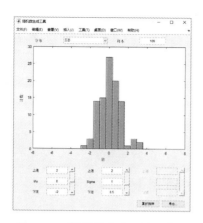

图 3-11 "随机数生成工具"窗口　　图 3-12 "随机数生成工具"窗口

单击"导出"按钮，弹出"导出到工作区"对话框，如图 3-13 所示，单击"确定"按钮，在工作区显示变量 unifrv。

图 3-13 "导出到工作区"对话框

```
>> rng('default');
>> r = unifrnd(0,10,100,1);   % 在[0,10]区间内生成 100×1 阶均匀分布的随机数
>> histogram(r,10)            % 绘制均匀分布随机数直方图,bin 矩形个数为 10
>> hold on
>> histogram(unifrv,10)
```

运行结果如图 3-14 所示。

3.5.2 概率分布图

概率分布函数用户界面为概率分布创建累积分布函数或概率密度函数的交互图。通过指定参数值或使用交互式滑块，探索更改参数值对绘图形状的影响。

在 MATLAB 中，disttool 函数用于创建密度与分布图，执行该命令打开概率分布函数应用程序，如图 3-15 所示。

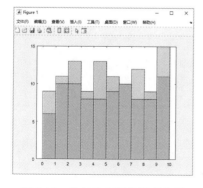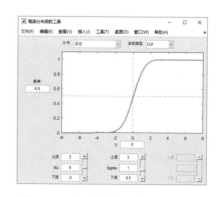

图 3-14 均匀分布随机数直方图　　图 3-15 "概率分布函数工具"窗口

例 3-25：将一温度调节器放置在贮存着某种液体的容器内，调节器整定在 d℃，液体的温度 X（以℃计）是一个随机变量，且 $X \sim N(d, 0.5^2)$，若 $d = 90$℃，求 X 小于 89℃ 的概率。

所求概率为

$$P\{X < 89\} = P\left\{\frac{X - 90}{0.5} < \frac{89 - 90}{0.5}\right\}$$

$$= \Phi\left(\frac{89 - 90}{0.5}\right) = \Phi(-2)$$

$$= 1 - \Phi(2) = 1 - 0.9772 = 0.0228.$$

液体温度服从正态分布，mu = 90，sigma = 0.5，绘制累计概率分布曲线。

解：MATLAB 程序如下。

```
>> close all
>> disttool
```

弹出"概率分布函数工具"窗口，在"分布"下拉列表下选择"正态"，函数类型为 CDF，Mu 为 90，Sigma 为 0.5，X 为 89，如图 3-16 所示。

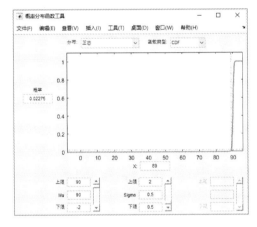

图 3-16 "概率分布函数工具"窗口

完成参数输入后，显示累计概率函数图，并在图形左侧显示 X 小于 89℃ 的概率为 0.02275。

第4章　方差分析及回归分析

内容指南

方差分析和回归分析都是数理统计中具有广泛应用的内容，本章对它们的最基本部分进行介绍。

内容要点

📖 数据分析

📖 方差分析

📖 回归分析

4.1　数据分析

数理统计工具箱是 MATLAB 工具箱中较为简单的一个，其涉及的数学知识是大家都很熟悉的数据分析，比如求均值与方差等。下面将对 MATLAB 数据统计工具箱中的一些函数进行简单介绍。

4.1.1 样本均值

MATLAB 中计算样本均值的函数为 mean，其调用格式见表 4-1。

表 4-1　mean 调用格式

调用格式	说　明
M = mean（A）	如果 A 为向量，输出 M 为 A 中所有参数的平均值；如果 A 为矩阵，输出 M 是一个行向量，其每一个元素是对应列元素的平均值
M = mean（A，dim）	按指定的维数求平均值
M = mean（A，'all'）	计算 A 的所有元素的均值
M = mean（A，vecdim）	计算 A 中向量 vecdim 所指定的维度上的均值
M = mean（…，outtype）	使用前面语法中的任何输入参数返回指定的数据类型的均值。outtype 可以是 'default'、'double' 或 'native'
M = mean（…，nanflag）	指定在上述任意语法的计算中包括还是忽略 NaN 值

MATLAB 还提供了表 4-2 所示的其他几个求平均数的函数，其调用格式与 mean 函数相似。

表 4-2　其他求平均数的函数

函　数	说　明
nanmean	求算术平均
geomean	求几何平均
harmmean	求和谐平均
trimmean	求调整平均

例 4-1：已知 2020 年浙江高考前 100 名的各科分数，今从中抽取 10 名进行估测，测得数据见表 4-3。

表 4-3　各科分数表

	语文	数学	英语	物理	化学	生物
1	137	147	140	100	97	100
2	130	144	142	100	100	100
3	127	143	142	100	100	100
4	131	142	140	100	97	100
5	129	140	141	100	100	100
6	125	147	138	100	100	97
7	120	147	140	100	100	100
8	122	147	136	100	100	100
9	120	143	142	100	100	100
10	124	142	141	97	100	100

试通过平均值计算测试浙江高考前 100 名平均成绩。

```
>> A=[137  147  140  100  97   100;
130  144  142  100  100  100;
127  143  142  100  100  100;
131  142  140  100  97   100;
129  140  141  100  100  100;
125  147  138  100  100  97;
120  147  140  100  100  100;
122  147  136  100  100  100;
120  143  142  100  100  100;
124  142  141  97   100  100];    % 输入考试成绩
>> A1=mean(A);
>> A2=mean(A,2);
>> A3=nanmean(A);
>> A4=geomean(A);
>> A5=harmmean(A);
>> A6=trimmean(A,1);
>> subplot(3,2,1),plot(A,'k-')
>> hold on
>> plot(A1,'bo')
>> hold off
>> title('样本平均')
>> subplot(3,2,2),plot(A,'k-')
>> hold on
>> plot(A2,'r+')
>> hold off
```

```
>> title('各份抽样的平均')
>> subplot(3,2,3),plot(A,'k-')
>> hold on
>> plot(A3,'c>')
>> hold off
>> title('算术平均')
>> subplot(3,2,4),plot(A,'k-')
>> hold on
>> plot(A4,'m<')
>> hold off
>> title('几何平均')
>> subplot(3,2,5),plot(A,'k-')
>> hold on
>> plot(A5,'yp')
>> hold off
>> title('调和平均')
>> subplot(3,2,6),plot(A,'k-')
>> hold on
>> plot(A6,'gv')
>> hold off
>> title('调整平均')
```

在图像窗口中显示了平均值与原数据的对比情况，如图 4-1 所示。

例 **4-2**：已知某小学绘画、毛笔字比赛分数，今从两个科目中抽取 6 个学生进行估测，测得数据如下。绘画：1 5 3 9 8 7 3，毛笔字：1 5 3 6 7 8，试通过平均值计算测试该学校平均成绩。

```
>> A = [5 3 9 8 7 3;1 5 3 6 7 8];
>> A1 = nanmean(A);          % 算术平均
>> A2 = geomean(A);          % 几何平均
>> A3 = harmmean(A);         % 调和平均
>> A4 = trimmean(A,1);       % 调整平均
>> plot(A1,'bo')
>> hold on
>> plot(A2,'r-')
>> plot(A3,'c--')
>> plot(A4,'y*')
>> hold off
>> title('均值曲线')
>> xlabel('考试人员'),ylabel('平均成绩')
>> legend('算术平均','几何平均','调和平均','调整平均')
```

在图像窗口中显示平均值结果对比图，如图 4-2 所示。

4.1.2 样本方差与标准差

MATLAB 中计算样本方差的函数为 var，其调用格式见表 4-4。

MATLAB 中计算样本标准差的函数为 std，其调用格式见表 4-5。

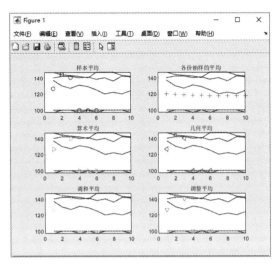

图 4-1　平均数据

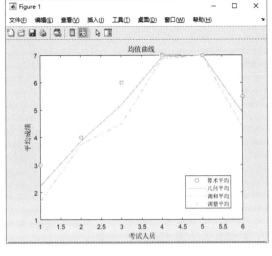

图 4-2　平均数据对比图

表 4-4　var 调用格式

调用格式	说　明
V = var (A)	如果 A 是向量，输出 A 中所有元素的样本方差；如果 A 是矩阵，输出 V 是行向量，其每一个元素是对应列元素的样本方差，按观测值数量 -1 实现归一化
V = var (A, w)	w 是权重向量，其元素必须为正，长度与 A 匹配
V = var (A, w, dim)	返回沿 dim 指定的维度的方差
V = var (A, w, 'all')	当 w 为 0 或 1 时，计算 A 的所有元素的方差
V = var (A, w, vecdim)	当 w 为 0 或 1 时，计算向量 vecdim 中指定维度的方差
V = var (…, nanflag)	指定在上述任意语法的计算中包括还是忽略 NaN 值

表 4-5　std 调用格式

调用格式	说　明
S = std (A)	按照样本方差的无偏估计计算样本标准差，如果 A 是向量，输出 S 是 A 中所有元素的样本标准差；如果 A 是矩阵，输出 S 是行向量，其每一个元素是对应列元素的样本标准差
S = std (A, w)	为上述语法指定一个权重方案。w = 0 时（默认值），S 按 $N-1$ 进行归一化。当 w = 1 时，S 按观测值数量 N 进行归一化
S = std (A, w, 'all')	当 w 为 0 或 1 时，计算 A 的所有元素的标准差
S = std (A, w, dim)	使用上述任意语法沿维度 dim 返回标准差
S = std (A, w, vecdim)	当 w 为 0 或 1 时，计算向量 vecdim 中指定维度的标准差
S = std (…, nanflag)	指定在上述任意语法的计算中包括还是忽略 NaN 值

例 4-3：已知某批灯泡的寿命服从正态分布 $N(\mu,\sigma^2)$，今从中抽取 4 只进行寿命试验，测得数据（单位：h）为 1502，1453，1367，1650。

试估计参数 μ 和 σ。

解：在命令行中输入以下命令。

```
>> clear
>> A = [1502,1453,1367,1650];
>> miu = mean(A)
miu =
        1493
>> sigma = var(A,1)
sigma =
    1.0552e +004
>> sigma^0.5
ans =
    102.7205
>> sigma2 = std(A,1)
sigma2 =
    102.7205
```

可以看出，两个估计值分别为 1493 和 102.7205，在这里使用的是二阶中心矩。

4.1.3 协方差和相关系数

MATLAB 中计算协方差的函数为 cov，其调用格式见表 4-6。

表 4-6 cov 调用格式

调 用 格 式	说 明
C = cov（A）	A 为向量时，计算其方差；A 为矩阵时，计算其协方差矩阵，其中协方差矩阵的对角元素是 A 矩阵列向量的方差，按观测值数量 – 1 实现归一化
C = cov（A，B）	返回两个随机变量 A 和 B 之间的协方差
C = cov（…，w）	为之前的任何语法指定归一化权重。如果 w = 0（默认值），则 C 按观测值数量 – 1 实现归一化；w = 1 时，按观测值数量对它实现归一化
C = cov（…，nanflag）	指定一个条件，用于在之前的任何语法的计算中忽略 NaN 值

MATLAB 中计算相关系数的函数为 corrcoef，其调用格式见表 4-7。

表 4-7 corrcoef 调用格式

调 用 格 式	说 明
R = corrcoef（A）	返回 A 的相关系数的矩阵，其中 A 的列表示随机变量，行表示观测值
R = corrcoef（A，B）	返回两个随机变量 A 和 B 之间的相关系数矩阵 R
[R，P] = corrcoef（…）	返回相关系数的矩阵和 P 值矩阵，用于测试观测到的现象之间没有关系的假设
[R，P，RLO，RUP] = corrcoef（…）	RLO、RUP 分别是相关系数 95% 置信度的估计区间上、下限。如果 R 包含复数元素，此语法无效
corrcoef（…，Name，Value）	在上述语法的基础上，通过一个或多个名称 – 值对组参数指定其他选项

例 4-4：某地区经勘探证明，A 盆地是一个钾盐矿区，今从 A 盆地取 5 个盐泉样本，其数据见表 4-8，求数据的协方差和相关系数。

表 4-8　测量数据

盐泉类别	序号	特征 1	特征 2	特征 3	特征 4
第一类： 含钾盐泉，A 盆地	1	13.85	2.79	7.8	49.6
	2	22.31	4.67	12.31	47.8
	3	28.82	4.63	16.18	62.15
	4	15.29	3.54	7.5	43.2
	5	28.79	4.9	16.12	58.1

解：在命令行中输入以下命令。

```
> > clear
> > A = [13.85 22.31 28.82 15.29 28.79;
    2.79 4.67 4.63 3.54 4.9;
    7.8 12.31 16.18 7.516.12 ;
    49.6 47.8 62.15 43.2 58.1];
> > cov(A)
ans =

450.0421    392.2950    517.2903    378.6209    474.1648
392.2950    353.2514    466.9373    333.6983    430.4449
517.2903    466.9373    617.5840    440.0874    569.5355
378.6209    333.6983    440.0874    320.0668    404.2065
474.1648    430.4449    569.5355    404.2065    525.7322
> > corrcoef(A)
ans =

    1.0000    0.9839    0.9812    0.9976    0.9748
    0.9839    1.0000    0.9997    0.9924    0.9988
    0.9812    0.9997    1.0000    0.9899    0.9995
    0.9976    0.9924    0.9899    1.0000    0.9854
    0.9748    0.9988    0.9995    0.9854    1.0000
```

4.2　方差分析

在工程实践中，影响一个事务的因素是很多的。比如在化工生产中，原料成分、原料剂量、催化剂、反应温度、压力、反应时间、设备型号以及操作人员等因素都会对产品的质量和数量产生影响。有的因素影响大，有的因素影响小。为了保证优质、高产、低能耗，必须找出对产品的质量和产量有显著影响的因素，并研究出最优工艺条件。为此需要做科学试验，以取得一系列试验数据。如何利用试验数据进行分析、推断某个因素的影响是否显著？在最优工艺条件中如何选用显著性因素？就是方差分析要完成的工作。方差分析已广泛应用于气象预报、农业、工业、医学等许多领域中，同时它的思想也渗透到了数理统计的许多方法中。

试验样本的分组方式不同，采用的方差分析方法也不同，一般常用的有单因素方差分析与双因素方差分析。

4.2.1 单因素方差分析

为了考查某个因素对事物的影响，把影响事物的其他因素相对固定，而让所考查的因素改变，从而观察由于该因素改变所造成的影响，并由此分析、推断所讨论因素的影响是否显著以及应该如何选用该因素。这种把其他因素相对固定，只有一个因素变化的试验叫单因素试验。在单因素试验中进行方差分析被称为单因素方差分析。表 4-9 是单因素方差分析主要计算结果。

表 4-9 单因素方差分析表

方差来源	平方和 S	自由度 f	均方差 $\bar{S}$	F 值
因素 A 的影响	$S_A = r \sum\limits_{j=1}^{p} (\bar{x}_j - \bar{x})^2$	$p-1$	$\bar{S}_A = \dfrac{S_A}{p-1}$	$F = \dfrac{\bar{S}_A}{\bar{S}_E}$
误差	$S_E = \sum\limits_{j=1}^{p} \sum\limits_{i=1}^{r} (x_{ij} - \bar{x}_j)^2$	$n-p$	$\bar{S}_E = \dfrac{S_E}{n-p}$	
总和	$S_T = \sum\limits_{j=1}^{p} \sum\limits_{i=1}^{r} (x_{ij} - \bar{x})^2$	$n-1$		

MATLAB 提供了 anova1 命令进行单因素方差分析，其使用方式见表 4-10。

表 4-10 anova1 调用格式

调用格式	说　明
p = anova1 (X)	X 的各列为彼此独立的样本观察值，其元素个数相同。p 为各列均值相等的概率值，若 p 值接近于 0，则原假设受到怀疑，说明至少有一列均值与其余列均值有明显不同
p = anova1 (X, group)	group 数组中的元素可以用来标识箱线图中的坐标
p = anova1 (X, group, displayopt)	displayopt 有两个值，"on" 和 "off"，其中 "on" 为默认值，此时系统将自动给出方差分析表和箱线图
[p, table] = anova1 (…)	table 返回的是方差分析表
[p, table, stats] = anova1 (…)	stats 为统计结果量，是结构体变量，包括每组的均值等信息

例 4-5：为了考查染整工艺对布的缩水率是否有影响，选用 5 种不同的染整工艺分别用 A_1、A_2、A_3、A_4、A_5 表示，每种工艺处理 4 块布样，测得缩水率的百分数见表 4-11，试对其进行方差分析。

表 4-11 测量数据

	A_1	A_2	A_3	A_4	A_5
1	4.3	6.1	6.5	9.3	9.5
2	7.8	7.3	8.3	8.7	8.8
3	3.2	4.2	8.6	7.2	11.4
4	6.5	4.1	8.2	10.1	7.8

解：在命令行中输入以下命令。

```
> > clear
> > X = [4.3  6.1  6.5  9.3  9.5; 7.8  7.3  8.38.7 8.8; 3.2  4.2  8.67.211.4; 6.5  4.1
8.2  10.1  7.8];
> > mean(X)
ans =
    5.4500    5.4250    7.9000    8.8250    9.3750
> > [p,table,stats] = anova1(X)
p =
    0.0042
table =
  4 × 6 cell 数组
  1 ~ 4 列
    {'Source' }    {'SS'    }    {'df'}    {'MS'    }
    {'Columns'}    {[55.5370]}    {[ 4]}    {[ 13.8843]}
    {'Error' }    {[34.3725]}    {[15]}    {[  2.2915]}
    {'Total' }    {[89.9095]}    {[19]}    {0 × 0 double}
  5 ~ 6 列
    {'F'       }    {'Prob > F' }
    {[  6.0590]}    {[  0.0042]}
    {0 × 0 double}    {0 × 0 double}
    {0 × 0 double}    {0 × 0 double}
stats =
  包含以下字段的 struct:
gnames: [5 × 1 char]
n: [4 4 4 4]
source: 'anova1'
means: [5.4500 5.4250 7.9000 8.8250 9.3750]
df: 15
s: 1.5138
```

计算结果如图 4-3 和图 4-4 所示,可以看到 $F = 6.06 > 4.89 = F_{0.99}(4,15)$,故可以认为染整工艺对缩水的影响高度显著。

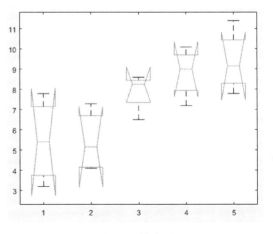

ANOVA Table					
Source	SS	df	MS	F	Prob>F
Columns	55.537	4	13.8843	6.06	0.0042
Error	34.3725	15	2.2915		
Total	89.9095	19			

图 4-3　方差分析表   图 4-4　箱线图

4.2.2 双因素方差分析

在许多实际问题中，常常要研究几个因素同时变化时的方差分析。比如，在农业试验中，有时既要研究几种不同品种的种子对农作物的影响，还要研究几种不同种类的肥料对农作物收获量的影响。这里就有种子和肥料两种因素在变化。必须在两个因素同时变化下来分析对收获量的影响，以便找到最合适的种子和肥料种类的搭配。这就是双因素方差分析要完成的工作。双因素方差分析包括没有重复试验的方差分析和具有相等重复试验次数的方差分析，其分析分别见表 4-12 和表 4-13。

表 4-12　无重复双因素方差分析表

方差来源	平方和 S	自由度 f	均方差 $\bar{S}$	F 值
因素 A 的影响	$S_A = q\sum\limits_{i=1}^{p}(\bar{x}_{i\cdot} - \bar{x})^2$	$p-1$	$\bar{S}_A = \dfrac{S_A}{p-1}$	$F = \dfrac{\bar{S}_A}{\bar{S}_E}$
因素 B 的影响	$S_B = p\sum\limits_{j=1}^{q}(\bar{x}_{\cdot j} - \bar{x})^2$	$q-1$	$\bar{S}_A = \dfrac{S_B}{q-1}$	$F = \dfrac{\bar{S}_B}{\bar{S}_E}$
误差	$S_E = \sum\limits_{i=1}^{p}\sum\limits_{j=1}^{q}(x_{ij} - \bar{x}_{i\cdot} - \bar{x}_{\cdot j} + \bar{x})^2$	$(p-1)(q-1)$	$\bar{S}_E = \dfrac{S_E}{(p-1)(q-1)}$	
总和	$S_T = \sum\limits_{i=1}^{p}\sum\limits_{j=1}^{q}(x_{ij} - \bar{x})^2$	$pq-1$		

表 4-13　等重复双因素方差分析表（r 为试验次数）

方差来源	平方和 S	自由度 f	均方差 $\bar{S}$	F 值
因素 A 的影响	$S_A = qr\sum\limits_{i=1}^{p}(\bar{x}_{i\cdot} - \bar{x})^2$	$p-1$	$\bar{S}_A = \dfrac{S_A}{p-1}$	$F_A = \dfrac{\bar{S}_A}{\bar{S}_E}$
因素 B 的影响	$S_B = pr\sum\limits_{j=1}^{q}(\bar{x}_{\cdot j} - \bar{x})^2$	$q-1$	$\bar{S}_A = \dfrac{S_B}{q-1}$	$F_B = \dfrac{\bar{S}_B}{\bar{S}_E}$
$A \times B$	$S_{A\times B} = r\sum\limits_{i=1}^{p}\sum\limits_{j=1}^{q}(x_{ij} - \bar{x}_{i\cdot\cdot} - \bar{x}_{\cdot j\cdot} + \bar{x})^2$	$(p-1)(q-1)$	$\bar{S}_{A\times B} = \dfrac{S_{A\times B}}{(p-1)(q-1)}$	$F_{A\times B} = \dfrac{\bar{S}_{A\times B}}{\bar{S}_E}$
误差	$S_E = \sum\limits_{k=1}^{r}\sum\limits_{i=1}^{p}\sum\limits_{j=1}^{q}(x_{ijk} - \bar{x}_{ij\cdot})^2$	$pq(r-1)$	$\bar{S}_E = \dfrac{S_E}{pq(r-1)}$	
总和	$S_T = \sum\limits_{k=1}^{r}\sum\limits_{i=1}^{p}\sum\limits_{j=1}^{q}(x_{ijk} - \bar{x})^2$	$pqr-1$		

MATLAB 提供了 anova2 命令进行单因素方差分析，其使用方式见表 4-14。

表 4-14　anova2 调用格式

调用格式	说　明
p = anova2（X，reps）	reps 定义的是试验重复的次数，必须为正整数，默认是 1
p = anova2（X，reps，displayopt）	displayopt 有两个值 "on" 和 "off"，其中 "on" 为默认值，此时系统将自动给出方差分析表
[p，table] = anova2（…）	table 返回的是方差分析表
[p，table，stats] = anova2（…）	stats 为统计结果量，是结构体变量，包括每组的均值等信息

执行平衡的双因素试验的方差分析来比较 X 中两个或多个列（行）的均值，不同列的数据表示因素 A 的差异，不同行的数据表示另一因素 B 的差异。如果行列对有多于一个的观察点，则变量 reps 指出每一单元观察点的数目，每一单元包含 reps 行，如：

$$
\begin{array}{c}
\begin{array}{cc} A=1 & A=2 \end{array}\\
\begin{bmatrix}
x_{111} & x_{112}\\
x_{121} & x_{122}\\
x_{211} & x_{212}\\
x_{221} & x_{222}\\
x_{311} & x_{312}\\
x_{321} & x_{322}
\end{bmatrix}
\begin{array}{l}
\left.\begin{array}{c} \\ \end{array}\right\} B=1\\
\left.\begin{array}{c} \\ \end{array}\right\} B=2\\
\left.\begin{array}{c} \\ \end{array}\right\} B=3
\end{array}
\end{array}
$$

例 4-6：火箭使用了四种燃料和三种推进器进行射程试验。每种燃料和每种推进器的组合各进行了一次试验，得到火箭射程，见表 4-15。试检验燃料种类与推进器种类对火箭射程有无显著性影响（A 为燃料，B 为推进器）。

表 4-15   测量数据

	B_1	B_2	B_3
A_1	58.2	56.2	65.3
A_2	49.1	54.1	51.6
A_3	60.1	70.9	39.2
A_4	75.8	58.2	48.7

解：在命令行中输入以下命令。

```
>> clear
>> X = [58.256.265.3;49.154.151.6;60.170.939.2;75.858.248.7];
>> [p,table,stats] = anova2(X',1)
p =
    0.7387    0.4491
table =
5×6 cell 数组
  1~4 列
    {'Source' }    {'SS'        }    {'df'}    {'MS'       }
    {'Columns'}    {[  157.5900]}    {[3]}    {[  52.5300]}
    {'Rows'   }    {[  223.8467]}    {[2]}    {[111.9233]}
    {'Error'  }    {[  731.9800]}    {[6]}    {[121.9967]}
    {'Total'  }    {[1.1134e+03]}    {[11]}    {0×0 double}
  5~6 列
    {'F'       }    {'Prob>F'   }
    {[  0.4306]}    {[  0.7387]}
    {[  0.9174]}    {[  0.4491]}
    {0×0 double}    {0×0 double}
    {0×0 double}    {0×0 double}
stats =
    包含以下字段的 struct:
source: 'anova2'
sigmasq: 121.9967
```

```
colmeans: [59.9000 51.6000 56.7333 60.9000]
coln: 3
rowmeans: [60.8000 59.8500 51.2000]
rown: 4
inter: 0
pval: NaN
df: 6
```

计算结果如图 4-5 所示。

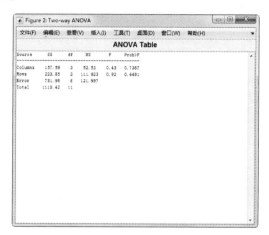

图 4-5　双因素方差分析

可以看到 $F_A = 0.43 < 3.29 = F_{0.9}(3,6)$，$F_B = 0.92 < 3.46 = F_{0.9}(2,6)$，所以会得到一个这样的结果：燃料种类和推进器种类对火箭的影响都不显著。这是不合理的。究其原因，就是没有考虑燃料种类的搭配作用。这时候，就要进行重复试验了。

重复两次试验的数据见表 4-16。

下面是对重复两次试验的计算程序。

```
>> X = [58.252.6 56.2 41.265.3 60.8;49.1 42.8 54.1 50.5 51.6 48.4;60.1 58.370.9 73.239.2
40.7;75.8 71.558.2 5148.7 41.4];
>> [p,table,stats] = anova2(X',2)
p =
    0.0260    0.0035    0.0001
table =
  6×6 cell 数组
  1~4 列
    {'Source'     }    {'SS'           }    {'df'}    {'MS'       }
    {'Columns'    }    {[   261.6750]}    {[ 3]}    {[ 87.2250]}
    {'Rows'       }    {[   370.9808]}    {[ 2]}    {[185.4904]}
    {'Interaction'}    {[1.7687e+03]}    {[ 6]}    {[294.7821]}
    {'Error'      }    {[   236.9500]}    {[12]}    {[ 19.7458]}
    {'Total'      }    {[2.6383e+03]}    {[23]}    {0×0 double}
  5~6 列
    {'F'        }    {'Prob>F'      }
```

```
      {[   4.4174]}    {[      0.0260]}
      {[   9.3939]}    {[      0.0035]}
      {[ 14.9288]}    {[6.1511e - 05]}
      {0 × 0 double}    {0 × 0 double   }
      {0 × 0 double}    {0 × 0 double   }
stats =
  包含以下字段的 struct:
source: 'anova2'
sigmasq: 19.7458
colmeans: [55.7167 49.4167 57.0667 57.7667]
coln: 6
rowmeans: [58.5500 56.9125 49.5125]
rown: 8
inter: 1
pval: 6.1511e - 05
df: 12
```

表 4-16 重复试验测量数据

	B_1	B_2	B_3
A_1	58.2 52.6	56.2 41.2	65.3 60.8
A_2	49.1 42.8	54.1 50.5	51.6 48.4
A_3	60.1 58.3	70.9 73.2	39.2 40.7
A_4	75.8 71.5	58.2 51	48.7 41.4

计算结果如图 4-6 所示，可以看到，交互作用是非常显著的。

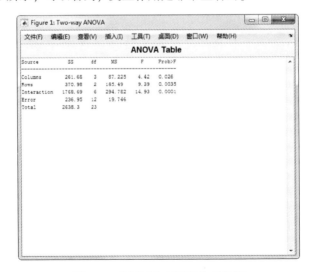

图 4-6 重复试验双因素方差分析

4.3 回归分析

在客观世界中，变量之间的关系可以分为两种：确定性函数关系与不确定性统计关系。统计分析是研究统计关系的一种数学方法，可以由一个变量的值去估计另外一个变量的值。无论是在经济管理、社会科学还是在工程技术或医学、生物学中，回归分析都是一种普遍应用的统计分析和预测技术。本节主要针对目前应用最普遍的部分最小回归，进行一元线性回归、多元线性回归；同时，还将对近几年开始流行的部分最小二乘回归的 MATLAB 实现进行介绍。

4.3.1 一元线性回归

如果在总体中，因变量 y 与自变量 x 的统计关系符合一元线性的正态误差模型，即对给定的 x_i 有 $y_i = b_0 + b_1 x_i + \varepsilon_i$，那么 b_0 和 b_1 的估计值可以由下列公式得到：

$$\begin{cases} b_1 = \dfrac{\sum_{i=1}^{n}(x_i - \bar{x})(y_i - \bar{y})}{\sum_{i=1}^{n}(x_i - \bar{x})^2} \\ b_0 = \bar{y} - b_1 \bar{x} \end{cases}$$

其中，$\bar{x} = \dfrac{1}{n}\sum_{i=1}^{n}x_i$，$\bar{y} = \dfrac{1}{n}\sum_{i=1}^{n}y_i$。这就是部分最小二乘线性一元线性回归的公式。

MATLAB 提供的一元线性回归函数为 polyfit，因为一元线性回归其实就是一阶多项式拟合。polyfit 的用法在本章的第一节中有详细的介绍，这里不再赘述。

例 4-7：表 4-17 展示出了中国 16 年间钢材消耗量与国民收入之间的关系，试对它们进行线性回归。

表 4-17　钢材消耗与国民经济

钢材消费量 x/万 t	549	429	538	698	872	988	807	738
国民收入 y/亿元	910	851	942	1097	1284	1502	1394	1303
钢材消费量 x/万 t	1025	1316	1539	1561	1785	1762	1960	1902
国民收入 y/亿元	1555	1917	2051	2111	2286	2311	2003	2435

解：在命令行中输入以下命令。

```
>> clear
>> x = [549 429 538 698 872 988 807 738 1025 1316 1539 1561 1785 1762 1960 1902];
>> y = [910 851 942 1097 1284 1502 1394 1303  1555  1917  2051  2111 2286 2311 2003 2435];
>> [p,s] =polyfit(x,y,1)
p =
0.9847   485.3616
s =
  包含以下字段的 struct:
      R: [2×2 double]
df:14
```

```
normr: 522.4439
>> plot(x,y,'o')
>> x0 = [min(x):1:max(x)];
>> y0 = p(1)* x0 +p(2);
>> hold on
>> plot(x0,y0)
```

计算结果如图 4-7 所示。

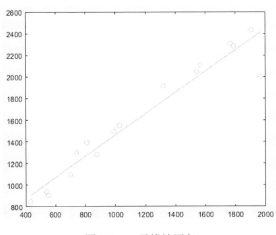

图 4-7　一元线性回归

4.3.2　多元线性回归

在大量的社会、经济、工程问题中，对于因变量 y 的全面解释往往需要多个自变量的共同作用。当有 p 个自变量 $x_1, x_2, \cdots, x_p$ 时，多元线性回归的理论模型为

$$y = \beta_0 + \beta_1 x_1 + \cdots + \beta_p x_p + \varepsilon$$

其中，ε 是随机误差，$E(\varepsilon) = 0$。

若对 y 和 $x_1, x_2, \cdots, x_p$ 分别进行 n 次独立观测，记

$$\boldsymbol{Y} = \begin{pmatrix} y_1 \\ y_2 \\ \vdots \\ y_n \end{pmatrix}, \boldsymbol{X} = \begin{pmatrix} 1 & x_{11} & \cdots & x_{1p} \\ 1 & x_{21} & \cdots & x_{2p} \\ \vdots & \vdots & & \vdots \\ 1 & x_{n1} & \cdots & x_{np} \end{pmatrix}, \boldsymbol{\beta} = \begin{pmatrix} \beta_0 \\ \beta_1 \\ \vdots \\ \beta_p \end{pmatrix}$$

则 $\boldsymbol{\beta}$ 的最小二乘估计量为 $(\boldsymbol{X}'\boldsymbol{X})^{-1}\boldsymbol{X}'\boldsymbol{Y}$，$\boldsymbol{Y}$ 的最小二乘估计量为 $\boldsymbol{X}(\boldsymbol{X}'\boldsymbol{X})^{-1}\boldsymbol{X}'\boldsymbol{Y}$。

MATLAB 提供了 regress 函数进行多元线性回归，该函数的使用形式见表 4-18。

✎ 注意：

计算 F 统计量及其 P 值时，会假设回归方程含有常数项，所以在计算 stats 时，$\boldsymbol{X}$ 矩阵应该包含一个全 1 的列。

```
>> x = [x1:xn]';
>> X = [ones(n,1),x];
```

根据 $stats = \begin{bmatrix} R^2 & F & P & S^2 \end{bmatrix}$ 检验统计量，其意义和用法如下。

表 4-18 regress 调用格式

调用格式	说　明
b = regress (y, X)	对因变量 y 和自变量 X 进行多元线性回归，b 是对回归系数的最小二乘估计 $\beta_0, \beta_1, \cdots \beta_p$
[b, bint] = regress (y, X)	bint 是回归系数 b 的 95% 置信度的置信区间，是一个两列的矩阵，默认置信度为 0.05.
[b, bint, r] = regress (y, X)	r 为残差
[b, bint, r, rint] = regress (y, X)	rint 为 r 的置信区间
[b, bint, r, rint, stats] = regress (y, X)	stats 是用于检验回归模型的统计量，有 4 个统计量，按输出顺序分别是相关系数 R^2、F 值、与 F 对应的概率 P、误差方差 S^2。其中第一值为回归方程的置信度，第二值为 F 统计量，第三值为与 F 统计量相应的 P 值。如果 F 很大而 P 很小，说明回归系数不为 0
[⋯] = regress (y, X, alpha)	alpha 指定的是置信水平

◆ 相关系数 R^2 越接近 1，说明回归方程越显著。

◆ $F > F_{1-\alpha}(k, n-k-1)$ 时认为变量 y 与 x 右显著的线性关系，其中 $F_{1-\alpha}(k, n-k-1)$，F 越大，说明回归方程越显著。

◆ p 值在 0.01 ~ 0.05 之间，越小越好。

```
>> y1 = b(1) + b(2) * x    % 根据 b 的值确定方程系数，就是说 y = b(1) + b(2) * x
>> plot(t,y_fitting,'r-',t,Y(t,:),'b-',t,abs(y_fitting-Y(t,:)),'k-');绘制出 Y 实际值曲
线和拟合值曲线，以及残差曲线
```

例 4-8：表 4-19 是对 20 位 25 ~ 34 周岁的健康女性的测量数据，试利用这些数据对身体脂肪与大腿围长、三头肌皮褶厚度、中臂围长的关系进行线性回归。

表 4-19 测量数据

受试验者 i	1	2	3	4	5	6	7	8	9	10
三头肌皮褶厚度 x_1	19.5	24.7	30.7	29.8	19.1	25.6	31.4	27.9	22.1	25.5
大腿围长 x_2	43.1	49.8	51.9	54.3	42.2	53.9	58.6	52.1	49.9	53.5
中臂围长 x_3	29.1	28.2	37	31.1	30.9	23.7	27.6	30.6	23.2	24.8
身体脂肪 y	11.9	22.8	18.7	20.1	12.9	21.7	27.1	25.4	21.3	19.3
受试验者 i	11	12	13	14	15	16	17	18	19	20
三头肌皮褶厚度 x_1	31.1	30.4	18.7	19.7	14.6	29.5	27.7	30.2	22.7	25.2
大腿围长 x_2	56.6	56.7	46.5	44.2	42.7	54.4	55.3	58.6	48.2	51
中臂围长 x_3	30	28.3	23	28.6	21.3	30.1	25.6	24.6	27.1	27.5
身体脂肪 y	25.4	27.2	11.7	17.8	12.8	23.9	22.6	25.4	14.8	21.1

解：在命令行中输入以下命令。

```
> > clear
> > y = [11.9 22.8 18.7 20.1 12.9 21.7 27.1 25.4 21.3 19.3 25.4 27.2 11.7 17.8 12.8 23.9
22.6 25.4 14.8 21.1];
> > x = [ones(20,1);19.5 24.7 30.7 29.8 19.1 25.6 31.4 27.9 22.1 25.5 31.1 30.4 18.7 19.
7 14.6 29.5 27.7 30.2 22.7 25.2; 43.1 49.8 51.9 54.3 42.2 53.9 58.6 52.1 49.9 53.5 56.6
56.7 46.5 44.2 42.7 54.4 55.3 58.6 48.2 51; 29.1  28.2  37  31.1 30.9 23.7 27.6 30.6 23.
2 24.8 30 28.3 23 28.6 21.3 30.1 25.6 24.6 27.1 27.5 ];
> > [b,bint,r,rint,stats] = regress(y',x')
b =
  107.8763
    4.0599
   -2.6200
   -2.0402
bint =
 -100.7196   316.4721
   -2.2526    10.3723
   -8.0200     2.7801
   -5.3790     1.2986
r =
   -2.8541
    2.6523
   -2.3515
   -3.0467
    1.0842
   -0.5405
    1.5828
    3.1830
    1.7691
   -1.3383
    0.7572
    2.1928
   -3.3433
    4.0958
    0.9780
    0.1931
   -0.6220
   -1.3659
   -3.6641
    0.6382
rint =
   -7.0341     1.3260
   -2.1549     7.4594
   -6.2411     1.5381
   -7.9113     1.8179
   -3.2391     5.4075
```

```
        -5.6192      4.5382
        -3.0939      6.2594
        -1.4946      7.8607
        -3.0470      6.5851
        -6.0631      3.3864
        -4.2969      5.8113
        -2.8167      7.2024
        -7.8245      1.1379
        -0.2805      8.4722
        -3.3906      5.3465
        -4.9393      5.3255
        -5.7603      4.5164
        -6.0992      3.3674
        -8.3448      1.0165
        -4.6255      5.9018
stats =
  0.7993   21.2383     0.0000      6.2145
```

4.3.3　部分最小二乘回归

在经典最小二乘多元线性回归中，Y 的最小二乘估计量为 $X(X'X)^{-1}X'Y$，这就要求（XX）是可逆的，所以当 X 中的变量存在严重的多重相关性，或者在 X 样本点与变量个数相比明显过少时，经典最小二乘多元线性回归就失效了。针对这个问题，人们提出了部分最小二乘方法，也叫偏最小二乘方法。它产生于化学领域的光谱分析，目前已被广泛应用于工程技术和经济管理的分析、预测研究中，被誉为"第二代多元统计分析技术"。限于篇幅的原因，这里对部分最小二乘回归方法的原理不作详细介绍，感兴趣的读者可以参考《偏最小二乘回归方法及其应用》（王惠文著，国防工业出版社）。

设有 q 个因变量 $\{y_1, \cdots, y_q\}$ 和 p 个自变量 $\{x_1, \cdots, x_p\}$。为了研究因变量与自变量的统计关系，观测 n 个样本点，构成了自变量与因变量的数据表 $X = [x_1, \cdots, x_p]_{n \times p}$ 和 $Y = [y_1, \cdots, y_q]_{n \times q}$。部分最小二乘回归分别在 X 和 Y 中提取成分 t_1 和 u_1，它们分别是 $x_1, \cdots, x_p$ 和 $y_1, \cdots, y_q$ 的线性组合。提取这两个成分有以下要求。

◆ 两个成分尽可能多地携带它们各自数据表中的变异信息。

◆ 两个成分的相关程度达到最大。

也就是说，它们能够尽可能好地代表各自的数据表，同时自变量程分 t_1 对因变量成分 u_1 有最强的解释能力。

在第一个成分被提取之后，分别实施 X 对 t_1 的回归和 Y 对 u_1 的回归。如果回归方程达到满意的精度则终止算法；否则，利用残余信息进行第二轮的成分提取，直到达到一个满意的精度。

下面的 M 文件是对自变量 X 和因变量 Y 进行部分最小二乘回归的函数文件。

```
function [beta,VIP] = pls(X,Y)

[n,p] = size(X);
[n,q] = size(Y);
meanX = mean(X);% 均值
varX = var(X);   % 方差
```

```
meanY = mean(Y);% 均值
varY = var(Y);    % 方差

%%%% 数据标准化过程
for i = 1:p
    for j = 1:n
    X0(j,i) = (X(j,i)-meanX(i))/((varX(i))^0.5);
    end
end
for i = 1:q
    for j = 1:n
    Y0(j,i) = (Y(j,i)-meanY(i))/((varY(i))^0.5);
    end
end
%%%%%%%%%%%%%%%%%%%%%%%%%%%%%%%%%%%%%%%

[omega(:,1),t(:,1),pp(:,1),XX(:,:,1),rr(:,1),YY(:,:,1)] = plsfactor(X0,Y0);
[omega(:,2),t(:,2),pp(:,2),XX(:,:,2),rr(:,2),YY(:,:,2)] = plsfactor(XX(:,:,1),YY
(:,:,1));

PRESShj = 0;
tt0 = ones(n-1,2);

for i = 1:n
    YY0(1:(i-1),:) = Y0(1:(i-1),:);
    YY0(i:(n-1),:) = Y0((i+1):n,:);
    tt0(1:(i-1),:) = t(1:(i-1),:);
    tt0(i:(n-1),:) = t((i+1):n,:);
    expPRESS(i,:) = (Y0(i,:)-t(i,:)* inv((tt0'* tt0))* tt0'* YY0);
    for m = 1:q
        PRESShj = PRESShj + expPRESS(i,m)^2;
    end
end
sum1 = sum(PRESShj);
PRESSh = sum(sum1);

for m = 1:q
        for i = 1:n
            SShj(i,m) = YY(i,m,1)^2;
        end
end
sum2 = sum(SShj);
SSh = sum(sum2);

Q = 1-(PRESSh/SSh);
```

```
 k = 3;
% % % % % % % % % % % % % %     循环,提取主元
while Q > 0.0975
    [omega(:,k),t(:,k),pp(:,k),XX(:,:,k),rr(:,k),YY(:,:,k)] = plsfactor(XX(:,:,k-
1),YY(:,:,k-1));
    PRESShj = 0;
    tt00 = ones(n-1,k);
for i = 1:n
    YY0(1:(i-1),:) = Y0(1:(i-1),:);
    YY0(i:(n-1),:) = Y0((i+1):n,:);
    tt00(1:(i-1),:) = t(1:(i-1),:);
    tt00(i:(n-1),:) = t((i+1):n,:);
    expPRESS(i,:) = (Y0(i,:)-t(i,:)* ((tt00'* tt00)^(-1))* tt00'* YY0);
    for m = 1:q
        PRESShj = PRESShj + expPRESS(i,m)^2;
    end
end

for m = 1:q
        for i = 1:n
            SShj(i,m) = YY(i,m,k-1)^2;
        end
end

sum2 = sum(SShj);
SSh = sum(sum2);
  Q = 1-(PRESSh/SSh);

if Q > 0.0975
    k = k+1;
end

end
% % % % % % % % % % % % % % % % % % % % 循环结束
h = k-1;% % % % % % % % % %  提取主元的个数

% % % % % % % % % % % % %           还原回归系数
omegaxing = ones(p,h,q);
for m = 1:q
omegaxing(:,1,m) = rr(m,1)* omega(:,1);
for i = 2:(h)
    for j = 1:(i-1)
            omegaxingi = (eye(p)-omega(:,j)* pp(:,j)');
            omegaxingii = eye(p);
            omegaxingii = omegaxingii* omegaxingi;
```

```
        end
        omegaxing(:,i,m) = rr(m,i)* omegaxingii* omega(:,i);
    end
beta(:,m) = sum(omegaxing(:,:,m),2);
end
%%%%%%   计算相关系数
for i =1:h
    for j =1:q
        relation(i,j) = sum(prod(corrcoef(t(:,i),Y(:,j))))/2;
    end
end
%%%%%%%%%%%%%%%%%%%%%%%%%%%%
Rd = relation. * relation;
RdYt = sum(Rd,2)/q;
Rdtttt = sum(RdYt);
omega22 = omega. * omega;
VIP = ((p/Rdtttt)* (omega22* RdYt)).^0.5;%%% 计算 VIP 系数
```

下面的 M 文件是专门的提取主元函数。

```
function [omega,t,pp,XXX,r,YYY] = plsfactor(X0,Y0)
XX = X0 '* Y0* Y0 '* X0;
[V,D] = eig(XX);
Lamda = max(D);
[MAXLamda,I] = max(Lamda);
omega = V(:,I);              % 最大特征值对应的特征向量
%%% 第一主元
t = X0* omega;
pp = X0 '* t/(t '* t);
XXX = X0-t* pp ';
r = Y0 '* t/(t '* t);
YYY = Y0-t* r ';
```

部分最小二乘回归提供了一种多因变量对多自变量的回归建模方法，可以有效解决变量之间的多重相关性问题，适合在样本容量小于变量个数的情况下进行回归建模，可以实现多种多元统计分析方法的综合应用。

例 4-9：Linnerud 曾经对男子的体能数据进行统计分析，他对某健身俱乐部的 20 名中年男子进行体能指标测量。被测数据分为两组，第一组是身体特征指标 X，包括体重、腰围、脉搏；第二组是训练结果指标 Y，包括单杠、弯曲、跳高。表 4-20 就是测量数据。试利用部分最小二乘回归方法，对这些数据进行部分最小二乘回归分析。

表 4-20　男子体能数据

编号 i	1	2	3	4	5	6	7	8	9	10
体重 x_1	191	189	193	162	189	132	211	167	176	154
腰围 x_2	36	37	38	35	35	36	38	34	31	33
脉搏 x_3	50	52	58	62	46	56	56	60	74	56

（续）

编号 i	1	2	3	4	5	6	7	8	9	10
单杠 y_1	5	2	12	12	13	4	8	6	15	17
弯曲 y_2	162	110	101	105	155	101	101	125	200	251
跳高 y_3	60	60	101	37	58	42	33	40	40	250
编号 i	11	12	13	14	15	16	17	18	19	20
体重 x_1	169	166	154	247	193	202	176	157	156	138
腰围 x_2	34	33	34	46	36	37	37	32	33	33
脉搏 x_3	50	52	64	50	46	54	54	52	54	68
单杠 y_1	17	13	14	1	6	4	4	11	15	2
弯曲 y_2	120	210	215	50	70	60	60	230	225	110
跳高 y_3	33	115	105	50	21	25	25	80	73	43

解：在命令行中输入以下命令。

```
>> clear
>> X = [191 36 50;
189 37 52;
193 38 58;
162 35 62;
189 35 46;
182 36 56;
211 38 56;
167 34 60;
176 31 74;
154 33 56;
169 34 50;
166 33 52;
154 34 64;
247 46 50;
193 36 46;
202 37 62;
176 37 54;
157 32 52;
156 33 54;
138 33 68
];
>> Y = [5 162 60;
2 110 60;
12 101 101;
12 105 37;
13 155 58;
4 101 42;
8 101 38;
```

```
6 125 40;
15 200 40;
17 251 250;
17 120 38;
13 210 115;
14 215 105;
1 5050 ;
6 70 31;
12 210 120;
4 60 25;
11 230 80;
15 225 73;
2 110 43];
>> [beta,VIP] =pls(X,Y)
beta =
   -0.0778   -0.1385   -0.0604
   -0.4989   -0.5244   -0.1559
   -0.1322   -0.0854   -0.0073
VIP =
    0.9982
    1.2977
    0.5652
```

第5章 集 合

内容指南

集合，简称集，是数学中的一个基本概念，也是集合论的主要研究对象，在数学领域非常重要。集合论的基本理论由德国数学家康托尔创立于 19 世纪 70 年代，到 20 世纪 20 年代已确立了其在现代数学理论体系中的基础地位，可以说，现代数学各个分支的几乎所有成果都构筑在严格的集合理论上。

内容要点

📖 集合分类
📖 集合操作函数
📖 集合元素函数

5.1 集合分类

集合是指具有某种特定性质的具体的或抽象的对象汇总而成的集体。其中，构成集合的这些对象则称为该集合的元素。

集合的表示方法如下。

假设有实数 $x < y$。

◆ $[x, y]$：方括号表示包括边界，即表示 x 到 y 之间的数以及 x 和 y。

◆ (x, y)：小括号是不包括边界，即表示大于 x、小于 y 的数。

给定一个集合，任给一个元素，该元素属于或者不属于该集合，二者必居其一，不允许有模棱两可的情况出现。

集合的表示方法如下。

◆ 列举法：把集合中的元素一一列举出来，写在花括号内表示集合的方法。

◆ 描述法：把集合中元素的公共属性描述出来，写在花括号内表示集合的方法。

常见集合的符号表示见表 5-1。

表 5-1 常见集合的符号表示

数集	自然数集	正自然数集	整数集	有理数集	实数集
符号	**N**	**N₊**	**Z**	**Q**	**R**

1. 空集

空集是一类特殊的集合，不包含任何元素，如 $\{x \mid x \in \mathbf{R}, x^2 + 1 = 0\}$，记为 $\varnothing$。空集有以下两个特点。

◆ 空集是任意一个非空集合的真子集。

◆ 空集是任何一个集合的子集。

2. 子集

设 S，T 是两个集合，如果 S 的所有元素都属于 T，即 $x \in S \in \Rightarrow x \in T$，则称 S 是 T 的子集，记

为$S \subseteq T$。其中，符号⊆读作"包含于"，表示该符号左边的集合中的元素全部是该符号右边集合的元素。

对任何集合S，都有$S \subseteq S$，$\emptyset \subseteq S$。如果S是T的一个子集，即$S \subseteq T$，但在T中存在一个元素x不属于S，即$S \subseteq T$，则称S是T的一个真子集。

3. 交集和并集

◆ 交集定义：由属于A且属于B的相同元素组成的集合，记作$A \cap B$（或$B \cap A$），读作"A交B"（或"B交A"），即$A \cap B = \{x \mid x \in A$，且$x \in B\}$，如图5-1所示。

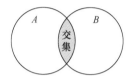 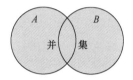

图5-1　交集与并集

若A包含B，则$A \cap B = B$，$A \cup B = A$。

◆ 并集定义：由所有属于集合A或属于集合B的元素所组成的集合，记作$A \cup B$（或$B \cup A$），读作"A并B"（或"B并A"），即$A \cup B = \{x \mid x \in A$，或$x \in B\}$，如图5-1所示。

集合之间的基本关系如表5-2所示。

表5-2　集合之间的基本关系

关系 表示	文 字 语 言	符 号 语 言
相等	集合A等于集合B	$A = B$
子集	集合A是集合B的子集	$A \subseteq B$
真子集	集合A是集合B的真子集	$A \underset{\neq}{\subseteq} B$
空集	空集	$\emptyset$

4. 差集

对于图5-2中向量A和向量B，B是A的子向量（元素全部来自A），求向量A去掉向量B后剩下的元素构成的向量C，是对集合求差，向量C是集合的差集。

图5-2　差集

5.2　集合操作函数

MATLAB为集合操作提供了各种功能，如并集、交集、差集等。集合运算的函数如下。

5.2.1　intersect 命令

在MATLAB中，intersect命令用于求解集合交集，该命令的使用格式见表5-3。

例5-1：求解向量的交集。

解：在MATLAB命令窗口中输入如下命令。

```
>> clear              % 清除工作区的变量
>> A = [1 2 3 4 5];    % 创建两个具有某些相同值的向量A和B
>> B = [5 9 8 4 6];
```

```
>> C = intersect(A,B)        % 查找 A 和 B 的共有值
C =
    4    5
```

表 5-3   intersect 命令的使用格式

调用格式	说　　明
C = intersect (A, B)	设置两个集合的交集，也就是返回 A 和 B 的相同元素。返回的值 C 将会从小到大排序
C = intersect (A, B, setOrder)	以特定顺序返回交集 C。setOrder 可以是 'sorted'（已排序）或 'stable'（不变化，按与 A 中相同的顺序返回 C 中的值）
C = intersect (A, B, …, 'rows') C = intersect (A, B, 'rows', …)	将 A 和 B 的每一行都视为单个实体，并返回 A 和 B 的共有行，返回矩阵的行按排序顺序排列。 'rows' 选项不支持元胞数组，除非其中一个输入项为分类数组或日期时间数组
[C, ia, ib] = intersect (…)	返回索引向量 ia 和 ib，即元素在 A 和 B 中的位置（Index）。一般情况下，C = A (ia) 且 C = B (ib)。 如果指定了 'rows' 选项，则 C = A (ia,:) 且 C = B (ib,:)。 如果 A 和 B 是表或时间表，则 C = A (ia,:) 且 C = B (ib,:)
[C, ia, ib] = intersect (A, B, 'legacy') [C, ia, ib] = intersect (A, B, 'rows', 'legacy')	保留 R2012b 和早期版本中 intersect 函数的行为。 'legacy' 选项不支持分类数组、日期时间数组、持续时间数组、表或时间表

例 5-2：求解向量交集的索引。

解：在 MATLAB 命令窗口中输入如下命令。

```
>> clear                       % 清除工作区的变量
>> A = [1 2 3 4 5];            % 创建两个具有某些相同值的向量 A 和 B
>> B = [5 9 8 4 6];
>> [C,ia,ib] = intersect(A,B)  % 返回 A 和 B 的共有值,以及索引向量 ia 与 ib,使得 C
= A(ia) 并且 C = B(ib)
C =
    4    5
ia =
    4
    5
ib =
    4
    1
```

例 5-3：求解两个矩阵中行的交集。

解：在 MATLAB 命令窗口中输入如下命令。

```
>> clear                        % 清除工作区的变量
>> A = [1 2 3;4 5 6;7 8 9];     % 创建两个包含共有行的矩阵 A 和 B
>> B = [9 8 7;4 5 6;3 2 1];>> C = intersect(A,B,'rows')      % 查找 A 与 B 中行的交集
C =
    4    5    6
```

5.2.2 union 命令

在 MATLAB 中，union 命令用于求解集合并集，该命令的使用格式见表 5-4。

表 5-4   union 命令的使用格式

调用格式	说　明
C = union(A, B)	设置两个集合的并集，返回的值 C 将会从小到大排序。 如果 A 和 B 是表或时间表，union 将返回这两个表的行的并集。对于时间表，union 在确定相等性时会考虑行时间，并按行时间对输出时间表 C 进行排序
C = union(A, B, setOrder)	以特定顺序返回 C。setOrder 可以是 'sorted'（已排序）或 'stable'（不变化，按与 A 中相同的顺序返回 C 中的值）
C = union(A, B, …, 'rows') C = union(A, B, 'rows', …)	将 A 和 B 的每一行都视为单个实体，并返回 A 和 B 的共有行，返回矩阵的行按排序顺序排列。必须指定 A 和 B，可选择 setOrder 样式。 'rows' 选项不支持元胞数组，除非其中一个输入项为分类数组或日期时间数组
[C, ia, ib] = union (…)	返回索引向量 ia 和 ib，即元素在 A 和 B 中的位置。一般情况下，C = A(ia) 且 C = B(ib)。 如果指定了 'rows' 选项，则 C = A(ia,:) 且 C = B(ib,:)。 如果 A 和 B 是表或时间表，则 C = A(ia,:) 且 C = B(ib,:)
[C, ia, ib] = union(A, B, 'legacy') [C, ia, ib] = union (A, B, 'rows', 'legacy')	保留 R2012b 和早期版本中 union 函数的行为。 'legacy' 选项不支持分类数组、日期时间数组、持续时间数组、表或时间表

例 5-4：求解向量的并集。

解：在 MATLAB 命令窗口中输入如下命令。

```
>> clear              % 清除工作区的变量
>> A = [1 2 3 4 5];   % 创建两个向量 A 和 B
>> B = [5 9 8 4 6];
>> C = union(A,B)     % 计算向量 A 和 B 的并集,从小到大排序
C =
    1    2    3    4    5    6    8    9
```

例 5-5：求解两个矩阵中行的并集。

解：在 MATLAB 命令窗口中输入如下命令。

```
>> clear                        % 清除工作区的变量
>> A = [1 2 3;4 5 6;7 8 9];     % 创建两个矩阵
>> B = [9 8 7;4 5 6;3 2 1];
>> [C,ia,ib] = union(A,B,'rows')  % 计算没有重复项的 A 和 B 的合并行,以及索引向量 ia 和
ib 的合并行
C =
    1    2    3
    3    2    1
    4    5    6
```

```
    7   8   9
    9   8   7
ia =
    1
    2
    3
ib =
    3
    1
```

5.2.3 setdiff 命令

在 MATLAB 中，setdiff 命令用于求解集合差集，该命令的使用格式见表 5-5。

表 5-5 setdiff 命令的使用格式

调用格式	说　明
C = setdiff (A, B)	设置两个集合的差集，返回 A 中存在但 B 中不存在的数据，返回的值 C 将会从小到大排序。 如果 A 和 B 是表或时间表，将返回这两个表的行的并集。对于时间表，在确定相等性时会考虑行时间，并按行时间对输出时间表 C 进行排序
C = setdiff (A, B, setOrder)	以特定顺序返回 C。setOrder 可以是 'sorted'（已排序）或 'stable'（不变化，按与 A 中相同的顺序返回 C 中的值）
C = setdiff (A, B, …, 'rows') C = setdiff (A, B, 'rows', …)	将 A 和 B 的每一行都视为单个实体，并返回 A 中存在但 B 中不存在的行，返回矩阵的行按排序顺序排列。必须指定 A 和 B，可选择 setOrder 样式。'rows' 选项不支持元胞数组，除非其中一个输入项为分类数组或日期时间数组
[C, ia] = setdiff (…)	返回索引向量 ia，即元素在 A 和 B 中的位置。一般情况下，C = A (ia)。 如果指定了 'rows' 选项，则 C = A (ia,:)。 如果 A 和 B 是表或时间表，则 C = A (ia,:)
[C, ia] = setdiff (A, B, 'legacy') [C, ia] = setdiff (A, B, 'rows', 'legacy')	保留 R2012b 和早期版本中 setdiff 函数的行为。'legacy' 选项不支持分类数组、日期时间数组、持续时间数组、表或时间表

例 5-6：求解向量的差集。

解：在 MATLAB 命令窗口中输入如下命令。

```
>> clear          % 清除工作区的变量
>> A = [1 2 3 4 5];    % 创建两个向量 A 和 B
>> B = [1 2 3];
>> C = setdiff(A,B)    % 计算向量 A 和 B 的差集
C =
    4   5
```

例 5-7：求解两个矩阵中行的差集。

解：在 MATLAB 命令窗口中输入如下命令。

```
>> clear                              % 清除工作区的变量
>> A = [1 2 3;4 5 6;7 8 9];           % 创建两个矩阵
>> B = [4 5 6;3 2 1];
>> [C,ia] = setdiff(A,B,'rows')       % 查找 A 中存在,但 B 中不存在的行,以及对应的索引向
量 ia
C =
     1    2    3
     7    8    9
ia =
     1
     3
```

5.2.4 setxor 命令

在 MATLAB 中,setxor 命令用于返回 A 和 B 中不相同的元素,求集合的异或值,即在并集但不在交集中的元素,如图 5-3 所示,该命令的使用格式见表 5-6。

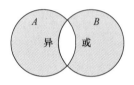

图 5-3   集合异或关系

表 5-6   setxor 命令的使用格式

调用格式	说明
C = setxor(A, B)	返回不在 A 和 B 的交集中的数据(对称差集)C,不包括重复项。C 中的数据出现在 A 或 B 中,但不是同时出现在二者中。C 是有序的,一般为从小到大排列
C = setxor(A, B, setOrder)	以特定顺序返回 C。setOrder 可以是 'sorted'(已排序)或 'stable'(不变化,按与 A 中相同的顺序返回 C 中的值)
C = setxor(A, B, …, 'rows') C = setxor(A, B, 'rows', …)	将 A 和 B 的每一行都视为单个实体,并返回在 A 和 B 中但不在二者交集中的行,不包括重复项。必须指定 A 和 B,setOrder 是可选的。'rows' 选项不支持元胞数组,除非其中一个输入项为分类数组或日期时间数组
[C, ia, ib] = setxor(…)	返回索引向量 ia 和 ib
[C, ia, ib] = setxor(A, B, 'legacy') [C, ia, ib] = setxor (A, B, 'rows', 'legacy')	保留 R2012b 和早期版本中 setxor 函数的行为。'legacy' 选项不支持分类数组、日期时间数组、持续时间数组、表或时间表

该命令类似 $[C,IA,IB]$ = intersect(A,B)。

例 5-8:求解向量的对称差集。

解:在 MATLAB 命令窗口中输入如下命令。

```
>> clear                  % 清除工作区的变量
>> A = [1 2 3 4 5];       % 创建两个向量
>> B = [1 2 3 2 1];
>> C = setxor(A,B)        % 返回不在 A 和 B 的交集中的值
C =
     4     5
```

例 5-9：求解两个矩阵中行的对称差集。

解：在 MATLAB 命令窗口中输入如下命令。

```
>> clear                              % 清除工作区的变量
>> A = [1 2 3;4 5 6;7 8 9];           % 创建两个矩阵 A 和 B
>> B = [4 5 6;3 2 1];
>> [C,ia,ib] = setxor(A,B,'rows')     % 返回 A 和 B 中不在其交集中的行以及对应的索引向
量 ia 和 ib
C =
     1     2     3
     3     2     1
     7     8     9
ia =
     1
     3
ib =
     2
```

5.3　集合元素函数

MATLAB 提供了多个函数用于对集合中的元素进行操作。

5.3.1　ismember 命令

在 MATLAB 中，ismember 命令用于判断一个集合是否是另一个集合的子集，该命令的使用格式见表 5-7。

表 5-7　ismember 命令的使用格式

调用格式	说　明
Lia = ismember（A，B）	返回一个和 A 长度相同的向量。如果 B 与 A 中某个元素相等，返回的向量中相应的位置是 1，其余位置为 0。 如果 A 和 B 是表或时间表，为每一行返回一个逻辑值。对于时间表，在确定相等性时会考虑行时间，输出一个列向量 Lia
Lia = ismember（A，B，'rows'）	将 A 和 B 中的每一行视为一个实体，当 A 中的行也存在于 B 中时，返回相应位置为逻辑 1（true），其他位置为逻辑值 0（false）的列向量。 'rows' 选项不支持元胞数组，除非其中一个输入项为分类数组或日期时间数组
[Lia，Locb] = ismember（…）	使用上述任何语法，返回 A 的逻辑索引 Lia，在 B 中的位置 Locb
[Lia，Locb] = ismember（…，'legacy'）	保留 ismember 函数在 R2012b 和早期版本中的行为。 'legacy' 选项不支持分类数组、日期时间数组、持续时间数组、表或时间表

例 5-10：判断查询值是否为集合元素。

解：在 MATLAB 命令窗口中输入如下命令。

```
>> clear                          % 清除工作区的变量
>> A = [1 2 3 4 5];               % 创建两个向量 A 和 B
>> B = [1 2 3];
>> Lia = ismember(A,B)            % 确定 A 的哪些元素同时也在 B 中
Lia =
  1×5 logical 数组
  1  1  1  0  0
```

例 5-11：判断查询值是否为集合元素，并确定共有值的索引。

解：在 MATLAB 命令窗口中输入如下命令。

```
>> clear                          % 清除工作区的变量
>> A = [1 2 3 4 5];               % 创建两个向量 A 和 B
>> B = [1 2 3 4 5 6 7 8 9];
>> [Lia,Locb] = ismember(A,B)     % 确定 A 的哪些元素同时也在 B 中,以及在 B 中的相应位置
Lia =
  1×5 logical 数组
  1  1  1  1  1
Locb =
   1   2   3   4   5
```

5.3.2 unique 命令

在 MATLAB 中，unique 命令用于计算集合中去掉重复的元素，显示剩余的唯一值元素集合，该命令的使用格式见表 5-8。

表 5-8　unique 命令的使用格式

调 用 格 式	说　明
C = unique（A）	返回与 A 中相同的数据 C，但是不包含重复项，并按照从小到大的顺序排序
C = unique（A，setOrder）	以特定顺序返回 A 的唯一值。setOrder 可以是 'sorted'（默认值）或 'stable'
C = unique（A，occurrence）	指定遇到重复值时应返回哪个索引。occurrence 可以是 'first'（默认值）或 'last'
C = unique（A，…，'rows'） C = unique（A，'rows'，…）	将 A 中的每一行视为单个实体，并按排序顺序返回 A 中的唯一行
[C，ia，ic] = unique（…）	返回索引向量 ia 和 ic。其中，ia 是包含各元素在 A 中首次复现处对应索引的列向量；ic 是 C 的索引列向量
[C，ia，ic] = unique（A，'legacy'） [C，ia，ic] = unique（A，'rows'，'legacy'） [C，ia，ic] = unique（A，occurrence，'legacy'） [C，ia，ic] = unique（A，'rows'，occurrence，'legacy'）	保留 R2012b 和早期版本中 unique 函数的行为。 'legacy' 选项不支持分类数组、日期时间数组、持续时间数组、日历持续时间数组、表或时间表

例5-12：计算矩阵的唯一值。

解：在 MATLAB 命令窗口中输入如下命令。

```
>> clear                    % 清除工作区的变量
>> A = [1,2,1;4,6,4;5,9,6];  % 定义包含一个重复值的矩阵
>> C = unique(A)            % 按照从小到大的顺序显示 A 中的数据,不包含重复项
C =
    1
    2
    4
    5
    6
    9
```

例5-13：计算矩阵的唯一值并显示索引。

解：在 MATLAB 命令窗口中输入如下命令。

```
>> clear                    % 清除工作区的变量
>> A = [1 2 1;4 6 4;5 9 6];  % 定义一个包含重复值的矩阵
>> [B,I,J] = unique(A)      % 按照从小到大的顺序显示 A 中的数据,不包含重复项,并返回对应的
```
位置列向量 I 和 J
```
B =
    1
    2
    4
    5
    6
    9
I =
    1
    4
    2
    3
    5
    6
J =
    1
    3
    4
    2
    5
    6
    1
    3
    5
```

5.3.3 issorted 命令

在 MATLAB 中，issorted 命令确定数组是否已排序，显示剩余的唯一值元素集合，该命令的使用格式见表 5-9。

表 5-9　issorted 命令的使用格式

调用格式	说　明
TF = issorted（A）	当 A 的元素按升序排列时，返回逻辑标量值 TF 为 1（true）；否则，将返回 0（false）
TF = issorted（A, dim）	当 A 沿维度 dim 排序时，将返回 1
TF = issorted（…, direction）	当 A 按 direction 指定的顺序排序时，将返回 1。排序方向，指定以下值之一。 • 'ascend'：检查数据是否按升序排列。数据可以包含连续的重复元素 • 'descend'：检查数据是否按降序排列。数据可以包含连续的重复元素 • 'monotonic'：检查数据是否按降序或升序排列。数据可以包含连续的重复元素 • 'strictascend'：检查数据是否严格地按升序排列。数据不能包含重复元素或缺失元素 • 'strictdescend'：检查数据是否严格地按降序排列。数据不能包含重复元素或缺失元素 • 'strictmonotonic'：检查数据是否严格地按降序或升序排列。数据不能包含重复元素或缺失元素
TF = issorted（…, Name, Value）	指定用于检查排序顺序的其他参数 Name, Value，参数表如表 5-10 所示
TF = issorted（A, 'rows'）	当矩阵第一列的元素按顺序排列时，返回 1

Name，Value 参数值表如图 5-10 所示

表 5-10　名称 – 值对组参数

名　称	值	说　明
MissingPlacement	'auto'（默认）、'first'（缺失的元素必须放在最前面，才会返回 1）、'last'（缺失的元素必须放在最后，才会返回 1）	缺失值的位置
ComparisonMethod	'auto'（默认）｜'real'（复数的实部）｜'abs'（绝对值）	元素比较方法

例 5-14：检查矩阵是否按升序排序。

解：在 MATLAB 命令窗口中输入如下命令。

```
>> clear                     % 清除工作区的变量
>> A = [1,2,1,4,6,4,5,9,6];  % 定义包含一个重复值的矩阵
>> C = issorted(A)           % 检查 A 是否按升序排序
C =
  logical
  0
```

例 5-15：向量集合运算。

解：在 MATLAB 命令窗口中输入如下命令。

```
>> clear           % 清除工作区的变量
>> a = 1;          % 定义变量 a 并赋值
>> A = [1 234 5];  % 定义两个向量 A 和 B
```

```
>> B = [0 257 2];
>> C = union(A,B)          % 求集合 A 与 B 的并集
C =
     0    1    2    5   234  257
>> D = intersect(A,B)      % 求集合 A 与 B 的交集
D =
  空的 1 × 0 double 行向量
>> E = setdiff(A,B)        % 求集合差集 A - B
E =
  1   5   234
>> F = setxor(A,B)         % 求 A 与 B 交集的异或值
F =
     0    1    2    5   234  257
>> ismember(a,A)           % 判断 a 是否属于 A
ans =
  logical
  1
>> issorted(A)             % 判断向量是否按升序排列
ans =
  logical
  0
```

第6章 积 分 计 算

内容指南

数列、级数、极限、积分是数学对象与计算方法较为简单的数学计算，在 MATLAB 中可以很轻松地解决相关问题。本章主要讲解其中的数列、极限、级数、积分等相关知识。

内容要点

- 数列
- 级数
- 极限、导数与微分
- 积分
- 积分变换

6.1 数列

数列是指按一定次序排列的一列数，数列的一般形式可以写为 $a_1, a_2, a_3, \cdots, a_n, a_{n+1}, \cdots$ ，简记为 $\{a_n\}$ ，数列中的每一个数都叫作这个数列的项，数列中的项必须是数，它可以是实数，也可以是复数。

注意：

$\{a_n\}$ 本身是几何的表示方法，但两者有本质的区别。集合中的元素是无序的，而数列中的项必须按一定顺序排列。

排在第一位的数称为这个数列的第 1 项（通常也叫作首项），记作 a_1 ，排在第二位的数称为这个数列的第 2 项，记作 a_2 ，排在第 n 位的数称为这个数列的第 n 项，记作 a_n 。

数列是按照一定顺序排列的，通过不同学者的研究，根据不同的排列顺序，数列有很多分类。

1. 根据数列的个数分类

- 项数有限的数列为"有穷数列"。
- 项数无限的数列为"无穷数列"。

2. 根据数列的每一项值符号分类

- 数列的各项都是正数的为正项数列。
- 数列的各项都是负数的为负项数列。

3. 根据数列的每一项值变化分类

- 各项相等的数列叫作常数列（如 1，1，1，1，1，1，1，1，1）。
- 从第 2 项起，每一项都大于它的前一项的数列叫作递增数列；如 1，2，3，4，5，6，7。
- 从第 2 项起，每一项都小于它的前一项的数列叫作递减数列；如 8，7，6，5，4，3，2，1。
- 从第 2 项起，有些项大于它的前一项，有些项小于它的前一项的数列叫作摆动数列。

◆ 各项呈周期性变化的数列叫作周期数列（如三角函数）。

有些数列的变化不能简单地叙述，需要通过一些复杂的公式来表达项值之间的关系，有些则不能。可以表达的通过通项公式来表达具体的规律，不能表达的则通过名称来表示其中的规律。下面介绍几种特殊的数据列。

◆ 三角形点阵数列：1，3，6，10，15，21，28，36，45，55，66，78，91，…

◆ 正方形数数列：1，4，9，16，25，36，49，64，81，100，121，144，169，…

◆ $a_n = 1/n$：1，1/2，1/3，1/4，1/5，1/6，1/7，1/8，…

◆ $a_n = (-1)^n$：-1，1，-1，1，-1，1，-1，1，…

◆ $a_n = (10^n) - 1$：9，99，999，9999，99999，…

6.1.1 数列求和

在实际工程问题中，不免需要求解类似一些数据的和，根据其中的规律，将这些数据转换成一个个的数列，再进行计算求解。

对于数列 $\{S_n\}$，数列累积和 S 可以表示为 $\sum S_i$，其中，i 为当前项，n 为数列中元素的个数，即项数。$\sum S_i = S_1 + S_2 + S_3 \cdots + S_n$ 对于数列 1，2，3，4，5，$S = 1 + 2 + 3 + 4 + 5 = 15$。

1. 累积和函数

在 MATLAB 中，直接提供了求数列中所有元素和的函数 sum，它的使用格式见表 6-1。

表 6-1 sum 命令的使用格式

调用格式	说 明
S = sum（A）	计算矩阵 A 中所有元素和。若 A 是向量，则 S 返回所有元素的和，S 是一个数值；若 A 是矩阵，则 S 返回每一列所有元素之和，结果组成行向量，数值的个数等于列数；若 A 是 n 维矩阵，相当于 n 个二维矩阵，则 S 返回 n 个矩阵累积和
S = sum（A，'all'）	计算 A 的所有元素的总和，是所有行列与维度的和，结果是单个数值
S = sum（A，dim）	返回不同维度的矩阵和
S = sum（A，vecdim）	根据向量 vecdim 中指定的维度对 A 的元素求和
S = sum （…，outtype）	求指定数据格式的总和。此格式下可以设置特殊格式的累计和值，输出类型 "outtype" 包括 'default'、'double '和' native '三种。 • 'default'：默认输出类型为双精度 double，当输入数据类型为 single 或 duration 时，输出类型为 ' native ' • 'double'：默认输出类型为 double，但当数据类型为 duration 时不支持 'double' 类型 • 'native'：与输入相同的数据类型，但当输入数据类型为 char 时不支持 'native'
S = sum （＿＿＿，nanflag）	设置计算元素中是否包括 NaN 值，includenan 在计算中包括所有 NaN 值，omitnan 则忽略这些值

 知识拓展：

运算有未定义的数值结果，如 0/0 或 0* Inf，则运算返回 NaN。

例 **6-1**：计算向量和示例。

解：MATLAB 程序如下。

```
> > clear
> > a = [1:10]    %  创建 1 到 10 的向量,向量间隔默认为 1
A =
    1    2    3    4    5    6    7    8    9    10
> > S = sum(a)    %  计算行向量中所有元素之和
S =
    55
```

例 6-2:计算二维矩阵和示例。

解:MATLAB 程序如下:

```
> > clear
> > A = [1 3 2;9 2 6;5 1 7]
A =
    1    3    2
    9    2    6
    5    1    7
> > S = sum(A)    %  返回矩阵 A 中每一列所有元素之和,结果组成行向量,数值的个数等于列数
S =
15    6    15
```

例 6-3:练习矩阵求和的类型转换运算。

解:MATLAB 程序如下:

```
   > > A = int32(1:5)    %  创建从 1 到 5,元素间隔为 1 的向量,设置该向量数据类型(类)为 int32,元
素均存储为 4 个字节的(32 位)有符号整数
   A =
   1 × 5 int32 行向量
   1           2           3           4           5
   > > S1 = sum(A,'default')    %  累计和值数据类型为 default
   S1 =
       15
   > > S2 = sum(A,'double')    %  累计和值数据类型为 double
   S2 =
       15
   > > S3 = sum(A,'native')         %  累计和值数据类型与输入数据类型相同,为 int32
   S3 =
   int32
       15
```

(1)向量求和

对于向量的求和运算,只能有两种情况,求和,不求和。这里若 dim = 1,则不求和,求和结果等于原数列;若 dim = 2,则求和,求和结果等于数列所有元素之和。

例 6-4:向量和设置。

解:MATLAB 程序如下。

```
> > clear
> > a = [2:6]    %  创建 2 到 6 的向量 a,元素间隔默认为 1
```

```
a =
   2   3   4   5   6
>> S1 = sum(a,1)   % dim = 1 表示不进行向量求和运算,结果等于原向量
S1 =
   2   3   4   5   6
>> S2 = sum(a,2)   % dim = 2 表示进行向量求和运算,得到单个数值
S2 =
   20
```

（2）矩阵求和

对于矩阵的求和运算，也有两种情况，对行求和，对列求和。这里，若 dim = 1，则对列求和，结果组成行向量；若 dim = 2，则对行求和，结果显示为列向量，如图 6-1 所示。

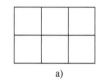

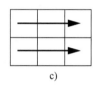

图 6-1　矩阵求和

a）矩阵 A 结构　b）dim = 1　c）dim = 2

例 6-5：矩阵和设置。

解：MATLAB 程序如下。

```
>> clear
>> A = [1 3 2; 9 2 6; 5 1 7]
A =
   1   3   2
   9   2   6
   5   1   7
>> S1 = sum(A,1)   % dim = 1 表示求二维矩阵元素和,显示个数为列数,每个值为该列所有元素
之和
S1 =
   15   6   15
>> S2 = sum(A,2)   % dim = 2 表示求二维矩阵元素和,显示个数为行数,每个值为该行所有元素
之和
S2 =
   6
   17
   13
>> A = [2 -0.5 3 -2.95 NaN 34 NaN 10];
>> S = sum(A,'omitnan')        % 移除 NaN 元素后计算矩阵 A 的元素和
S =
  45.5500
>> S = sum(A,'includenan')     % 计算矩阵 A 包含 NaN 的元素和
S =
  NaN
```

2. 忽略 NaN 求累积和函数

在 MATLAB 中，直接提供了求数列中所有元素和的函数 nansum，它的使用格式见表 6-2。

表 6-2　nansum 命令的使用格式

调用格式	说　　明
S = nansum （A）	计算矩阵 A 累积和，其中不包括 NaN 元素。若 A 是向量，则 S 返回移除 NaN 值后所有元素的和，S 是一个数值；若 A 是矩阵，则 S 返回移除 NaN 值后每一列所有元素之和，结果组成行向量，数值的个数等于列数；若 A 是 n 维矩阵，相当于 n 个二维矩阵，则 S 返回移除 NaN 值后 n 个矩阵累积和
S = nansum （A, 'all'）	移除 NaN 值后计算所有元素的累积和，结果为单个数值
S = nansum （A, dim）	移除 NaN 元素后根据 dim 值确定是否求累积和。对于包含 NaN 的数列移除 NaN 后进行矩阵求和运算，行元素和与列元素和。这里，若 dim = 1，则显示忽略 NaN 后的数列列元素和，为行向量；若 dim = 2，则显示忽略 NaN 后的数列行元素求和结果，为列向量
S = nansum （A, vecdim）:	计算 vecdim 指定的维度内所有元素的累积和，其中不包括 NaN

例 6-6：向量和示例。

解：MATLAB 程序如下。

```
>> clear
>> A = [2 -0.5 3 -2.95 NaN 34 NaN 10];
>> y =nansum(A)    % 移除 NaN 值后计算所有元素的累积和
y =
  45.5500
```

例 6-7：矩阵和设置示例。

解：MATLAB 程序如下。

```
>> clear
>> A = [2 -0.5 3;-2.95 NaN 3;4 NaN 10]
A =
    2.0000   -0.5000    3.0000
   -2.9500      NaN    3.0000
    4.0000      NaN   10.0000
>> S =nansum(A,1)   % 返回移除 NaN 值后的矩阵 A 的累积和,显示每列元素之和,结果个数为行数
S =
    3.0500   -0.5000  16.0000
>> S =nansum(A,2)   % 移除 NaN 值后的计算矩阵 A 元素的累积和,显示每行元素之和,结果个数为
列数。
S =
    4.5000
    0.0500
   14.0000
```

例 6-8：矩阵所有元素和示例。

解：MATLAB 程序如下。

```
>> clear
>> A = [2 -0.5 3;-2.95 NaN 6;34 NaN 10]
A =
    2.0000   -0.5000    3.0000
   -2.9500      NaN      6.0000
   34.0000      NaN     10.0000
>> S = nansum(A,'all')   % 移除 NaN 值后计算矩阵 A 所有元素的累积和
S =
   51.55000
```

 注意：

nansum（A）函数与 sum（…，omitnan）函数可以通用，前者步骤更为简洁。

求此元素位置以前的元素和。

一般的求和函数 sum 求解的是当前项及该项之前的元素和，cumsum 函数求解的是新定义的累计和，每个位置的新元素值为不包括当前项的元素的和。

表 6-3　cumsum 命令的使用格式

调用格式	说　明
B = cumsum（A）	从 A 中的第一个其大小不等于 1 的数组维度开始返回 A 的累积和。 • 如果 A 是向量，则 cumsum（A）返回包含 A 元素累积和的向量 • 如果 A 是矩阵，则 cumsum（A）返回包含 A 每列的累积和的矩阵 • 如果 A 为多维数组，则 cumsum（A）沿第一个非单一维运算
B = cumsum（A，dim）	返回不同情况的元素和。即当 dim = 1，按列求和；当 dim = 2，按行求和
B = cumsum（…，direction）	返回翻转方向后的元素和，翻转的方向包括两种：'forward'（默认值）或'reverse'。'forward'表示从活动维度的 1 到 end 运算。 'reverse'表示从活动维度的 end 到 1 运算
B = cumsum（…，nanflag）	nanflag 值控制是否移除 NaN 值，'includenan'在计算中包括所有 NaN 值，'omitnan'则移除 NaN 值

例 6-9：矩阵特定位置元素和示例。

解：MATLAB 程序如下。

```
>> clear
>> A = cumsum(1:5,1)   % 创建向量[1 2 3 4 5],dim = 1 表示不求和,返回向量
A =
    1    2    3    4    5
>> A = cumsum(1:5,2)   % 创建向量[1 2 3 4 5],dim = 2 表示当前位置之前的累积和向量
A =
    1    3    6   10   15
```

3. 求梯形累积和

在 MATLAB 中，cumtrapz 函数用于求梯形累积和，它的使用格式见表 6-4。

例 6-10：矩阵梯形累积和示例。

解：MATLAB 程序如下。

表 6-4　**cumtrapz** 命令的使用格式

调 用 格 式	说　　明
Z = cumtrapz（Y）	通过梯形法按单位间距计算 Y 的近似累积积分。Y 的大小确定求积分所沿用的维度。 • 如果 Y 是向量，则 cumtrapz（Y）是 Y 的累积积分 • 如果 Y 是矩阵，则 cumtrapz（Y）是每一列的累积积分 • 如果 Y 是多维数组，则 cumtrapz（Y）对大小不等于 1 的第一个维度求积分
Z = cumtrapz（X，Y）	根据 X 指定的坐标或标量间距对 Y 进行积分
Z = cumtrapz（…，dim）	沿维度 dim 求积分。dim = 1，按列进行积分，dim = 2，按行进行积分

```
>> clear
>> a = 1:5
A =
    1    2    3    4    5
>> Z = cumtrapz(a)    % 求向量 a 的累积积分
Z =
      0   1.5000   4.0000   7.5000   12.0000
```

例 6-11：练习不包括当前项的求和运算。

解：MATLAB 程序如下。

```
>> A = 1:5
A =
    1    2    3    4    5
>> B = sum(A)                  % 求向量所有元素的和
B =
    15
>> C = cumsum(A)               % 求向量 A 的当前位置之前的元素累积和
C =
    1    3    6    10    15
>> D = cumsum(A,1)             % 返回向量,不求和
D =
    1    2    3    4    5
>> D = cumsum(A,2)             % 求向量 A 的当前位置之前的元素累积和
D =
    1    3    6    10    15
>> E = cumsum(A,'reverse')     % 翻转向量,求翻转后向量的当前位置之前的元素累积和
E =
    15    14    12    9    5
```

6.1.2 数列求积

1. 元素连续相乘函数

在 MATLAB 中，prod 函数用于求矩阵元素乘积，它的使用格式见表 6-5。

如果输入 A 为 single 类型，则计算结果 B 同样为 single 类型。如果为任何其他数值和逻辑数据类型，prod 会计算乘积并返回 double 类型的 B。

例 6-12：元素求乘积运算示例 1。

表 6-5 prod 命令的使用格式

调用格式	说 明
B = prod (A)	将矩阵 A 不同维的元素的乘积返回到矩阵 B。 ● 如果 A 是向量，则 prod（A）返回元素的乘积 ● 如果 A 为非空矩阵，则 prod（A）将 A 的各列视为向量，并返回一个包含每列乘积的行向量 ● 如果 A 为 0×0 空矩阵，prod（A）返回 1 ● 如果 A 为多维矩阵，则 prod（A）沿第一个非单一维度运算并返回乘积数组。此维度的大小将减少至 1，而所有其他维度的大小保持不变
B = prod (A, 'all')	计算 A 的所有元素的乘积
B = prod (A, dim)	若 A 为向量包括两种情况：求积和不求积。dim = 1，不求元素乘积，返回输入值；dim = 2，求元素乘积。 若 A 为矩阵包括两种情况：求积和不求积。dim = 1，按列求乘积；dim = 2，按行求乘积
B = prod (A, vecdim)	vecdim 表示指定的维度
B = prod (…, outtype)	设置输出的积类型，一般包括 3 种' double '、' native '和' default '。 ● 'default'：默认输出类型为双精度 double，当输入数据类型为 single 或 duration 时，输出类型为' native ' ● 'double'：默认输出类型为 double，但当数据类型为 duration 时不支持 'double' 类型 ● 'native'：与输入相同的数据类型，但当输入数据类型为 char 时不支持 'native'
B = prod (…, nanflag)	nanflag 值控制是否移除 NaN 值，' includenan '在计算中包括所有 NaN 值，' omitnan '则移除 NaN 值

解：MATLAB 程序如下。

```
>> prod(1:4) % 返回向量 A 所有元素的积
ans =
    24
```

例 6-13：元素求乘积运算示例 3。

```
>> prod(1:4,1)  % dim = 1,返回创建的向量
ans =
    1    2    3    4
>> prod(1:4,2)  % dim = 2,返回创建向量的元素乘积
ans =
    24
```

2. 求累计积函数

在 MATLAB 中，cumprod 函数用于求当前元素与所有前面元素的积，它的使用格式见表 6-6。

例 6-14：元素求累积乘积运算示例。

```
>> B = cumprod(1:5)  % 返回 A 的累积乘积
B =
    1    2    6    24    120
```

3. 阶乘函数

若数列是递增数列，同时递增量为 1，即数列 1，2，3，4，5，6，7…n，则求该特殊数列中元素积的方法称为阶乘，可以说，阶乘是累计积的特例。

表 6-6　cumprod 命令的使用格式

调用格式	说　明
B = cumprod（A）	从 A 中的第一个其大小不等于 1 的数组维度开始返回 A 的累积乘积。 • 如果 A 是向量，则 cumsum（A）返回包含 A 元素累积乘积的向量 • 如果 A 是矩阵，则 cumsum（A）返回包含 A 每列的累积乘积的矩阵 • 如果 A 为多维数组，则 cumsum（A）沿第一个非单一维运算
B = cumprod（A，dim）	返回不同情况的元素乘积。即当 dim = 1，按列求乘积；当 dim = 2，按行求乘积；dim ≥3，返回 A
B = cumprod（…，direction）	返回翻转方向后的元素乘积，翻转的方向包括两种：'forward'（默认值）或'reverse'。 • 'forward'表示从活动维度的 1 到 end 运算 • 'reverse'表示从活动维度的 end 到 1 运算
B = cumprod（…，nanflag）	nanflag 值控制是否移除 NaN 值，'includenan'在计算中包括所有 NaN 值，'omitnan'则移除 NaN 值

在表达阶乘时，使用"！"来表示。如 n 的阶乘，就表示为"n！"。例如，6 的阶乘记作 6！，即 $1 \times 2 \times 3 \times 4 \times 5 \times 6 = 720$。

MATLAB 中，阶乘函数是 factorial，它的使用格式见表 6-7。

表 6-7　factorial 命令的使用格式

调用格式	说　明
f = factorial（n）	返回所有小于或等于 n 的正整数的乘积，其中 n 为非负整数值

例 6-15：元素求阶乘运算示例。

```
> > factorial(6)
ans =
 720
```

阶乘函数不但可以计算整数，还可以计算向量、矩阵等。如果 n 为矩阵，则 f 包含 n 的每个值的阶乘。f 与 n 具有相同的数据类型和大小。

例 6-16：矩阵求乘积运算示例。

```
> > factorial(magic(3))    % 魔方矩阵求阶乘
ans =
    40320        1       720
        6      120      5040
       24   362880         2
> > factorial(1:10)        % 向量求阶乘
ans =
  1 ~ 5 列
        1        2        6       24      120
  6 ~ 10 列
      720     5040    40320   362880  3628800
> > B = cumprod(1:10)      % 向量求元素累积和
B =
```

```
1～5 列
        1          2          6          24         120
6～10 列
       720       5040      40320      362880     3628800
```

📓 注意：

对比相同的向量与矩阵的累计积与阶乘结果，发现，向量运算结果相同，矩阵结果不同。

例 6-17：练习矩阵的和与积运算。

解：MATLAB 程序如下。

```
>> A = floor(rand(6,7) * 100)                    % 创建矩阵,矩阵元素为朝负
无穷大四舍五入
A =
    76    70    11    75    54    81    61
    79    75    49    25    13    24    47
    18    27    95    50    14    92    35
    48    67    34    69    25    34    83
    44    65    58    89    84    19    58
    64    16    22    95    25    25    54
>> A(1:4,1) =95;  A(5:6,1) =76;  A(2:4,2) =7;  A(3,3) =73    % 替换矩阵元素,组成
新矩阵
A =
    95    70    11    75    54    81    61
    95     7    49    25    13    24    47
    95     7    73    50    14    92    35
    95     7    34    69    25    34    83
    76    65    58    89    84    19    58
    76    16    22    95    25    25    54
>> sum(A)                                         % 按列求矩阵和
ans =
  532  172  247  403  215  275  338
>> sum(A,2)                                       % 按行求矩阵和
ans =
  447
  260
  366
  347
  449
  313
>> cumtrapz(A)                                    % 求矩阵梯形累积和
ans =
         0         0         0         0         0         0         0
   95.0000   38.5000   30.0000   50.0000   33.5000   52.5000   54.0000
  190.0000   45.5000   91.0000   87.5000   47.0000  110.5000   95.0000
  285.0000   52.5000  144.5000  147.0000   66.5000  173.5000  154.0000
```

```
    370.500088.5000   190.5000   226.0000   121.0000   200.0000   224.5000
    446.5000   129.0000   230.5000   318.0000   175.5000   222.0000   280.5000
> > cumprod(A)   % 求矩阵累计积
ans =
  1.0e +11 *
    0.0000    0.0000    0.0000    0.0000    0.0000    0.0000    0.0000
    0.0000    0.0000    0.0000    0.0000    0.0000    0.0000    0.0000
    0.0000    0.0000    0.0000    0.0000    0.0000    0.0000    0.0000
    0.0008    0.0000    0.0003    0.0003    0.0000    0.0002    0.0000
    0.0619    0.0000    0.0010    0.0135    0.0000    0.0005    0.0020
    4.7046    0.0002    0.0860    0.8767    0.0000    0.0215    0.0867
```

6.2 级数

将数列 |an| 的各项依次以加号连接起来所组成的式子称为级数。

$$2，8，125，79，-16 \quad 是数列$$
$$2+8+125+79+（-16） 是级数$$

级数是数学分析的重要内容，无论在数学理论本身还是在科学技术的应用中都是一个有力工具。MATLAB 具有强大的级数求和命令，本节将详细介绍如何用它来处理工程计算中遇到的各种级数求和问题。

6.2.1 级数求和函数

级数求和根据数列中的项来分，包括有限项级数求和、无穷级数求和，MATLAB 提供的主要求级数的命令为 symsum，它的主要调用格式见表 6-8。

表 6-8 symsum 调用格式

命 令	说 明
symsum (s)	计算级数 s 的不定积分
symsum (s, v)	计算级数 s 关于变量 v 的不定积分
symsum (s, a, b)	求级数 s 关于系统默认的变量从 a 到 b 的有限项和
symsum (s, v, a, b)	求级数 s 关于变量 v 从 a 到 b 的有限项和

MATLAB 提供的 symsum 命令还可以求无穷级数，这时只需将命令参数中的求和区间端点改成无穷即可。

例 6-18：求级数 $S1 = \sum\limits_{k=0}^{10} k^2$，$S2 = \sum\limits_{k=1}^{\infty} \dfrac{1}{k^2}$，$S3 = \sum\limits_{k=1}^{\infty} \dfrac{x^k}{k!}$。

解：MATLAB 程序如下。

```
> > syms k x
> > S1 = symsum(k^2,k,0,10)          % 求级数 S1 关于变量 k 从 0 到 10 的有限项和
S1 =
385
> > S2 = symsum(1/k^2,k,1,Inf)        % 求级数 S2 关于变量 k 从 1 到∞ 的有限项和
S2 =
```

```
pi^2/6
>> S3 = symsum(x^k/factorial(k),k,0,Inf)   % 求级数 S3 关于变量 k 从 0 到∞的有限项和
S3 =
exp(x)
```

例 6-19：求级数 $s = \cos nx$ 的前 $n+1$ 项（n 从 0 开始）。

解：MATLAB 程序如下。

三角函数列是数学分析中傅里叶级数部分常见的一个级数，在工程中具有重要的地位。

```
>> syms n x
>> s = cos(n* x);
>> symsum(s,n)   % 计算级数 s 关于变量 n 的不定和
ans =
piecewise(in(x/(2* pi),'integer'), n, ~in(x/(2* pi),'integer'), exp(-x* 1i)^n/(2
* (exp(-x* 1i) - 1)) + exp(x* 1i)^n/(2* (exp(x* 1i) - 1)))
```

例 6-20：求级数 $s = 2\sin 2n + 4\cos 4n + 2^n$ 的前 $n+1$ 项（n 从 0 开始），并求它的前 10 项的和。

解：MATLAB 程序如下。

```
>> syms n
>> s = 2* sin(2* n) +4* cos(4* n) +2^n;
>> sum_n = symsum(s)            % 求关于变量 n 的级数 S 的不定积分
(exp(-2i)^n* 1i)/(exp(-2i) - 1) - (exp(2i)^n* 1i)/(exp(2i) - 1) + (2* exp(-4i)^
n)/(exp(-4i) - 1) + (2* exp(4i)^n)/(exp(4i) - 1) + 2^n
>> sum10 = symsum(s,0,10)        % 求关于变量 n 的级数 S 前 10 项的和
sum10 =
4* cos(4) + 4* cos(8) + 4* cos(12) + 4* cos(16) + 4* cos(20) + 4* cos(24) + 4* cos
(28) + 4* cos(32) + 4* cos(36) + 4* cos(40) + 2* sin(2) + 2* sin(4) + 2* sin(6) + 2*
sin(8) + 2* sin(10) + 2* sin(12) + 2* sin(14) + 2* sin(16) + 2* sin(18) + 2* sin(20) +
2051
>> vpa(sum10) % 使用可变精度浮点运算计算级数前 10 项的和,有效数字至少 32 位
ans =
2048.2771219312785147716264587939
```

6.2.2 级数累乘函数

symprod 函数用于求级数中当前项符号元素与所有前面项符号元素的积，它的主要调用格式见表 6-9。

表 6-9　symsum 调用格式

命　令	说　明
F = symprod（f, k, a, b）	返回包含表达式 f 指定符号变量 k，k 的值范围从 a 到 b
F = symprod（f, k）	返回包含表达式 f 指定符号变量 k，k 的值从 1 开始，带有一个未指定的上限

例 6-21：练习 $p = \prod_k k$，$p = \prod_k \dfrac{2k-1}{k^2}$ 运算。

解：MATLAB 程序如下。

```
>> syms k
>> P1 = symprod(k,k)                % 计算变量表达式 k 从 1 开始到第 k 项的累积积
P1 =
factorial(k)
>> P2 = symprod((2*k - 1)/k^2,k)    % 计算变量表达式从 1 开始到第 k 项的累积积
P2 =
(1/2^(2*k)*2^(k + 1)*factorial(2*k))/(2*factorial(k)^3)
```

6.3 极限、导数与微分

在工程计算中，经常会研究某一函数随自变量的变化趋势与相应的变化率，也就是要研究函数的极限与导数问题。本节主要讲述如何用 MATLAB 来解决这些问题。

6.3.1 极限

极限思想方法是数学分析乃至全部高等数学必不可少的一种重要方法，也是数学分析与初等数学的本质区别之处。采用了极限的思想方法，才解决了许多初等数学无法解决的问题，如求瞬时速度、曲线弧长、曲边形面积、曲面体体积等。

极限是指变量在一定的变化过程中，从总的来说逐渐稳定的这样一种变化趋势及所趋向的数值，也就是极限值。极限在数学计算中用英文 limit 表示，在 MATLAB 中使用 limit 命令来表示。

若 $\{X_n\}$ 为一无穷实数数列，如果存在实数 a，使得对于任意正数 ε（不论它多么小），总存在正整数 N，使得当 $n > N$ 时，均有不等式 $|X_n - a| < \varepsilon$ 成立，那么就称常数 a 是数列 $\{X_n\}$ 的极限。表示为

$\lim X_n = a$ 或 $X_n \to a$ $(n \to \infty)$

极限是数学分析最基本的概念与出发点，在实际工程中，其计算往往比较烦琐，而运用 MATLAB 提供的 limit 命令则可以很轻松地解决这些问题。

limit 命令的调用格式见表 6-10。

表 6-10　limit 调用格式

命　令	说　明
limit (f, x, a) 或 limit (f, a)	求解 $\lim\limits_{x \to a} f(x)$
limit (f)	求解 $\lim\limits_{x \to 0} f(x)$
limit (f, x, a, 'right')	求解 $\lim\limits_{x \to a+} f(x)$
limit (f, x, a, 'left')	求解 $\lim\limits_{x \to a-} f(x)$

下面来看几个具体的例子。

例 6-22：计算 $\lim\limits_{x \to 0} \dfrac{1}{2^x}$。

解：在命令行中输入以下命令。

```
>> clear
>> syms x;
>> f =1/(2^x);
>> limit(f)
```

```
ans =
1
```

例 **6-23**：计算 $\lim\limits_{n \to \infty} (-1)^n \dfrac{1}{n}$。

解：在命令行中输入以下命令。

```
>> clear
>> syms n
>> limit((-1)^n* (1/n),inf)
ans =
0
```

例 **6-24**：计算 $\lim\limits_{x \to 0+} \dfrac{\ln(1+x)}{x}$。

解：在命令行中输入以下命令。

```
>> clear
>> syms x
>> limit(log(1 +x)/x,x,0,'right')
ans =
1
```

小技巧

遇到 $\lim\limits_{(x,y) \to (0,0)} \dfrac{e^x + e^y}{\cos x - \sin y}$ 这样的问题怎么办？请参照以下过程。

```
>> syms x y
>> f = ((exp(x) +exp(y))/(cos(x) -sin(y)));
>> limit(limit(f,x,0),y,0)
```

6.3.2 导数与微分

定义　设函数 $y=f(x)$ 在点 x_0 的某个领域内有定义，当自变量 x 在 x_0 处取得增量 Δx（点 $x_0 + \Delta x$ 仍在该领域内）时，相应地，因变量取得增量 $\Delta y = f(x_0 + \Delta x) - f(x_0)$；如果 Δy 与 Δx 之比当 $\Delta x \to 0$ 时的极限存在，那么称函数 $y=f(x)$ 在点 x_0 处可导，并称这个极限为函数 $y=f(x)$ 在点 x_0 处的导数，记为 $f'(x_0)$，即

$$f'(x_0) = \lim_{\Delta x \to 0} \frac{\Delta y}{\Delta x} = \lim_{\Delta x \to 0} \frac{f(x_0 + \Delta x) - f(x_0)}{\Delta x}$$

也可记作 $y'\big|_{x=x_0}$，$\dfrac{\mathrm{d}y}{\mathrm{d}x}\big|_{x=x_0}$ 或 $\dfrac{\mathrm{d}y(x)}{\mathrm{d}x}\big|_{x=x_0}$。

函数 $f(x)$ 在点 x_0 处可导有时也说成 $f(x)$ 在点 x_0 具有导数或异数存在。

导数是数学分析的基础内容之一，在工程应用中用来描述各种各样的变化率。在上一节中，limit 命令用来求解已知函数的极限，导数也是一种极限，当自变量增量 $\Delta x \to 0$ 时，函数增量比自变量增量的极限 $\dfrac{\mathrm{d}y}{\mathrm{d}x} = \lim\limits_{\Delta x \to 0} \dfrac{\Delta y}{\Delta x}$ 就是导数。

事实上，MATLAB 提供了专门的函数差分和近似求导命令 diff，diff 命令的调用格式见表 6-11。

表 6-11 **diff** 调用格式

命 令	说 明
diff (f)	求函数 $f(x)$ 的导数
diff (X)	求矩阵 X 的导数
diff (X, n)	求矩阵 X 的 n 阶导数
diff (f, n)	求函数 $f(x)$ 的 n 阶导数
diff (f, x, n)	求多元函数 $f(x,y,\cdots)$ 对 x 的 n 阶导数
diff (X, n, dim)	求沿着 dim 指定的维度计算的第 n 个差值。dim 是正整数标量。dim = 1 便是对行进行求导，dim = 2 便是对列进行求导

例 6-25：计算向量 **A** 的导数。

解：MATLAB 程序如下。

```
>> clear
>> A = [1 1 2 3 5 8 13 21];
>> diff(A)   % 计算向量 A 的导数
ans =
    0    1    1    2    3    5    8
```

例 6-26：计算 $y = |x|$ 的导数。

解：在命令行中输入以下命令。

```
>> clear
>> syms x
>> diff(abs(x))

ans =

sign(x)
```

例 6-27：计算 $y = \cos(4 - 3x)$ 的 3 阶导数。

解：在命令行中输入以下命令。

```
>> clear
>> syms x
>> f = cos(4 - 3* x);
>> diff(f,3)
ans =
27* sin(3* x - 4)
```

6.4 积分

　　积分与微分不同，它是研究函数整体性态的，因此它在工程中的作用是不言而喻的。理论上可以用牛顿-莱布尼茨公式求解对已知函数的积分，但在工程中这并不可取，因为实际中遇到的大多数函数都不能找到其积分函数，有些函数的表达式非常复杂，用牛顿-莱布尼茨公式求解会相当复杂，因此，在工程中大多数情况下都使用 MATLAB 提供的积分运算函数计算，少数情况也可通过利用 MATLAB 编程实现。

6.4.1 定积分

定积分是工程中用得最多的积分运算，利用 MATLAB 提供的 int 命令可以很容易地求已知函数在已知区间的积分值。

int 命令求定积分的调用格式见表 6-12。

表 6-12 int 调用格式

命　令	说　明
int (f,a,b)	计算函数 f 在区间 [a，b] 上的定积分
int (f,x,a,b)	计算函数 f 关于 x 在区间 [a，b] 上的定积分

例 6-28：求 $\int_0^1 \dfrac{\sin x}{\cos^3 x}\mathrm{d}x$。

说明：

本例中的被积函数在 [0，1] 上显然是连续的，因此它在 [0，1] 上肯定是可积的，但如果按数学分析的方法确实无法积分，这就更体现出了 MATLAB 的实用性。

解：在命令行中输入以下命令。

```
>> syms x
>> v = int(sin(x)/cos(x)^3,0,1)

v =

tan(1)^2/2
```

在 MATLAB 中，vpa 命令使用可变精度算法（任意精度算法），计算数值近似符号结果，该函数的调用格式见表 6-13。

表 6-13 vpa 调用格式

命　令	说　明
vpa (x)	计算符号的数值近似结果，默认 32 位有效数字
vpa (x, d)	d 指定为整数的有效位数，d 必须大于 1 而小于 $2^{29} + 1$

例 6-29：求 $\int_2^3 \dfrac{3x^3}{1-x^4}\mathrm{d}x$。

说明：

对于本例中的被积函数，有很多软件都无法求解，用 MATLAB 则很容易求解。

解：在命令行中输入以下命令。

```
>> clear
>> syms x;
>> v = int(3* x^3/(1 - x^4),2,3)
v =
```

```
log(3^(3/4)/8)
>> vpa(v)
ans =

 -1.2554823251787536597052624366826
```

例 6-30：计算底面是半径为 R 的圆，而垂直于底面上一条固定直径的所有截面都是等边三角形的立体体积，如图 6-2 所示。

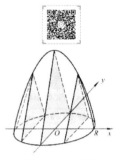

以 x 为积分变量，则 x 的变化范围为 $[-R, R]$，相应的截面等边三角形边长为 $2\sqrt{R^2-x^2}$，面积为 $\dfrac{\sqrt{3}}{4}(2\sqrt{R^2-x^2}) = \sqrt{3}\sqrt{R^2-x^2}$，因此体积为

$$V = \int_{-R}^{R} \sqrt{3}(R^2-x^2)\,dx = \frac{4\sqrt{3}}{4}R^3$$

解：在命令行中输入以下命令。

图 6-2　立体图

```
>> clear
>> syms R x
>> V = sqrt(3)* (R^2 - x^2);
>> dV = int(V, - R,R)
dV =

(4* 3^(1/2)* R^3)/3
>> vpa(dV)

ans =

2.3094010767585030580365951220078* R^3
```

例 6-31：计算曲线 $y = \ln x$ 相当于 $\sqrt{3} \leqslant x \leqslant \sqrt{8}$ 的一段弧的长度。

解：在命令行中输入以下命令。

```
>> clear
>> syms x
>> y = log(x);
>> L = int(y,sqrt(3),sqrt(8))
L =

2^(1/2)* (log(8) - 2) - 3^(1/2)* (log(3^(1/2)) - 1)
>> vpa(L)
ans =

0.89297196233198280528619240517 52
```

6.4.2　广义积分

int 函数还可以求广义积分，方法是只要将相应的积分限改为正（负）无穷即可，接下来看几个广义积分的例子。

例 **6-32**：求 $\displaystyle\int_{1}^{+\infty} \dfrac{1}{1 + \sin x \cos x} \mathrm{d}x$。

解：在命令行中输入以下命令。

```
>> clear
>> syms x
>> int(1/(1+sin(x)*cos(x)),1,inf)
ans =
Inf
```

 注意：

积分结果是无穷大，说明这个广义积分是发散的，与我们熟悉的理论结果是一致的。

例 **6-33**：在热辐射理论中经常会遇到反常积分 $\displaystyle\int_{0}^{+\infty} \dfrac{x^3}{e^x - 1} \mathrm{d}x$ 的计算问题，用 MATLAB 则很容易求解。

解：在命令行中输入以下命令。

```
>> clear
>> syms x
>> v=int(x^3/(exp(x)-1),0,inf)
ans =


pi^4/15
>> vpa(v)
ans =

6.4939394022668291490960221779247
```

例 **6-34**：求 $\displaystyle\int_{-\infty}^{+\infty} \dfrac{1}{x^2 + 2x + 3} \mathrm{d}x$。

解：在命令行中输入以下命令。

```
>> syms x
>> f=1/(x^2+2*x+3);
>> v=int(f,-inf,inf)
v =
(pi*2^(1/2))/2
>> vpa(v)
ans =
2.2214414690791831235079404950304
```

 6.4.3 不定积分

在实际的工程计算中，有时也会用到求不定积分的问题。利用上面的 int 命令，同样可以求不定积分，它的使用形式也非常简单。它的调用格式见表6-14。

表 6-14　int 调用格式

命　　令	说　　明
int （f）	计算函数 f 的不定积分
int （f, x）	计算函数 f 关于变量 x 的不定积分

下面来看两个具体的例子。

例 6-35：求不定积分 $\int \dfrac{\mathrm{d}x}{1 + \sin x + \cos x}$。

解：在命令行中输入以下命令。

```
>> syms x
>> f =1/(1 +sin(x) +cos(x));
>> int(f)
ans =

log(tan(x/2) + 1)
```

例 6-36：求不定积分 $\int \dfrac{x^2 + 1}{(x + 1)^2 (x - 1)} \mathrm{d}x$。

解：在命令行中输入以下命令。

```
>> clear
>> syms x
>> int((x^2 +1)/((x +1)^2* (x -1)),x)
ans =

log(x^2 - 1)/2 + 1/(x + 1)
```

6.4.4　积分函数

1. 伽马函数

伽马函数（Gamma Function），也叫欧拉第二积分，是阶乘函数在实数与复数上扩展的一类函数。一般定义的阶乘是定义在正整数和零（大于等于零）范围里的，小数没有阶乘，这里将伽马函数定义为非整数的阶乘，即 0.5!。

伽马函数作为阶乘的延拓，是定义在复数范围内的亚纯函数，通常写成 $\Gamma(x)$。

在实数域上伽马函数的定义为：$\Gamma(x) = \displaystyle\int_0^{+\infty} t^{x-1} \mathrm{e}^{-t} \mathrm{d}t$

在复数域上伽马函数的定义为：$\Gamma(z) = \displaystyle\int_0^{+\infty} t^{z-1} \mathrm{e}^{-t} \mathrm{d}t$

MATLAB 中，gamma 函数用于计算伽马函数，它的使用格式见表 6-15。

表 6-15　gamma 命令的使用格式

调用格式	说　　明
Y = gamma （X）	返回 X 的元素处计算的 gamma 函数值

同时，伽马函数也适用于正整数，即当 x 是正整数 n 的时候，伽马函数的值是 $n-1$ 的阶乘即当输入变量 n 为正整数时，存在下面的关系。

```
factorial(n) = n* gamma(n)
```

例 **6-37**：矩阵的伽马函数运算。

解：MATLAB 程序如下。

```
> > factorial(6)      % 求 6 的阶乘
ans =
   720
> > gamma(6)          % 求 6 的伽马函数结果
ans =
   120
> > 6* gamma(6)       % 验证 factorial(n) = n* gamma(n)
ans =
   720
```

与伽马函数相似的不完全伽马函数 gammainc，其中，

$$gammainc(x.a) = \frac{1}{\Gamma(a)}\int_0^x t^{a-1}\mathrm{e}^{-t}\mathrm{d}t$$

它的使用格式见表 6-16。

表 6-16   gammainc 命令的使用格式

调 用 格 式	说 明
Y = gammainc（X，A）	返回在 X 和 A 的元素处计算的下不完全 gamma 函数。X 和 A 必须都为实数，A 必须为非负值
Y = gammainc（X，A，type）	返回下/上不完全 gamma 函数。type 的选项是 'lower'（默认值）和 'upper'
Y = gammainc（X，A，scale）	缩放生成的下/上不完全 gamma 函数，scale 可以是 'scaledlower'，也可以是 'scaledupper'

例 **6-38**：绘制伽马函数曲线。

解：MATLAB 程序如下。

```
> > fplot(@ gamma)            % 通过定义函数表达式,在默认区间 [-5 5]绘制伽马函数 Γ(x),fplot 函数
专门绘制表达式或函数
> > hold on                                  % 打开图形保持命令
> > fplot(@ (x) gamma(x).^2)                 % 在默认区间 [-5 5]绘制 Γ²(x) 函数
> > legend('\Gamma(x)','\Gamma(x).^2 ')      % 为图形的曲线添加对应图例
> > hold off                                 % 关闭图形保持命令
> > grid on                                  % 显示分格线
```

运行结果如图 6-3 所示。

例 **6-39**：练习随机矩阵伽马运算。

解：MATLAB 程序如下。

```
> > s = rng;             % 保存随机数生成器的当前状态
> > A = randn(3,2)       % 创建正态分布的随机矩阵
A =
    0.6277   - 0.8637
    1.0933     0.0774
```

```
    1.1093   -1.2141
>> B = gamma(A)                   % 计算随机矩阵的伽马函数
B =
    1.4289   -7.9629
    0.9541   12.4210
    0.9477    4.5409
>> C = gammainc(A,B)              % 计算矩阵的不完全伽马函数
C =
  0.2846 + 0.0000i       NaN + NaNi
  0.6837 + 0.0000i   0.0000 + 0.0000i
  0.6915 + 0.0000i  -0.0152 + 0.1176i
```

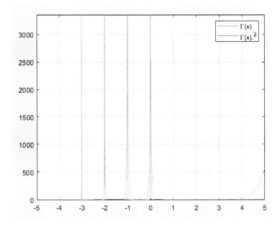

图 6-3　伽马函数曲线

2. PSI 函数

PSI 函数（ψ 函数）也称为双 γ 函数，是 gamma 函数的对数导数。

$$\Psi(x) = \mathrm{digamma}(x)$$

$$= \frac{\mathrm{d}(\log(\Gamma(x)))}{\mathrm{d}x}$$

$$= \frac{\mathrm{d}(\Gamma(x))/\mathrm{d}x}{\Gamma(x)}$$

MATLAB 中，psi 函数用于计算 PSI 函数，它的使用格式见表 6-17。

表 6-17　psi 命令的使用格式

调用格式	说　明
Y = psi (X)	为矩阵 X 的每个元素计算 ψ 函数
Y = psi (k, X)	在 X 的元素中计算 ψ 的第 k 个导数 • psi (0, X)：双 γ 函数 • psi (1, X)：三 γ 函数 • psi (2, X)：四 γ 函数

例 6-40：计算欧拉常量 γ。

解：MATLAB 程序如下。

```
> > format long            % 设置数据类型为长整型
> > -psi([1 2 3])          % 计算向量的 ψ 函数
ans =
  0.577215664901532   -0.422784335098467   -0.922784335098467
> > -psi(1,magic(3))        % 计算 3 阶魔方矩阵的三 γ 函数
ans =
  -0.133137014694031   -1.644934066848226   -0.181322955737115
  -0.394934066848226   -0.221322955737115   -0.153545177959338
  -0.283822955737115   -0.117512014694031   -0.644934066848226
```

6.5 积分变换

积分变换是一个非常重要的工程计算手段。它通过参变量积分将一个已知函数变为另一个函数，使函数的求解更为简单。最重要的积分变换有傅里叶（Fourier）变换、拉普拉斯（Laplace）变换等。本节将结合工程实例介绍如何用 MATLAB 求解傅里叶变换和拉普拉斯变换问题。

6.5.1 傅里叶积分变换

傅里叶变换是将函数表示成一族具有不同幅值的正弦函数的和或者积分，在物理学、数论、信号处理、概率论等领域都有着广泛的应用。MATLAB 提供的傅里叶变换命令是 fourier。

fourier 命令的调用格式见表 6-18。

表 6-18 fourier 调用格式

命令	说明
fourier (f)	返回对默认自变量 x 的符号傅里叶变换，默认的返回形式是 $f(w)$，即 $f = f(x) \Rightarrow F = F(w)$；如果 $f = f(w)$，则返回 $F = F(t)$。即求 $F(w) = \int_{-\infty}^{\infty} f(x) e^{-iwx} dx$
fourier (f, v)	返回的傅里叶变换以 v 替代 w 为默认变换变量，即求 $F(v) = \int_{-\infty}^{\infty} f(x) e^{-ivx} dx$
fourier (f, u, v)	以 v 代替 x 并对 u 积分，自变量以 u 替代 x，即求 $F(v) = \int_{-\infty}^{\infty} f(u) e^{-ivu} du$

例 6-41：计算 $f(x) = e^{-x^2}$ 的傅里叶变换。

解：在命令行中输入以下命令。

```
> > clear
> > syms x
> > f = exp(-x^2);
> > fourier(f)
ans =
pi^(1/2)* exp(-w^2/4)
```

例 6-42：计算 $f(w) = e^{-|w|}$ 的傅里叶变换。

解：在命令行中输入以下命令。

```
>> clear
>> syms  w
>> f = exp( - abs(w));
>> fourier(f)
ans =
2/(v^2 + 1)
```

例 6-43：计算 $f(x) = xe^{-|x|}$ 的傅里叶变换。

解：MATLAB 程序如下。

```
>> clear
>> syms x u
>> f = x* exp( - abs(x));
>> fourier(f,u)
ans =
 - (u* 4i)/(u^2 + 1)^2
```

例 6-44：计算 $f(x,v) = e^{-x^2|v|} \cdot \dfrac{\sin v}{v}$ 的傅里叶变换，x 是实数。

解：MATLAB 程序如下。

```
>> clear
>> syms x v  u real
>> f = exp( - x^2* abs(v))* sin(v)/v;
>> fourier(f,v,u)
ans =
piecewise(x ~ = 0,atan((u + 1)/x^2) - atan((u - 1)/x^2))
```

6.5.2 傅里叶逆变换

MATLAB 提供的傅里叶逆变换命令是 ifourier。

ifourier 命令的调用格式见表 6-19。

表 6-19　ifourier 调用格式

命　令	说　明
ifourier（F）	返回对默认自变量 w 的傅里叶逆变换，默认变换变量为 x，默认的返回形式是 $f(x)$，即 $F = F(w)$ $\Rightarrow f = f(x)$；如果 $F = F(x)$，则返回 $f = f(t)$，即求 $f(w) = \dfrac{1}{2\pi} \int_{-\infty}^{\infty} F(x) e^{iwx} \mathrm{d}w$
ifourier（F，u）	返回的傅里叶逆变换以 u 代替 x 作为默认变换变量，即求 $f(w) = \dfrac{1}{2\pi} \int_{-\infty}^{\infty} F(x) e^{-iux} \mathrm{d}w$
ifourier（F，v，u）	返回以 v 代替 w，u 代替 x 的傅里叶逆变换，即求 $f(v) = \dfrac{1}{2\pi} \int_{-\infty}^{\infty} F(u) e^{iuv} \mathrm{d}v$

下面来看几个具体的例子。

例 6-45：计算 $f(w) = e^{-\frac{w^2}{4a^2}}$ 的傅里叶逆变换。

解：在命令行中输入以下命令。

```
>> clear
>> syms a w real
>> f = exp( - w^2/(4* a^2));
>> F = ifourier(f)
F =
exp( - a^2* x^2)/(2* pi^(1/2)* (1/(4* a^2))^(1/2))
```

例 6-46：计算 $g(w) = e^{-|x|}$ 的傅里叶逆变换。

解：在命令行中输入以下命令。

```
>> clear
>> syms x real
>> g = exp( - abs(x));
>> ifourier(g)
ans =
1/(pi* (t^2 + 1))
```

例 6-47：计算 $f(w) = 2e^{-|w|} - 1$ 的傅里叶逆变换。

解：在命令行中输入以下命令。

```
>> clear
>> syms w t real
>> f = 2* exp( - abs(w)) - 1;
>> ifourier(f,t)
ans =
- (2* pi* dirac(t) - 4/(t^2 + 1))/(2* pi
```

例 6-48：计算 $f(w,v) = e^{-w^2\frac{|v|\sin v}{v}}$ 的傅里叶逆变换，w 是实数。

解：在命令行中输入以下命令。

```
>> clear
>> syms w v t real
>> f = exp( - w^2* abs(v))* sin(v)/v;
>> ifourier(f,v,t)
ans =
piecewise(w ~ = 0, - (atan((t - 1)/w^2) - atan((t + 1)/w^2))/(2* pi))
```

6.5.3 快速傅里叶变换

快速傅里叶变换（FFT）是离散傅里叶变换的快速算法，它是根据离散傅里叶变换的奇、偶、虚、实等特性，对离散傅里叶变换的算法进行改进获得的。

MATLAB 提供了多种快速傅里叶变换的命令，见表 6-20。

例 6-49：傅里叶变换经常被用来计算存在噪声的时域信号的频谱。假设数据采样频率为 1000Hz，一个信号包含频率为 50Hz、振幅为 0.7 的正弦波和频率为 120Hz、振幅为 1 的正弦波，噪声为零平均值的随机噪声。试采用 FFT 方法分析其频谱。

解：在命令行中输入以下命令。

表 6-20 快速傅里叶变换

命　　令	意　　义	命令调用格式
fft	一维快速傅里叶变换	Y = fft (X)，计算对向量 X 的快速傅里叶变换。如果 X 是矩阵，fft 返回对每一列的快速傅里叶变换
		Y = fft (X，n)，计算向量的 n 点 FFT。当 X 的长度小于 n 时，系统将在 X 的尾部补零，以构成 n 点数据；当 x 的长度大于 n 时，系统进行截尾
		Y = fft (X，[ ]，dim) 或 Y = fft (X，n，dim)，计算对指定的第 dim 维的快速傅里叶变换
fft2	二维快速傅里叶变换	Y = fft2 (X)，计算对 X 的二维快速傅里叶变换。结果 Y 与 X 的维数相同
		Y = fft2 (X，m，n)，计算结果为 m×n 阶，系统将视情况对 X 进行截尾或者以 0 来补齐
fftshift	将快速傅里叶变换 (fft、fft2) 的 DC 分量移到谱中央	Y = fftshift (X)，将 DC 分量转移至谱中心
		Y = fftshift (X，dim)，将 DC 分量转移至 dim 维谱中心，若 dim 为 1 则上下转移，若 dim 为 2 则左右转移
ifft	一维逆快速傅里叶变换	Y = ifft (X)，计算 X 的逆快速傅里叶变换
		Y = ifft (X，n)，计算向量 X 的 n 点逆 FFT
ifft	一维逆快速傅里叶变换	Y = ifft (X，[ ]，dim)，计算对 dim 维的逆 FFT
		Y = ifft (X，n，dim)，计算对 dim 维的逆 FFT
ifft2	二维逆快速傅里叶变换	Y = ifft2 (X)，计算 X 的二维逆快速傅里叶变换
		Y = ifft2 (X，m，n)，计算向量 X 的 m×n 维逆快速傅里叶变换
ifftn	多维逆快速傅里叶变换	Y = ifftn (X)，计算 X 的 n 维逆快速傅里叶变换
		Y = ifftn (X，size)，系统将视情对 X 进行截尾或者以 0 来补齐
ifftshift	逆 fft 平移	Y = ifftshift (X)，同时转移行与列
		Y = ifftshift (X，dim)，若 dim 为 1 则行转移，若 dim 为 2 则列转移

```
>> clear
>> Fs = 1000;                      % 采样频率
>> T = 1/Fs;                       % 采样时间
>> L = 1000;                       % 信号长度
>> t = (0:L-1)* T;                 % 时间向量
>> x = 0.7* sin(2* pi* 50* t) + sin(2* pi* 120* t);
>> y = x + 2* randn(size(t));      % 加噪声正弦信号
>> plot(Fs* t(1:50),y(1:50))
>> title('零平均值噪声信号');
>> xlabel('time (milliseconds)')
>> NFFT = 2^nextpow2(L);           % Next power of 2 from length of y
>> Y = fft(y,NFFT)/L;
>> f = Fs/2* linspace(0,1,NFFT/2);
>> plot(f,2* abs(Y(1:NFFT/2)))
>> title('y(t)单边振幅频谱')
>> xlabel('Frequency (Hz)')
>> ylabel('|Y(f)|')
```

计算结果的图形如图 6-4 和图 6-5 所示。

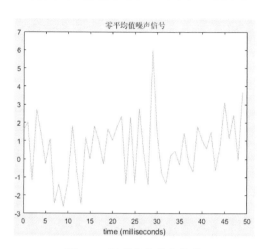

图 6-4 零平均值噪声信号

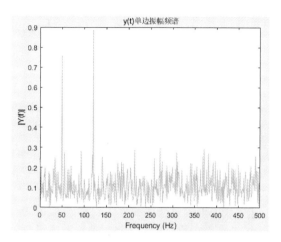

图 6-5 $y(t)$ 单边振幅频谱

例 6-50：计算 MATLAB 路径中 \ toolbox \ images \ imdemos \ saturn2. png 图像文件（见图 6-6）的二维傅里叶变换。

解：在命令行中输入以下命令。

```
>> clear
>> loadimdemos saturn2;
>> imshow(saturn2);
>> b = fftshift(fft2(saturn2));
>> figure,imshow(log(abs(b)),[]);
>> colormap(jet(64));
>> colorbar;
```

变换结果如图 6-7 所示。

图 6-6 saturn2. png

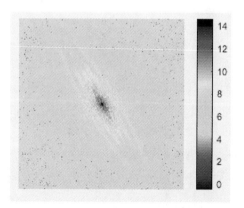

图 6-7 saturn2. png 幅值结果

6.5.4 拉普拉斯变换

MATLAB 提供的拉普拉斯（Laplace）变换命令是 laplace。

laplace 命令的调用格式见表 6-21。

表 6-21 laplace 调用格式

命　　令	说　　明
laplace（F）	计算默认自变量 t 的符号拉普拉斯变换，默认的转换变量为 s，默认的返回形式是 $L(s)$，即 $F = F(t) \Rightarrow L = L(s)$；如果 $F = F(s)$，则返回 $L = L(t)$，即求 $L(s) = \int_0^\infty F(t)e^{-st}dt$
laplace（F，z）	计算结果以 z 替换 s 为新的转换变量，即求 $L(z) = \int_0^\infty F(t)e^{-tz}dt$
laplace（F，w，z）	以 z 代替 s 作为转换变量，以 w 代替 t 作为自变量，并进行拉普拉斯变换，即求 $L(z) = \int_0^\infty F(w)e^{-zw}dt$

下面来看几个具体的例子。

例 6-51：计算 $f(t) = t^4$ 的拉普拉斯变换。

解：在命令行中输入以下命令。

```
>> clear
>> syms t
>> f = t^4;
>> laplace(f)
ans =
24/s^5
```

例 6-52：计算 $g(s) = cos(as)$ 的拉普拉斯变换。

解：在命令行中输入以下命令。

```
>> clear
>> syms as
>> g = cos(a* s);      % 输入以 s 为自变量的函数表达式，s 默认情况下为转换变量
>> laplace(g)
ans =
s/(a^z + z^2)
```

6.5.5 拉普拉斯逆变换

MATLAB 提供的拉普拉斯逆变换命令是 ilaplace。

ilaplace 命令的调用格式见表 6-22。

下面来看几个具体的例子。

例 6-53：计算 $f(t) = \dfrac{1}{s^2}$ 的拉普拉斯逆变换。

解：在命令行中输入以下命令。

```
>> clear
>> syms s
>> f = 1/(s^2);
>> ilaplace(f)
```

```
ans =
t
```

表 6-22　ilaplace 调用格式

命　令	说　明
ilaplace（L）	计算对默认自变量 s 的拉普拉斯逆变换，默认转换变量为 t，默认的返回形式是 $F(t)$，即 $L = L(s) \Rightarrow F = F(t)$；如果 $L = L(t)$，则返回 $F = F(x)$，即求 $F(t) = \dfrac{1}{2\pi i} \int_{c-i\infty}^{c+i\infty} L(s) \, e^{st} ds$
ilaplace（L，y）	计算结果以 y 代替 t 作为新的转换变量，即求 $F(y) = \dfrac{1}{2\pi i} \int_{c-i\infty}^{c+i\infty} L(s) \, e^{xy} ds$
ilaplace（L，x，y）	计算转换变量以 y 代替 t，以自变量 x 代替 s 的拉普拉斯逆变换，即求 $F(y) = \dfrac{1}{2\pi i} \int_{c-iw}^{c+iw} L(x) e^{xy} dx$

例 6-54：计算 $g(a) = \dfrac{1}{(t-a)^2}$ 的拉普拉斯逆变换。

解：在命令行中输入以下命令。

```
>> clear
>> syms a t
>> g =1/(t -a)^2;
>> ilaplace(g)
ans =
x* exp(a* x)
```

例 6-55：计算 $f(u) = \dfrac{1}{u^2 - a^2}$ 的拉普拉斯逆变换。

解：在命令行中输入以下命令。

```
>> clear
>> syms x u a
>> f =1/(u^2 - a^2);
>> ilaplace(f,x)
ans =
exp(a* x)/(2* a) - exp(-a* x)/(2* a)
```

第 7 章　方程组的求解

内容指南

MATLAB 提供了一些求解方程组的函数，用户使用这些函数可以很方便地验证方程组是否有解，再进行函数运算，对方程组进行求解。

内容要点

- 📖 方程的运算
- 📖 线性方程组求解
- 📖 常微分方程的数值解法
- 📖 常微分方程的符号解法
- 📖 时滞微分方程的数值解法
- 📖 综合实例：四元一次方程组求解

7.1　方程的运算

方程是表示两个数学式（如两个数、函数、量、运算）之间相等关系的一种等式，通常在两者之间有一等号"＝"。同时，方程是含有未知数的等式。多项式的一侧添加等号则转化为方程，如 $x - 2 = 5$，$x + 8 = y - 3$。

不定元只有一个的方程式称为一元方程式；不定元不止一个的方程式称为多元方程式。类似 $f(x) = a_0 x^n + a_1 x^{n-1} + \cdots + a_{n-1} x + a_n$ 的函数中，若 $f(x) = 0$，即可转化为 $a_0 x^n + a_1 x^{n-1} + \cdots + a_{n-1} x + a_n = 0$ 称之为一元 n 次方程，$x_1 - 2x_2 + 3x_3 - x_4 = 0$ 是多元方程。

7.1.1　方程组的介绍

1. 一元方程

1）对于一元一次方程 $Ax + b = c$ 直接使用四则运算进行计算 $x = \dfrac{c - b}{A}$。

2）设一元二次方程 $ax^2 + bx + c = 0 (a, b, c \in \mathbf{R}, a \neq 0)$ 中，两根 x_1，x_2 有如下关系

$$x_1 + x_2 = -\frac{b}{a}$$

$$x_1 x_2 = \frac{c}{a}$$

由一元二次方程求根公式知：$x_{1,2} = \dfrac{-b \pm \sqrt{b^2 - 4ac}}{2a}$

3）一元三次方程的解法只能用归纳思维得到，即根据一元一次方程、一元二次方程及特殊的高次方程的求根公式的形式归纳出一元三次方程的求根公式的形式。

归纳出来的形如 $x^3 + px + q = 0$ 的一元三次方程的求根公式的形式应该是 $x = 3\sqrt{A} + 3\sqrt{B}$ 型，即为两个开立方之和。归纳出了一元三次方程求根公式的形式。

2. 二元一次方程

将方程组中一个方程的某个未知数用含有另一个未知数的代数式表示出来，代入另一个方程中，消去一个未知数，得到一个一元一次方程，最后求得方程组的解。这种解方程组的方法叫作代入消元法。

具体步骤如下。

1）选取一个系数较简单的二元一次方程变形，用含有一个未知数的代数式表示另一个未知数。

2）将变形后的方程代入另一个方程中，消去一个未知数，得到一个一元一次方程（在代入时，要注意不能代入原方程，只能代入另一个没有变形的方程中，以达到消元的目的）。

3）解这个一元一次方程，求出未知数的值。

4）将求得的未知数的值代入1）中变形后的方程中，求出另一个未知数的值。

5）用"{"联立两个未知数的值，就是方程组的解。

6）最后检验求得的结果是否正确（代入原方程组中进行检验，方程是否满足左边 = 右边）。

7.1.2　方程式的解

方程的解，是指所有未知数的总称，方程的根是指一元方程的解，两者通常可以通用。

对于一元方程展开后的形式 $x^n + a_1 x^{n-1} + \cdots + a_{n-1}x + a_n = 0$，$a_1$、$a_2$ 等叫作方程的系数；若方程有解，则可以转化为因式形式 $(x - b_0)(x - b_1)(x - b_2)\cdots(b - a_n) = 0$。其中，$a_0$、$a_1$ 等叫作方程的解，也叫作方程的根。

在 MATLAB 中，使用 poly 和 roots 函数求解系数与方程根，调用格式见表 7-1。

表 7-1　方程求函数

调用格式	说　明
poly（r）	r 是向量或矩阵，是方程的解多项式，返回方程的系数向量
roots（p）	p 为向量，求方程的根

再调用 poly2sym 函数生成多项式。

例 7-1：通过构造多项式创建方程。

解：MATLAB 程序如下。

```
>> A = [1 8 -10; -4 2 4; -5 2 8]
A =
     1     8   -10
    -4     2     4
    -5     2     8
>> e =eig(A)
e =
  11.6219 + 0.0000i
  -0.3110 + 2.6704i
  -0.3110 - 2.6704i
>> p =poly(e)
p =
1.0000  -11.0000  -0.0000  -84.0000
```

例 7-2：对方程求解。

解：MATLAB 程序如下。

```
> > p1 = [2 -1 0 4 0 4];
> > r = roots(p1)
r =
 -1.3172 + 0.0000i
  1.0000 + 1.0000i
  1.0000 - 1.0000i
 -0.0914 + 0.8665i
 -0.0914 - 0.8665i
```

例 7-3：根据方程的根求解方程。

解：MATLAB 程序如下。

```
> > p2 = poly(roots(p1));
> > poly2sym(p2)
ans =
x^5 - x^4/2 + (9* x^3)/9007199254740992 + 2* x^2 - (43* x)/36028797018963968 + 2
```

7.1.3 线性方程有解

线性方程是指一次方程，类似 $2x_1 - x_2 - x_3 + 1 = 0$，在方程等式两边乘以任何相同的非零函数，方程的本质不变。在本小节中，我们给出一个判断线性方程组 $Ax = b$ 的解的存在性的函数 isexist.m 如下。

```
function y = isexist(A,b)
% 该函数用来判断线性方程组 Ax = b 的解的存在性
% 若方程组无解则返回 0，若有唯一解则返回 1，若有无穷多解则返回 Inf
[m,n] = size(A);
[mb,nb] = size(b);
if m ~ = mb
    error('输入有误！');
return;
end
r = rank(A);
s = rank([A,b]);
if r = = s &&r = = n
    y = 1;
elseif r = = s&&r < n
    y = Inf;
else
    y = 0;
end
```

7.2 线性方程组求解

在《线性代数》中，求解线性方程组是一个基本内容，在实际中，许多工程问题都可以化为线性方程组的求解问题。本节首先介绍线性方程组的基础知识，然后讲述如何用 MATLAB 来解各种线性方程组。

7.2.1 线性方程组定义

多个一次方程组成的组合叫作线性方程组，对于线性方程组

$$\begin{cases} a_{11}x_1 + a_{12}x_2 + \cdots + a_{1n}x_n = b_1 \\ a_{21}x_1 + a_{22}x_2 + \cdots + a_{2n}x_n = b_2 \\ \vdots \\ a_{m1}x_1 + a_{m2}x_2 + \cdots + a_{mn}x_n = b_m \end{cases} \quad 中 \ A = \begin{pmatrix} a_{11} & a_{12} & \cdots & a_{1n} \\ a_{21} & a_{22} & \cdots & a_{2n} \\ \vdots & \vdots & & \vdots \\ a_{m1} & a_{m2} & \cdots & a_{mn} \end{pmatrix}, b = \begin{pmatrix} b_1 \\ b_2 \\ \vdots \\ b_m \end{pmatrix}$$

则有 $Ax = b$，其中 $A \in \mathbf{R}^{m \times n}$，$b \in \mathbf{R}^m$。

若 $m = n$，我们称之为恰定方程组；若 $m > n$，我们称之为超定方程组；若 $m < n$，我们称之为欠定方程组。

若常数 b_1，b_2，$\cdots$，b_n 全为 0，即 $b = 0$，则相应的方程组称为齐次线性方程组，否则称为非齐次线性方程组。

对于齐次线性方程组解的个数有下面的定理。

定理 1：设方程组系数矩阵 A 的秩为 r，则

◆ 若 $r = n$，则齐次线性方程组有唯一解。

◆ 若 $r < n$，则齐次线性方程组有无穷解。

对于非齐次线性方程组解的存在性有下面的定理。

定理 2：设方程组系数矩阵 A 的秩为 r，增广矩阵 $[A\ b]$ 的秩为 s，则

◆ 若 $r = s = n$，则非齐次线性方程组有唯一解。

◆ 若 $r = s < n$，则非齐次线性方程组有无穷解。

◆ 若 $r \neq s$，则非齐次线性方程组无解。

关于齐次线性方程组与非齐次线性方程组之间的关系有下面的定理。

定理 3：非齐次线性方程组的通解等于其一个特解与对应齐次方程组的通解之和。

若线性方程组有无穷多解，我们希望找到一个基础解系 $\eta_1, \eta_2, \cdots, \eta_r$，以此来表示相应齐次方程组的通解：$k_1\eta_1 + k_2\eta_2 + \cdots + k_y\eta_y (k_i \in \mathbf{R})$。

7.2.2 利用矩阵的基本运算

1. 利用除法运算

对于线性方程组 $Ax = b$，系数矩阵 A 非奇异，最简单的求解方法是利用矩阵的左除 " \ " 来求解方程组的解，即 $x = A \backslash b$，这种方法采用高斯（Gauss）消去法，可以提高计算精度且能够节省计算时间。

2. 利用矩阵的逆（伪逆）求解

对于线性方程组 $Ax = b$，若其为恰定方程组且 A 是非奇异的，则求 x 的最明显的方法便是利用矩阵的逆，即 $x = A^{-1}b$，使用 inv 函数求解；若不是恰定方程组，则可利用伪逆函数 pinv 函数来求其一个特解，即 $x = \text{pinv}（A）* b$。

pinv 命令的使用格式见表 7-2。

其中除法求解与伪逆求解关系如下。

◆ $A \backslash B = \text{pinv}（A）* B$。

◆ $A / B = A * \text{pinv}（B）$。

这两种方法与上面的方法都采用高斯（Gauss）消去法，比较上面两种方法求解线性方程组在

时间与精度上的区别。

表 7-2 pinv 命令的使用格式

调用格式	说　明
Z = pinv（A）	返回矩阵 A 伪逆矩阵 Z
Z = pinv（A，tol）	Z 是矩阵 A 伪逆矩阵，tol 是公差值

编写 M 文件 compare.m 文件如下。

```
% 该 M 文件用来演示求逆法与除法求解线性方程组在时间与精度上的区别
A = 1000* rand(1000,1000);    % 随机生成一个 1000 维的系数矩阵
x = ones(1000,1);
b = A* x;
disp('利用矩阵的逆求解所用时间及误差为:');
tic
y = inv(A)* b;
t1 = toc
error1 = norm(y - x)            % 利用 2 - 范数来刻画结果与精确解的误差

disp('利用除法求解所用时间及误差为:')
tic
y = A \b;
t2 = toc
error2 = norm(y - x)
```

该 M 文件的运行结果如下。

```
> > compare
利用矩阵的逆求解所用时间及误差为:
t1 =
    1.5140
error1 =
  3.1653e - 010
利用除法求解所用时间及误差为:
t2 =
    0.5650
error2 =
8.4552e - 011
```

可以看出，利用除法来解线性方程组所用时间仅为求逆法的约 1/3，其精度也要比求逆法高出一个数量级左右，因此在实际中应尽量不要使用求逆法。

1. 核空间矩阵求解

对于基础解系，可以通过求矩阵 **A** 的核空间矩阵得到，在 MATLAB 中，可以用 null 命令得到 A 的核空间矩阵。

null 命令的使用格式见表 7-3。

2. 行阶梯形求解

这种方法只适用于恰定方程组，且系数矩阵非奇异，若不然这种方法只能简化方程组的形式

若想将其解出还需进一步编程实现，因此本小节内容都假设系数矩阵非奇异。

表7-3 null 命令的使用格式

调 用 格 式	说　　　明
Z = null （A）	返回矩阵 A 核空间矩阵 Z，即其列向量为方程组 Ax = 0 的一个基础解系，Z 还满足 Z'Z = I
Z = null （A，'r'）	Z 的列向量是方程 Ax = 0 的有理基，与上面的命令不同的是 Z 不满足 $Z^T Z = I$

将一个矩阵化为行阶梯形的命令是 rref，这里不再赘述。

当系数矩阵非奇异时，可以利用这个命令将增广矩阵 $[A\ b]$ 化为行阶梯形，那么 R 的最后一列即为方程组的解。

7.2.3 利用矩阵分解法求解

利用矩阵分解来求解线性方程组，可以节省内存，节省计算时间，因此它也是在工程计算中最常用的技术。本小节将讲述如何利用 LU 分解、QR 分解与楚列斯基（Cholesky）分解来求解线性方程组。

1. LU 分解法

这种方法的思路是先将系数矩阵 A 进行 LU 分解，得到 $LU = PA$，然后解 $Ly = Pb$，最后再解 $Ux = y$ 得到原方程组的解。因为矩阵 L、U 的特殊结构，使得上面两个方程组可以很容易地求出来。下面给出一个利用 LU 分解法求解线性方程组 $Ax = b$ 的函数 solvebyLU. m。

```
function x = solvebyLU(A,b)
% 该函数利用 LU 分解法求线性方程组 Ax = b 的解
flag = isexist(A,b); % 调用第一小节中的 isexist 函数判断方程组解的情况
if flag = =0
    disp('该方程组无解! ');
    x = [];
    return;
else
    r = rank(A);
    [m,n] = size(A);
    [L,U,P] = lu(A);
    b = P* b;
     % 解 Ly = b
    y(1) = b(1);
    if m>1
      for i = 2:m
         y(i) = b(i)-L(i,1:i-1)* y(1:i-1)';
      end
    end
    y = y';
     % 解 Ux = y 得原方程组的一个特解
    x0(r) = y(r)/U(r,r);
    if r >1
      for i = r-1:-1:1
          x0(i) = (y(i)-U(i,i +1:r)* x0(i +1:r)')/U(i,i);
```

```
            end
        end
    x0 = x0';
        if flag = =1                    % 若方程组有唯一解
            x = x0;
        return;
    else                               % 若方程组有无穷多解
        format rat;
        Z = null(A,'r');               % 求出对应齐次方程组的基础解系
        [mZ,nZ] = size(Z);
        x0(r +1:n) =0;
        for i =1:nZ
            t = sym(char([107 48 + i]));
            k(i) =t;                   % 取 k = [k1,k2...,];
        end
        x = x0;
        for i =1:nZ
            x = x + k(i)* Z(:,i);      % 将方程组的通解表示为特解加对应齐次通解形式
        end
    end
end
```

例 7-4：利用 LU 分解法求方程组 $\begin{cases} 2x_1 - 3x_2 - 5x_3 - x_4 = 1 \\ 3x_1 - 5x_2 - 3x_3 + 4x_4 = 4 \\ x_1 - 2x_2 - 4x_3 - 8x_4 = 0 \\ 5x_1 + 6x_2 + 7x_4 = 0 \end{cases}$ 的唯一解。

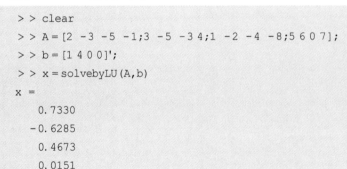

解：MATLAB 程序如下。

```
> > clear
> > A = [2 -3 -5 -1;3 -5 -3 4;1 -2 -4 -8;5 6 0 7];
> > b = [1 4 0 0]';
> > x = solvebyLU(A,b)
x =
    0.7330
  - 0.6285
    0.4673
    0.0151
```

 提示：

进行 LU 分解时用到 M 函数文件 isexist.m、solvebyLU.m,需要将该文件保存到目录文件夹下,否则程序运行错误。
```
> > x = solvebyLU(A,b)
```
未定义函数或变量 'solvebyLU'

2. QR 分解法

利用 QR 分解法解方程组的思路与上面的 LU 分解法是一样的，也是先将系数矩阵 A 进行 QR 分解：$A = QR$，然后解 $Qy = b$，最后解 $Rx = y$ 得到原方程组的解。对于这种方法，需要注意 Q 是正交矩阵，因此 $Qy = b$ 的解即 $y = Q'b$。下面给出一个利用 QR 分解法求解线性方程组 $Ax = b$ 的函数 solvebyQR. m。

```matlab
function x = solvebyQR(A,b)
%  该函数利用 QR 分解法求线性方程组 Ax = b 的解
flag = isexist(A,b);                  % 调用第一小节中的 isexist 函数判断方程组解的情况
if flag = =0
    disp('该方程组无解！');
    x = [];
    return;
else
    r = rank(A);
    [m,n] = size(A);
    [Q,R] = qr(A);
    b = Q'* b;
                                      % 解 Rx = b 得原方程组的一个特解
    x0(r) = b(r)/R(r,r);
    if r >1
        for i = r - 1: -1:1
            x0(i) = (b(i) - R(i,i +1:r)* x0(i +1:r)')/R(i,i);
        end
    end
    x0 = x0 ';
    if flag = =1                      % 若方程组有唯一解
        x = x0;
        return;
    else                             % 若方程组有无穷多解
        format rat;
        Z = null(A,'r');             % 求出对应齐次方程组的基础解系
        [mZ,nZ] = size(Z);
        x0(r +1:n) = 0;
        for i =1:nZ
            t = sym(char([107 48 +i]));
            k(i) = t;                % 取 k = [k1,…,kr]
        end
        x = x0;
        for i =1:nZ
            x = x + k(i)* Z(:,i);    % 将方程组的通解表示为特解加对应齐次通解形式
        end
    end
end
end
```

例 7-5：利用 QR 分解法求方程组 $\begin{cases} 2x_1 - 3x_2 + 6x_3 + 4x_4 = 0 \\ x_1 - 5x_2 - 2x_3 - 3x_4 = 5 \\ 5x_1 + 3x_2 + 2x_3 - 9x_4 = 3 \end{cases}$ 的通解。

解：MATLAB 程序如下。

```
>> clear
>> A = [2 -3 6 4;1 -5 -2 -3;5 3 2 -9];
>> b = [0 5 3]';
>> x = solvebyQR(A,b)
x =
(103* k1)/49 + 57/49
  (15* k1)/49 - 25/49
- (17* k1)/14 - 9/14
                k1
```

3. 楚列斯基分解法

与上面两种矩阵分解法不同的是，楚列斯基分解法只适用于系数矩阵 A 是对称正定的情况。

它的解方程思路是先将矩阵 A 进行楚列斯基分解：$A = R'R$，然后解 $R'y = b$，最后再解 $Rx = y$ 得到原方程组的解。下面给出一个利用楚列斯基分解法求解线性方程组 $Ax = b$ 的函数 solveby-CHOL. m。

```
function x = solvebyCHOL(A,b)
% 该函数利用楚列斯基分解法求线性方程组 Ax = b 的解
lambda = eig(A);
if lambda > eps&isequal(A,A')
    [n,n] = size(A);
    R = chol(A);
    % 解 R'y = b
    y(1) = b(1)/R(1,1);
    if n >1
        for i = 2:n
            y(i) = (b(i) - R(1:i-1,i)'* y(1:i-1)')/R(i,i);
        end
    end
    % 解 Rx = y
    x(n) = y(n)/R(n,n);
    if n >1
        for i = n-1:-1:1
            x(i) = (y(i) - R(i,i+1:n)* x(i+1:n)')/R(i,i);
        end
    end
    x = x';
else
    x = [];
    disp('该方法只适用于对称正定的系数矩阵! ');
end
```

在本小节的最后，再给出一个函数 solvelineq. m。对于这个函数，读者可以通过输入参数来选择用上面的哪种矩阵分解法求解线性方程组。

```
function x = solvelineq(A,b,flag)
% 该函数是矩阵分解法汇总,通过 flag 的取值来调用不同的矩阵分解
% 若 flag ='LU',则调用 LU 分解法
% 若 flag ='QR',则调用 QR 分解法
% 若 flag ='CHOL',则调用 CHOL 分解法
if strcmp(flag,'LU')
    x = solvebyLU(A,b);
elseif strcmp(flag,'QR')
    x = solvebyQR(A,b);
elseif strcmp(flag,'CHOL')
    x = solvebyCHOL(A,b);
else
    error('flag 的值只能为 LU,QR,CHOL! ');
end
```

例7-6：利用楚列斯基分解法求 $\begin{cases} 3x_1 + 3x_2 - 3x_3 = 1 \\ 3x_1 + 5x_2 - 2x_3 = 2 \\ -3x_1 - 2x_2 + 5x_3 = 3 \end{cases}$ 的解。

解：MATLAB 程序如下。

```
>> clear
>> A = [3 3 -3;3 5 -2;-3 -2 5];
>> b = [1 2 3]';
>> x = solvebyCHOL(A,b)
x =
    3.3333
   -0.6667
    2.3333
>> A* x    % 验证解的正确性
ans =
    1.0000
    2.0000
    3.0000
```

 知识拓展：

所有使用到 M 函数文件的情况下，均需要将 M 文件赋值到目录文件夹下，或者切换目录到 M 文件所在文件夹。

7.2.4 非负最小二乘解

在实际问题中，用户往往会要求线性方程组的解是非负的，若此时方程组没有精确解，则希望找到一个能够尽量满足方程的非负解。对于这种情况，可以利用 MATLAB 中求非负最小二乘解的命令 lsqnonneg 来实现。

$$\min \ \| Ax - b \|_2$$

$$\text{s.t.} \quad x_i \geqslant 0, i = 1, 2, \cdots, n \tag{7-1}$$

以此来得到线性方程组 $Ax = b$ 的非负最小二乘解。

lsqnonneg 命令常用的使用格式见表 7-4。

表 7-4   lsqnonneg 命令的使用格式

调用格式	说　明
x = lsqnonneg（A，b）	利用高斯消去法得到矩阵 A 的行阶梯形 R
x = lsqnonneg（A，b，x0）	返回矩阵 A 的行阶梯形 R 及向量 jb

例 7-7：求方程组 $\begin{cases} x_1 + 2x_2 - 2x_3 + 2x_4 = 2 \\ 4x_2 - 3x_3 + 2x_4 = 1 \\ x_1 - x_3 + x_4 = 1 \\ 2x_1 + 8x_2 + x_3 + 7x_4 = 1 \end{cases}$ 的最小二乘解。

解：MATLAB 程序如下。

```
>> clear
>> A = [1 2 -2 2;0 4 -3 2;1 0 -1 1;2 8 1 7];
>> b = [2 1 1 1]';
>> x = lsqnonneg(A,b)
x =
    11/15
     1/30
       0
       0
>> A* x      % 验证解的正确性
ans =
       4/5
       2/15
     11/15
     26/15
```

例 7-8：求方程组 $\begin{cases} x_1 + 2x_2 + 2x_3 + x_4 + x_5 = 0 \\ 2x_1 + x_2 - 2x_3 - 2x_4 + x_5 = 0 \\ x_1 - x_2 - 4x_3 - 3x_4 + x_5 = 0 \\ 2x_1 + x_2 - x_3 - 5x_4 + x_5 = 0 \end{cases}$ 的解。

解：MATLAB 程序如下。

```
>> clear
>> A = [1 2 2 1 1;2 1 -2 -2 1;1 -1 -4 -3 1;2 1 -1 -5 1];   % 输入系数矩阵 A
>> format rat              % 指定以有理形式输出
>> Z = null(A,'r')
Z =
    23/3
   -22/3
     3
```

```
           1
           0
```

例 7-9：求方程组 $\begin{cases} x_1 + 2x_2 & = 1 \\ 8x_2 + 6x_3 & = 1 \\ x_2 + 2x_3 + 6x_4 & = 0 \\ x_3 - 6x_4 + 6x_5 & = 1 \\ x_4 + 3x_5 & = 0 \end{cases}$ 的解。

解：MATLAB 程序如下。

```
>>clear
>>A=[1 2 0 0 0;0 8 6 0 0;0 1 2 6 0;0 0 1 -6 6;0 0 0 1 3];
>>b=[1 1 0 1 0]';
>>r=rank(A)          % 求 A 的秩看其是否非奇异
r =
    5
>>B=[A,b];           % B 为增广矩阵
>>R=rref(B)          % 将增广矩阵化为阶梯形
R =
  1 ~ 5 列
    1        0        0        0        0
    0        1        0        0        0
    0        0        1        0        0
    0        0        0        1        0
    0        0        0        0        1
  6 列
    39/32
    -7/64
     5/16
    -11/128
    11/384
>>x=R(:,6)           % R 的最后一列即为解
x =
    39/32
    -7/64
    5/16
    -11/128
    11/384
>>A*x                % 验证解的正确性
ans =
    1
    1
    0
    1
    0
```

7.3　常微分方程的数值解法

常微分方程的常用数值解法主要是欧拉（Euler）方法和龙格–库塔（Runge-Kutta）方法等。

7.3.1　欧拉方法

从积分曲线的几何解释出发，推导出了欧拉公式 $y_{n+1} = y_n + hf(x_n, y_n)$。MATLAB 没有专门的使用欧拉方法进行常微分方程求解的函数，下面是根据欧拉公式编写的 M 函数文件。

```
function [x,y] = euler(f,x0,y0,xf,h)
n = fix((xf - x0)/h);
y(1) = y0;
x(1) = x0;
for i = 1:n
    x(i +1) = x0 + i* h;
    y(i +1) = y(i) + h* feval(f,x(i),y(i));
end
```

例 7-10：求解初值问题 $\begin{cases} y' = y - \dfrac{2x}{y} \\ y(0) = 1 \end{cases}$ （$0 < x < 1$）。

解：首先，将方程建立一个 M 文件。

```
function f = qj(x,y)
f = y - 2* x/y;% 创建以 x、y 为自变量的符号表达式 f
```

在命令行窗口中，输入以下命令。

```
>> close all                    % 关闭当前已打开的文件
>> clear                        % 清除工作区的变量
>> [x,y] = euler(@ qj,0,1,1,0.1)   % 调用自定义的函数计算微分方程数值解
x =
  1 ~ 7 列
      0     0.1000    0.2000    0.3000    0.4000    0.5000    0.6000
  8 ~ 11 列
   0.7000    0.8000    0.9000    1.0000
y =
  1 ~ 7 列
   1.0000    1.1000    1.1918    1.2774    1.3582    1.4351    1.5090
  8 ~ 11 列
   1.5803    1.6498    1.7178    1.7848
```

为了验证该方法的精度，求出该方程的解析解为 $y = \sqrt{1 + 2x}$，在 MATLAB 中求解如下。

```
>> y1 = (1 +2* x).^0.5% 计算方程的解析解 y1
y1 =
  1 ~ 6 列
   1.0000    1.0954    1.1832    1.2649    1.3416    1.4142
  7 ~ 11 列
   1.4832    1.5492    1.6125    1.6733    1.7321
```

通过图像来显示精度：

> > plot(x,y,x,y1,'--') % 使用默认的蓝色实线绘制方程数值解的图像;使用短画线绘制方程解析解的图像

图像如图 7-1 所示。

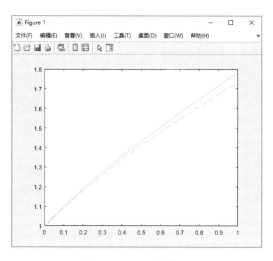

图 7-1 Euler 法精度

从图 7-1 可以看出，欧拉方法的精度还不够高。

为了提高精度，人们建立了一个预测 – 校正系统，也就是所谓的改进的欧拉公式，如下所示：

$$y_p = y_n + hf(x_n, y_n)$$

$$y_c = y_n + hf(x_{n+1}, y_n)$$

$$y_{n+1} = \frac{1}{2}(y_p + y_c)$$

利用改进的欧拉公式，可以编写以下的 M 函数文件。

```
function [x,y] = adeuler(f,x0,y0,xf,h)
n = fix((xf - x0)/h);
x(1) = x0;
y(1) = y0;
for i = 1:n
    x(i + 1) = x0 + h* i;
    yp = y(i) + h* feval(f,x(i),y(i));
    yc = y(i) + h* feval(f,x(i + 1),yp);
    y(i + 1) = (yp + yc)/2;
end
```

例 7-11：求解初值问题 $\begin{cases} y' = y - \dfrac{2x}{y} \\ y(0) = 1 \end{cases}$ $(0 < x < 1)$。

解：在命令窗口中，输入以下命令。

> > close all   % 关闭当前已打开的文件
> > clear   % 清除工作区的变量

```
>> [x,y]=adeuler(@ qj,0,1,1,0.1) %  求积分曲线上的数值解
x =
  1～7 列
       0    0.1000    0.2000    0.3000    0.4000    0.5000    0.6000
  8～11 列
    0.7000    0.8000    0.9000    1.0000
y =
  1～7 列
    1.0000    1.0959    1.1841    1.2662    1.3434    1.4164    1.4860
  8～11 列
    1.5525    1.6165    1.6782    1.7379
>> y1=(1+2* x).^0.5%  求解析值
y1 =
  1～6 列
    1.0000    1.0954    1.1832    1.2649    1.3416    1.4142
  7～11 列
    1.4832    1.5492    1.6125    1.6733    1.7321
```

通过图像来显示精度。

```
>> plot(x,y,x,y1,'--')%  绘制积分曲线与解析曲线
```

结果图像如图 7-2 所示。从图 7-2 中可以看到，改进的欧拉方法比原本的欧拉方法要优秀，数值解曲线和解析解曲线基本能够重合。

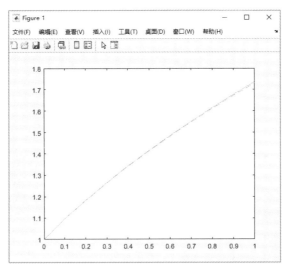

图 7-2   改进的欧拉方法精度

7.3.2 龙格-库塔方法

龙格-库塔（Runge Kutta）方法是求解常微分方程的经典方法，MATLAB 提供了多个采用了该方法的函数命令，如表 7-5 所示。

odeset 函数为 ODE 和 PDE 求解器创建或修改 options 结构体，其调用格式见表 7-6。

表 7-5　RungeKutta 命令

求解器命令	问题类型	说　明
ode23	非刚性	二阶、三阶 R－K 函数，求解非刚性微分方程的低阶方法
ode45		四阶、五阶 R－K 函数，求解非刚性微分方程的中阶方法
ode113		求解更高阶或大的标量计算
ode15s	刚性	采用多步法求解刚性方程，精度较低
ode23s		采用单步法求解刚性方程，速度比较快
ode23t		用于解决难度适中的问题
ode23tb		用于解决难度较大的问题，对于系统中存在常量矩阵的情况很有用
ode15i	完全隐式	用于解决完全隐式问题 $f(t,y,y')=0$ 和微分指数为 1 的微分代数方程（DAE）

表 7-6　odeset 函数调用格式

调用格式	说　明
options = odeset（'name1', value1, 'name2', value2, …）	创建一个参数结构，对指定的参数名进行设置，未设置的参数将使用默认值
options = odeset（oldopts, 'name1', value1, …）	对已有的参数结构 oldopts 进行修改
options = odeset（oldopts, newopts）	将已有参数结构 oldopts 完整转换为 newopts
odeset	显示所有参数的可能值与默认值

options 参数的设置要使用 odeset 函数命令，其调用格式见表 7-7。

表 7-7　options 参数

调用格式	说　明
options = odeset（'name1', value1, 'name2', value2, …）	创建一个参数结构，对指定的参数名进行设置，未设置的参数将使用默认值
options = odeset（oldopts, 'name1', value1, …）	对已有的参数结构 oldopts 进行修改
options = odeset（oldopts, newopts）	将已有参数结构 oldopts 完整转换为 newopts
odeset	显示所有参数的可能值与默认值

options 具体的设置参数见表 7-8。

例 **7-12**：某厂房容积为 45 m × 15 m × 6 m。经测定，空气中含有 0.2% 的二氧化碳。开动通风设备，以 360 m³/s 的速度输入含有 0.05% 二氧化碳的新鲜空气，同时又排出同等数量的室内空气。问 30 min 后室内含有二氧化碳的百分比。

解：设在时刻 t 车间内二氧化碳的百分比为 $x(t)\%$，时间经过 dt 之后，室内二氧化碳浓度改变量为 $45 \times 15 \times 6 \times dx\% = 360 \times 0.05\% \times dt - 360 \times x\% \times dt$，得到

$$\begin{cases} dx = \dfrac{4}{45}(0.05 - x)\,dt \\ x(0) = 0.2 \end{cases}$$

首先创建 M 文件。

```
functionco2 = co2(t,x)      % 声明函数
co2 = 4 * (0.05 - x)/45;    % 定义函数表达式
```

表 7-8 设置参数

参数	说明
RelTol	求解方程允许的相对误差
AbsTol	求解方程允许的绝对误差
Refine	与输入点相乘的因子
OutputFcn	一个带有输入函数名的字符串，将在求解函数的每一步被调用：odephas2（二维相位图）、odephas3（三维相位图）、odeplot（解图形）、odeprint（中间结果）
OutputSel	整型变量，定义应传递的元素，尤其是传递给 OutputFcn 的元素
Stats	若为"on"，统计并显示计算过程中的资源消耗
Jacobian	若要编写 ODE 文件返回 dF/dy，设置为"on"
Jconstant	若 df/dy 为常量，设置为"on"
Jpattern	若要编写 ODE 文件返回带零的稀疏矩阵并输出 dF/dy，设置为"on"
Vectorized	若要编写 ODE 文件返回 $[F(t,y1) \ F(t,y2)\cdots]$，设置为"on"
Mass	若要编写 ODE 文件返回 M 和 $M(t)$，设置为"on"
MassConstant	若矩阵 $M(t)$ 为常量，设置为"on"
MaxStep	定义算法使用的区间长度上限
MStateDependence	质量矩阵的状态依赖性，'weak'（默认）、'none'、'strong'
MvPattern	质量矩阵的稀疏模式
InitialStep	定义初始步长，若给定区间太大，算法就使用一个较小的步长
MaxOrder	定义 ode15s 的最高阶数，应为 $1\sim5$ 的整数
BDF	若要倒推微分公式，设置为"on"，仅供 ode15s
NormControl	若要根据 norm（e）<=max（Reltol*norm（y），Abstol）来控制误差，设置为"on"
NonNegative	非负解分量

在命令窗口中输入以下命令。

```
>> close all    % 关闭当前已打开的文件
>> clear        % 清除工作区的变量
>> [t,x]=ode45('co2',[0,1800],0.2)% 求微分方程 co2 从 0 到 1800 的积分,初始条件为 0.2
t =% 求值点列向量
  1.0e+003 *
       0
  0.0008
  0.0015
  0.0023
  0.0030
  0.0054
    ...
  1.7793
  1.7897
  1.8000
x =% 解数组
```

```
        0.2000
        0.1903
        0.1812
        0.1727
        0.1647
        0.1424
        ...
        0.0500
        0.0500
     0.0500
  >>   plot(t,x)% 绘制解 x 中的数据在对应求值点 t 的二维线图
```

可以得到，在 30min 也就是 1800s 之后，车间内二氧化碳浓度为 0.05%。二氧化碳的浓度变化如图 7-3 所示。

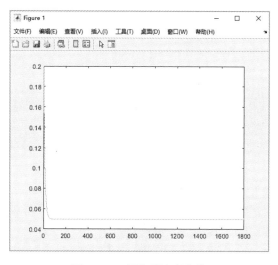

图 7-3   二氧化碳浓度变化

例 7-13：利用 R－K 方法对例 7-10 中的方程进行求解。

解：在命令窗口中输入以下命令。

```
>> close all                     % 关闭当前已打开的文件
>> clear                         % 清除工作区的变量
>> [t,x]=ode45(@ qj,[0,1],1)     % 求微分方程在积分区间[0,1]上的积分,初始条件为 1
t =% 求值点
        0
   0.0250
   0.0500
   ...
   0.9500
   0.9750
   1.0000
x =% 解数组
   1.0000
```

```
    1.0247
    1.0488
    ...
    1.7029
    1.7176
    1.7321
```

计算解析解。

```
> > y1 = (1 +2* t). ^0.5
y1 =
    1.0000
    1.0247
    1.0488
    ...
    1.7029
    1.7176
    1.7321
```

画图观察其计算精度。

```
> > plot(t,x,t,y1,'o')
```
% 使用蓝色虚线绘制数值解 x 中的数据在对应求值点 t 的二维线图,使用圆圈标记描绘解析解在对应求值点 t 的图形

从结果和图 7-4 中可以看到, R – K 方法的计算精度很优秀, 数值解和解析解的曲线完全重合。

例 7-14: 在 [0, 12] 内求解下列方程:

$$\begin{cases} y'_1 = y_2 y_3 & y_1(0) = 0 \\ y'_2 = - y_1 y_3 & y_2(0) = 1 \\ y'_3 = - 0.51 y_1 y_2 & y_3(0) = 1 \end{cases}$$

解: 首先, 创建要求解的方程的 M 文件。

```
function dy = rigid(t,y)         % 声明函数
dy = zeros(3,1);                 % 创建一个 3 行 1 列的全零矩阵,用于存储方程组
dy(1) = y(2) * y(3);             % 定义第一个方程
dy(2) = -y(1) * y(3);            % 定义第二个方程
dy(3) = -0.51 * y(1) * y(2);     % 定义第三个方程
```

对计算用的误差容限进行设置, 然后进行方程解算。

```
> > close all       % 关闭当前已打开的文件
> > clear           % 清除工作区的变量
> > options = odeset('RelTol',1e-4,'AbsTol',[1e-4 1e-4 1e-5]);
```
% 设置相对误差容限为正标量 1e-4,绝对误差容限为向量 [1e-4 1e-4 1e-5]
```
> > [T,Y] = ode45('rigid',[0 12],[0 1 1],options)
```
% 在指定的误差阈值内求微分方程组在积分区间 [0,12] 上的积分,初始条件为 [0 1 1]
```
T =                 % 求值点
        0
    0.0317
```

```
        0.0634
        0.0951
    ...
    11.7710
    11.8473
    11.9237
    12.0000
Y = % 解数组
         0      1.0000      1.0000
    0.0317      0.9995      0.9997
    0.0633      0.9980      0.9990
    0.0949      0.9955      0.9977
    ...
   -0.5472     -0.8373      0.9207
   -0.6041     -0.7972      0.9024
   -0.6570     -0.7542      0.8833
   -0.7058     -0.7087      0.8639
>> plot(T,Y(:,1),'-',T,Y(:,2),'-.',T,Y(:,3),'.')% 在求值点绘制方程组解的曲线
```

结果图像如图 7-5 所示。

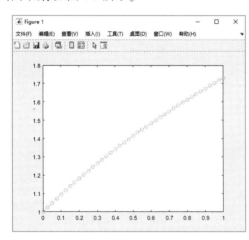 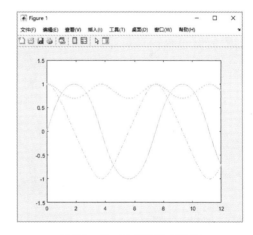

图 7-4 R – K 方法精度　　　　图 7-5 R – K 方法解方程组

7.3.3 龙格 – 库塔方法解刚性问题

在求解常微分方程组的时候，经常出现解的分量数量级别差别很大的情形，给数值求解带来很大的困难。这种问题称为刚性问题，常见于化学反应、自动控制等领域中。下面介绍如何对刚性问题进行求解。

例 7-15：求解方程 $y'' + 1000(y^2 - 1)y' + y = 0$，初值为 $y(0) = 2, y'(0) = 0$。

解：这是一个处在松弛振荡的范德波尔（Van Der Pol）方程。首先要将该方程进行标准化处理，令 $y_1 = y, y_2 = y'$，有：

$$\begin{cases} y'_1 = y_2 & y_1(0) = 2 \\ y'_2 = 1000(1 - y_1^2)y_2 - y_1 & y_2(0) = 0 \end{cases}$$

然后建立该方程组的 M 文件。

```
function dy = vdp1000(t,y)          % 声明函数
dy = zeros(2,1);                    % 创建一个 2 行 1 列的全零矩阵，用于存储微分方程组
dy(1) = y(2);                       % 定义第一个方程
dy(2) =1000* (1 - y(1)^2)* y(2) - y(1);% 定义第二个方程
```

使用 ode15s 函数进行求解。

```
>> close all          % 关闭当前已打开的文件
>> clear              % 清除工作区的变量
>> [T,Y] = ode15s(@ vdp1000,[0 3000],[2 0]);% 求微分方程组在积分区间[0 3000]上的积分,初始条件为[2 0]
>> plot(T,Y(:,1),'-o')% 使用带圆圈标记的线条绘制解的图像
```

方程的解如图 7-6 所示。

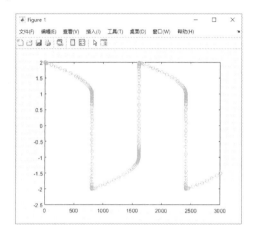

图 7-6 刚性方程解

7.4 常微分方程的符号解法

MATLAB 提供了专门的常微分方程符号解的函数命令 dsolve，调用格式如下。

◆ S = dsolve（eqn）：求解常微分方程，eqn 是一个含有 diff 的符号方程来指示导数。

◆ S = dsolve（eqn, cond）：用初始条件或边界条件求解常微分方程。

◆ S = dsolve（eqn, cond, Name, Value）：使用一个或多个名称 – 值对参数指定附加选项。

◆ Y = dsolve（eqns）：求解常微分方程组，并返回包含解的结构数组。结构数组中的字段数量对应系统中独立变量的数量。

◆ Y = dsolve（eqns, conds）：用初始或边界条件 conds 求解常微分方程 eqns。

◆ Y = dsolve（eqns, conds, Name, Value）：使用一个或多个名称 – 值对参数指定附加选项。

◆ [y1，…，yN] = dsolve（eqns）：求解常微分方程组，并将解分配给变量。

◆ [y1，…，yN] = dsolve（eqns, conds）：用初始或边界条件 conds 求解常微分方程 eqns。

◆ [y1，…，yN] = dsolve（eqns, conds, Name, Value）：使用一个或多个名称 – 值对参数指定附加选项。

eqn 表示不同的微分方程和初始条件，默认的独立变量为 t。D 代表对独立变量的微分，也就是 d/dt，所以用户不能再定义包括 D 的符号变量。D 后的数字代表高阶微分，例如，D3y 代表对 y（t

的 3 阶微分。初始条件可以由方程的形式给出，如果初始条件的数目小于被微变量的数目，结果中将包括不定常数 $C1$、$C2$ 等。

例 **7-16**：符号求解 $\begin{cases} y' = y - \dfrac{2x}{y} \\ y(0) = 1 \end{cases}$ $(0 < x < 1)$。

解：在 MATLAB 命令行窗口中输入以下命令。

```
>> close all                    % 关闭当前已打开的文件
>> clear                        % 清除工作区的变量
>> syms y(x)                    % 定义符号函数 y(x)
>> eqn = diff(y,x) = = y - 2* x/y;  % 定义符号表达式
>> dsolve(eqn,'y(0) = =1')
ans =
(2* x + 1)^(1/2)
```

要说明的是，常微分方程的符号解法并不适合于一般的非线性方程的解析解的求解。非线性微分方程只能用数值方法来解。

7.5 时滞微分方程的数值解法

时滞微分方程组方程的形式如下：

$$y'(t) = f(t, y(t), y(t - \tau_1), \cdots, y(t - \tau_n))$$

在 MATLAB 中使用函数 dde23（）来解时滞微分方程。其调用格式如下。

◆ sol = dde23（ddefun, lags, history, tspan）：其中 ddefun 是代表时滞微分方程的 M 文件函数，ddefun 的格式为 dydt = ddefun(t, y, Z)，t 是当前时间值，y 是列向量，$Z(:, j)$ 代表 $y(t - \tau_n)$，而 τ_n 值在第二个输入变量 lags(k) 中存储。history 为 y 在时间 $t0$ 之前的值，可以有 3 种方式来指定 history：第 1 种是用一个函数 $y(t)$ 来指定 y 在时间 $t0$ 之前的值；第 2 种方法是用一个常数向量来指定 y 在时间 $t0$ 之前的值，这时 y 在时间 $t0$ 之前的值被认为是常量；第 3 种方法是以前一时刻的方程解 sol 来指定时间 $t0$ 之前的值。tspan 是两个元素的向量 $[t0\ tf]$，这时函数返回 $t0 \sim tf$ 时间范围内的时滞微分方程组的解。

◆ sol = dde23（ddefun, lags, history, tspan, option）：option 结构体用于设置解法器的参数，option 结构体可以由函数 ddeset（）来获得。

函数 dde23（）的返回值是一个结构体，它有 7 个属性，其中重要的属性有如下 5 个。

- sol. x，dde23 选择计算的时间点。
- sol. y，在时间点 x 上的解 $y(x)$。
- sol. yp，在时间点 x 上的解的一阶导数 $y'(x)$。
- sol. history，方程初始值。
- sol. solver，解法器的名字' dde23 '。

其他两个属性为 sol. dat 和 sol. discont。

如果需要得到在 $t0 \sim tf$ 之间 tint 时刻的解，可以使用函数 deval，其用法为：yint = deval（sol, tint），yint 是在 tint 时刻的解。

例 **7-17**：求解如下时滞微分方程组。

$$\begin{cases} y'_1 = 2y_1(t - 3) + y_2^2(t - 1) \\ y'_2 = y_1^2(t) + 2y_2(t - 2) \end{cases}$$

初始值为

$$\begin{cases} y_1(t) = 2 \\ y_2(t) = t - 1 \end{cases} (t < 0)。$$

解：首先确定时滞向量 lags，在本例中 lags = [1 3 2]。

然后创建一个 M 文件形式的函数表示时滞微分方程组，如下。

```
% ddefun.m
% 时滞微分方程
functiondydt = ddefun(t,y,Z)
dydt = zeros(2,1)
dydt(1) = 2* Z(1,2) + Z(2,1).^2;
dydt(2) = y(1).^2 + 2* Z(2,3);
```

接下来创建一个 M 文件形式的函数表示时滞微分方程组的初始值，如下。

```
% ddefun_history.m
% 时滞微分方程的历史函数
function y = ddefun_history(t)
y = zeros(2,1);
y(1) = 2;
y(2) = t - 1;
```

最后，用 dde23 解时滞微分方程组，并用图形显示解，代码如下。

```
>> close all                                        % 关闭当前已打开的文件
>> clear                                            % 清除工作区的变量
>> lags = [1 3 2];                                  % 时滞向量
>> sol = dde23(@ ddefun, lags, @ ddefun_history, [0,1]);  % 解时滞微分方程
>> hold on;                                         % 保留当前图窗的绘图
>> plot(sol.x, sol.y(1,:));                         % 绘制时间点上的解
>> plot(sol.x, sol.y(2,:),'r-.');
>> title('时滞微分方程的数值解');                    % 添加标题
>> xlabel('t');
>> ylabel('y');                                     % 添加轴标签
>> legend('y_1','y_2');                             % 添加图例
```

结果如图 7-7 所示。

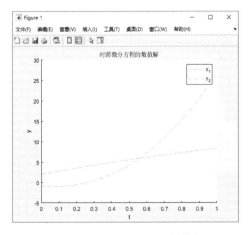

图 7-7 时滞微分方程的数值解

7.6 综合实例：四元一次方程组求解

对于四元一次线性方程组 $\begin{cases} x_1 + 2x_2 - 4x_3 + 6x_4 = 2 \\ x_1 + x_2 - 3x_3 - 6x_4 = 7 \\ 2x_2 - x_3 + 2x_4 = -5 \\ 4x_2 - 7x_3 + 4x_4 = 0 \end{cases}$ ，利用 MATLAB 中求解多元方程组的不同

方法进行求解。

上面的方程符合 $Ax = b$，首先需要确定方程组解的信息。

1. 创建方程组系数矩阵 A，b

```
>>A=[1 2 -4 6;1 1 -3 -6;0 2 -1 2;0 4 -7 4]
A =
     1       2      -4       6
     1       1      -3      -6
     0       2      -1       2
     0       4      -7       4
>>b=[2 7 -5 0]'
b =
     2
     7
    -5
     0
```

2. 判断方程是否有解

（1）方法1：

1）编写函数 isexist. m。

```
function y = isexist(A,b)
% 该函数用来判断线性方程组 Ax = b 的解的存在性
% 若方程组无解则返回 0，若有唯一解则返回 1，若有无穷多解则返回 Inf
[m,n] = size(A);
[mb,nb] = size(b);
if m ~ = mb
    error('输入有误！');
    return;
end
r = rank(A);
s = rank([A,b]);
if r = = s &&r = = n
    y = 1;
elseif r = = s&&r < n
    y = Inf;
else
    y = 0;
end
```

2）调用函数。

```
>> y = isexist(A,b)
y =
    1
```

方程返回1，则确定有唯一解

（2）方法2

1）求方程组的秩。

```
>> r = rank(A)
r =
    4                          % 秩 r = n = 4,A 为非奇异矩阵
```

2）创建增广矩阵 [A b]。

```
>> B = [A,b]
B =
     1          2          -4          6          2
     1          1          -3          -6          7
     0          2          -1          2          -5
     0          4          -7          4          0
>> s = rank(B)            % 求增广矩阵的秩
s =
    4
```

这里 r = s = n = 4，则该非齐次线性方程组有唯一解。

3. 求解矩阵

- 方法1：利用矩阵的逆。若方程符合 $Ax = b$，则 $x = A'b$，因此求解方程组的解首先需要求解方程组系数矩阵的逆矩阵。

```
>> format short
>> x0 = pinv(A)*b                % 利用矩阵的逆求解
x0 =
    2.2727
   -3.1818
   -2.0000
   -0.3182
>> b0 = A*x0                     % 验证解的正确性
b0 =
    2.0000
    7.0000
   -5.0000
    0.0000
```

得出的结果 $b0$ 与矩阵 b 相同，求解正确。

- 方法2：利用行阶梯形求解。这种方法只适用于恰定方程组，且系数矩阵非奇异。上面得出系数矩阵 A 为非奇异矩阵，可以利用这个命令将增广矩阵 [A b] 化为行阶梯形，那么的最后一列即为方程组的解。

```
> > R = rref(B)            % 将增广矩阵化为阶梯形
R =
    1.0000         0         0         0    2.2727
         0    1.0000         0         0   -3.1818
         0         0    1.0000         0   -2.0000
         0         0         0    1.0000   -0.3182
> > x1 = R(:,5)            % R 的最后一列即为解
x1 =
    2.2727
   -3.1818
   -2.0000
   -0.3182
> > b1 = A* x1             % 验证解的正确性
b1 =
    2.0000
    7.0000
   -5.0000
    0.0000
```

得出的结果 **b**1 与矩阵 **b** 相同，求解正确。

- 方法 3：利用矩阵分解求解。利用矩阵分解来求解线性方程组，是在工程计算中最常用的技术。下面分别利用不同的分解法来求解四元一次方程。

（1）LU 分解法

LU 分解法是先将系数矩阵 **A** 进行 LU 分解，得到 $LU = PA$，然后解 $Ly = Pb$，最后再解 $Ux = y$ 得到原方程组的解。

1）编写利用 LU 分解法求解线性方程组 $Ax = b$ 的函数 solvebyLU. m。

```
else
    r = rank(A);function x = solvebyLU(A,b)
% 该函数利用 LU 分解法求线性方程组 Ax = b 的解
flag = isexist(A,b); % 调用第一小节中的 isexist 函数判断方程组解的情况
if flag = =0
disp('该方程组无解! ');
    x = [];
    return;

    [m,n] = size(A);
    [L,U,P] = lu(A);
    b = P* b;
    % 解 Ly = b
    y(1) = b(1);
    if m > 1
        for i =2:m
            y(i) = b(i) - L(i,1:i-1)* y(1:i-1)';
        end
    end
```

```
        y = y';
        %  解 Ux = y 得原方程组的一个特解
        x0 (r) = y (r)/U (r, r);
        if r > 1
            for i = r - 1: - 1:1
                x0 (i) = (y (i) - U (i, i + 1:r)* x0 (i + 1:r)')/U (i, i);
            end
        end
        x0 = x0 ';
        if flag = = 1                      %  若方程组有唯一解
            x = x0;
            return;
        else                               %  若方程组有无穷多解
            format rat;
            Z = null (A, 'r');             %  求出对应齐次方程组的基础解系
            [mZ, nZ] = size (Z);
            x0 (r + 1:n) = 0;
            for i = 1:nZ
                t = sym (char ([107 48 + i]));
                k (i) = t;                 %  取 k = [k1, k2…, ]
            end
            x = x0;
            for i = 1:nZ
                x = x + k (i)* Z (:, i);   %  将方程组的通解表示为特解加对应齐次通解形式
            end
        end
end
```

2）调用函数。

```
> > x2 = solvebyLU (A, b)
x2 =
    2.2727
  - 3.1818
  - 2.0000
  - 0.3182
> > b2 = A* x2        %  验证解的正确性
b2 =
    2.0000
    7.0000
  - 5.0000
    0.0000
```

得出的结果 **b**2 与矩阵 **b** 相同，求解正确。

（2）QR 分解法

利用 QR 分解法：先将系数矩阵 **A** 进行 QR 分解：$A = QR$，然后解 $Qy = b$，最后解 $Rx = y$ 得到原方程组的解。

1）编写求解线性方程组 $\boldsymbol{A}x = \boldsymbol{b}$ 的函数 solvebyQR.m。

```
function x = solvebyQR(A,b)
% 该函数利用 QR 分解法求线性方程组 Ax = b 的解
flag = isexist(A,b);  % 调用第一小节中的 isexist 函数判断方程组解的情况
if flag = = 0
disp('该方程组无解!');
    x = [];
    return;
else
    r = rank(A);
    [m,n] = size(A);
    [Q,R] = qr(A);
    b = Q'* b;
    % 解 Rx = b 得原方程组的一个特解
    x0(r) = b(r)/R(r,r);
    if r > 1
        for i = r-1: -1:1
            x0(i) = (b(i) - R(i,i +1:r)* x0(i +1:r)')/R(i,i);
        end
    end
    x0 = x0';
    if flag = = 1                 % 若方程组有唯一解
        x = x0;
        return;
    else                          % 若方程组有无穷多解
        format rat;
        Z = null(A,'r');          % 求出对应齐次方程组的基础解系
        [mZ,nZ] = size(Z);
        x0(r +1:n) = 0;
        for i = 1:nZ
            t = sym(char([107 48 + i]));
            k(i) = t;             % 取 k = [k1,...,kr]
        end
        x = x0;
    for i = 1:nZ
            x = x + k(i)* Z(:,i);  % 将方程组的通解表示为特解加对应齐次通解形式
        end
    end
end
```

2）调用函数。

```
> > x3 = solvebyQR(A,b)
x3 =
    2.2727
  - 3.1818
```

```
       -2.0000
       -0.3182
 > > b3 = A* x3          % 验证解的正确性
b3 =
       2.0000
       7.0000
      -5.0000
      -0.0000
```

得出的结果 **b**3 与矩阵 **b** 相同，求解正确。

📋 知识拓展：

楚列斯基分解法只适用于系数矩阵 **A** 是对称正定的情况，本节中的四元一次方程组系数 **A** 不是对称正定，运行结果显示如下。

```
 > > x4 = solvebyCHOL(A,b)
该方法只适用于对称正定的系数矩阵!
x4 =
     []
```

（3）选择分解法

1）编写函数 solvelineq. m。

```
function x = solvelineq(A,b,flag)
% 该函数是矩阵分解法汇总,通过 flag 的取值来调用不同的矩阵分解
% 若 flag ='LU',则调用 LU 分解法
% 若 flag ='QR',则调用 QR 分解法
% 若 flag ='CHOL',则调用 CHOL 分解法
if strcmp(flag,'LU')
    x = solvebyLU(A,b);
elseif strcmp(flag,'QR')
    x = solvebyQR(A,b);
elseif strcmp(flag,'CHOL')
    x = solvebyCHOL(A,b);
else
    error('flag 的值只能为 LU,QR,CHOL! ');
end
```

2）调用函数。

```
 > > solvelineq(A,b,'LU')
ans =
     2.2727
    -3.1818
    -2.0000
    -0.3182
```

```
> > solvelineq(A,b,'QR')
ans =
    2.2727
  - 3.1818
  - 2.0000
  - 0.3182
> > solvelineq(A,b,'CHOL')
该方法只适用于对称正定的系数矩阵!
ans =
    []
```

第 8 章　大地测量学

内容指南

大地测量学是一门量测和描绘地球表面的科学，也就是研究和测定地球形状、大小和地球重力场，以及测定地面点几何位置的学科。

本章主要研究几何大地测量学（即天文大地测量学）。大地测量学中测定地球的大小，是指测定地球椭球的大小；研究地球形状，是指研究大地水准面的形状；测定地面点的几何位置，是指测定以地球椭球面为参考的地面点的位置。

内容要点

- 📖 大地测量学
- 📖 大地测量坐标系
- 📖 地球空间模型
- 📖 绘制地图
- 📖 椭球面上的测量计算
- 📖 球面上的距离计算
- 📖 多边形面积计算

8.1　大地测量学基础

大地测量学是指在一定的时间与空间参考系中，测量和描绘地球形状及其重力场并监测其变化，为人类活动提供关于地球的空间信息的一门学科。

大地测量工作是为大规模测制地形图提供地面的水平位置控制网和高程控制网，为用重力勘探地下矿藏提供重力控制点，同时也为发射人造地球卫星、导弹和各种航天器提供地面站的精确坐标和地球重力场资料。

1. 大地测量学的基本体系

大地测量学的基本体系包括应用大地测量、椭球大地测量、天文大地测量、大地重力测量、测量平差等；新分支包括海洋大地测量、行星大地测量、卫星大地测量、地球动力学和惯性大地测量。

大地测量学包含下面几个分支。

◆ 几何大地测量学（即天文大地测量学）主要是确定地球的形状和大小，以及确定地面点的几何位置。基本原理和方法包括精密角度测量、距离测量、水准测量；地球椭球数学性质、椭球面上测量计算、椭球数学投影变换，以及地球椭球几何参数的数学模型。

◆ 物理大地测量学（即理论大地测量学）是用物理方法（重力测量）确定地球形状及其外部重力场，主要内容包括位理论、地球重力场、重力测量及其归算，推求地球形状及外部重力场的理论与方法。

◆ 空间大地测量学是主要研究以人造地球卫星及其他空间探测器为代表的空间大地测量的理论、技术与方法。

2. 大地测量学的发展

大地测量学从形成到现在已有 300 多年的历史，虽然在研究地球形状、地球重力场和测定地面点几何位置各方面都已取得了可观的成就，但从整体来看，仍存在着若干不足之处，有待于今后继续研究解决。大地测量学的发展主要分为以下几个方面。

◆ 第一阶段：地球圆球阶段。从远古至 17 世纪，人们用天文方法得到地面上同一子午线上两点的纬度差，用大地法得到对应的子午圈弧长，从而推得地球半径（弧度测量）。

◆ 第二阶段：地球椭球阶段。从 17 世纪至 19 世纪下半叶，在这 200 年期间，人们把地球作为圆球的认识推进到向两极略扁的椭球。

◆ 第三阶段：大地水准面阶段。

◆ 第四阶段：现代大地测量新时期（数字地球时期）。以电磁波测距、人造地球卫星定位系统及甚长基线干涉测量等为代表的新的测量技术的出现，给传统的大地测量带来了革命性的变革，大地测量学进入了以空间测量技术为代表的现代大地测量发展的新时期。

3. 传统大地控制网的布设

采用传统大地测量技术建立平面大地控制网就是通过测角、测边推算大地控制网点的坐标。其方法有三角测量法、导线测量法、三边测量法和边角同测法 4 种。三边测量法和边角同测法只是在特殊情况下采用。

全国天文大地网整体平差于 1978—1984 年期间完成，1984 年 6 月通过技术鉴定。通过天文大地网整体平差，消除了原来分区平差和逐级控制产生的不合理影响，提高了大地网精度；建立了我国自己的 1980 国家大地坐标系，并为精化地心坐标提供了条件，它是我国大地测量发展史上的一个里程碑，也为我国大地测量的进一步发展打下了良好的基础。

全国天文大地网整体平差的技术原则如下。

◆ 地球椭球参数。地球椭球参数采用 1975 年国际大地测量与地球物理联合会（IUGG）第 16 届大会期间 IAG 决议推荐的数值，即 IAG-75 椭球参数。

◆ 坐标系统。根据天文大地网整体平差结果建立椭球相同的两套大地坐标系：1980 国家大地坐标系和地心坐标系。

◆ 椭球定位与坐标轴指向。1980 国家大地坐标系的椭球短轴应平行于由地球质心指向 1968.0 地极原点（JYD）的方向，首子午面应平行于格林尼治平均天文台的子午面。椭球定位参数以我国范围内高程异常值平方和最小为条件求定。

8.2 大地测量坐标系

地理坐标系（Geographic Coordinate System）是指使用三维球面来定义地球表面位置，通过经纬度（lat、lon）对地球表面点位引用的坐标系，根据其所采用的引用椭球体参数还可求得点位的海拔（绝对高程值 Z）。

一个地理坐标系包括角度测量单位、本初子午线和引用椭球体三部分。本初子午线是指 0° 经线。引用椭球是首选的地球表面的几何模型，主要用于大地控制网计算和显示点坐标（如纬度、经度和海拔）。

地理坐标系的原点（lat、lon）中，纬度为赤道、经度为本初子午线（通过英国伦敦格林尼治天文台原址的那条经线），如图 8-1 所示。

通常所说地球的形状和大小，实际上就是指引用椭球体的长半轴、短半轴和扁率。最常用的引用椭球是美国国防部制图局（DMA）在 1984 年构建的 WGS84。通过设置引用椭球体的不同参数，实现不同国家地区对于数据的不同利用方式。我国的大地原点，即椭球定位做最佳拟合的引用点，位于陕西省泾阳县永乐镇。

下面介绍引用椭球体相关概念的定义。

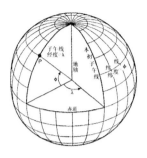

图 8-1　地理坐标系统

◆ 大地水准面：大地水准面是对地球的一级逼近，是描述地球形状的一个重要物理引用面，也是海拔高程系统的起算面。

◆ 地球椭球体：使用旋转椭球体代替大地椭球体用于测量和制图，称为"地球椭球体"或"椭球体"。地球椭球体是对地球的二级逼近。

◆ 引用椭球体：通过引用椭球体定位（确定大地原点），确定与局部地区大地水准面最符合的一个椭球体，称为"引用椭球体"。引用椭球体是对地球的三级逼近。

◆ 天文经纬度：地面点在大地水准面上的位置（大地测量学用，通过天文方法测得，用于无地面控制网的情况）。

◆ 大地经纬度：地面点在引用椭球面上的位置（地图学用）。

◆ 地心经纬度：以地球椭球体质量中心为基点，区别在于纬度为与中心点连线和赤道面的夹角。

8.2.1　地理坐标系

为了确定地球形状及其外部重力场及其随时间的变化，可以建立统一的大地测量坐标系，研究地壳形变（包括地壳垂直升降及水平位移），测定极移以及海洋水面地形及其变化等。

地理坐标系统是指使用三维球面来定义地球表面位置，以实现通过经纬度对地球表面点位引用的坐标系，还可以用来研究月球及太阳系行星的形状及其重力场。

在 MATLAB 中，geoglobe 函数创建三维地理坐标系，通过经纬度和高度定义地球表面位置，以实现通过经纬度对地球表面点位引用的坐标系。该函数的使用格式见表 8-1。

表 8-1　geoglobe 命令的使用格式

调用格式	说　明
geoglobe（parent）	在指定的图形、面板或选项卡组中创建三维模型坐标系
geoglobe（parent，Name，Value）	使用一个或多个名称–值对参数为三维模型坐标系指定其他选项。 • 'Basemap'：绘制数据的地图，'satellite'（默认）、'streets'、'streets-light'、'streets-dark'、自定义基图… • 'Terrain'：地形数据，'gmted2010'（默认）、'none'、串标量、字符向量 • 'Position'：大小和位置，[0 0 1 1]（默认）、四元形式向量 [left bottom width height] • 'Units'：位置单位，'normalized'（默认）、'inches'、'centimeters'、'points'、'pixels'、'characters'
g = geoglobe（…）	返回 GeographicGlobe 对象

在 MATLAB 中，geoplot3 函数用于在地图上绘制线条形成三维轮廓，该函数的使用格式见表 8-2。

表 8-2　geoplot3 命令的使用格式

调用格式	说　明
geoplot3（g，lat，lon，h）	在 g 指定的地理地球仪中绘制轮廓线，其中 lat 是线条纬度、lon 是测量经度、h 为高度
geoplot3（…，LineSpec）	根据 LineSpec 指定的线条样式、标识和颜色绘制地理地球仪

（续）

调用格式	说明
geoplot3 （…, Name, Value）	使用一个或多个名称 – 值对参数指定其他选项。包括下面的选项。 • 'HeightReference'：高度基准, 'geoid' （默认）[高度值与大地水准面（平均海平面）有关]、'terrain'（高度值与地面有关）、'ellipsoid'（高度值相对于 WGS84 参考椭球面） • 'Color'：线色, [0 0 0]（默认）、RGB 三重态、十六进制彩色码、'r'、'g'、'b'… • 'LineStyle'：线型, '–'（默认）、'none' • 'Marker'：标记符号, 'none'（默认）、'o'
p = geoplot3 （…）	返回 Line 对象

例 8-1：绘制海洋三维轮廓图。

解：MATLAB 程序如下。

```
>> close all          % 关闭当前已打开的文件
>> clear              % 清除工作区的变量
>> load conus         % 加载代表五大湖的区域数据,加载经纬度向量坐标 gtlake-
lat, gtlakelon
>> uif = uifigure;    % 创建 UI 控件
>> g = geoglobe(uif); % 创建一个地理地球仪
>> geoplot3(g,gtlakelat, gtlakelon,[],'m');% 在地理地球上绘制五大湖的区域地图
```

运行结果见图 8-2。

例 8-2：绘制指定区域的轮廓图。

解：MATLAB 程序如下。

```
>> close all              % 关闭当前已打开的文件
>> clear                  % 清除工作区的变量
>> latlim = [-60 60];     % 自定义经纬度范围
>> lonlim = [-100 100];
>> uif = uifigure;
>> g = geoglobe(uif);     % 绘制三维地球模型
>> hold(g,"on")
>> geoplot3(g,latlim,lonlim,[],"m","LineWidth",2);%  在地理地球上绘制指定区域模型
```

运行结果见图 8-3。

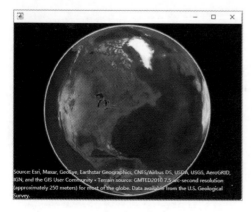

图 8-2　绘制五大湖的区域

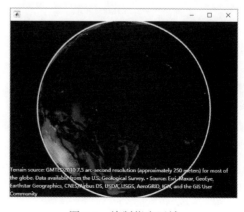

图 8-3　绘制指定区域

8.2.2 投影坐标系

地球是一个三维的球体，而地图是一个二维的平面。把三维球体的表面转换到二维平面的过程叫做投影。通过地图投影的方式把曲面的地球表达为平面，使用 X，Y 值来描述地球上某个点所处的位置坐标系统为投影坐标系，如图 8-4 所示。

图 8-4　地图的转化

投影坐标系是从地球的近似椭球体投影得到的，它对应于某个地理坐标系。所以投影坐标系必须有对应的地理坐标系。投影的种类有很多种，每一个种类都有自己的数学规则。

1. 根据变形形式划分

在投影的过程中，因为维度的改变，图形的变形扭曲是无法避免的，只能约束某一方面的变形。变形因素根据变形形式划分，通常表现为距离、面积和角度三个方面，如图 8-5 所示。

◆ 等角投影（Conformal Projection）：保持角度关系，包括墨卡托投影、球极平面投影、兰勃特等角投影（Lambert Conformal Projection）等。

◆ 等积投影（Equal Area Projection）：地图投影可以保持面积，比较出名的是摩尔威德投影（Mollweide Projection）、阿尔伯斯等积圆锥投影（Albers Equal – Area Conic Projection）和兰勃特等积投影（Lambert Equal – Area Projection）。

　　　a)　　　　　　　　b)

图 8-5　根据变形形式划分
a）等积投影　b）等角投影

◆ 等距投影（Equidistant Projection）：保持地图上两点之间的距离的准确性。包括等距离正轴、横轴、斜轴投影。

2. 根据从投影面与地球位置关系划分

◆ 正轴投影：投影面中心轴与地轴相互重合。
◆ 斜轴投影：投影面中心轴与地轴斜向相交。
◆ 横轴投影：投影面中心轴与地轴相互垂直。
◆ 相切投影：投影面与椭球体相切。
◆ 相割投影：投影面与椭球体相割。

随着接触的地图种类越来越多，对地图服务的坐标系的要求也会不同，下面介绍几种常用地图坐标系。

1. WGS84 坐标系

WGS84 坐标系（World Geodetic System—1984 Coordinate System）是一种国际上采用的地心坐标系，如图 8-6 所示。坐标原点为地球质心，其地心空间直角坐标系的 z 轴指向 BIH（国际时间服务机构）1984.0 定义的协议地球极（CTP）方向，x 轴指向 BIH 1984.0 的零子午面和 CTP 赤道的交点，y 轴与 z 轴、x 轴垂直构成右手坐标系，称为 1984 年世界大地坐标系统。

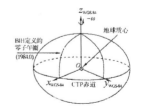

图 8-6　WGS84 坐标系

2. Web 墨卡托

Web 墨卡托是 2005 年谷歌在谷歌地图中首次使用的，当时或更早的 Web 墨卡托使用者还是称其为世界墨卡托。

3. GCJ02 经纬度投影

GCJ02 是由原中国国家测绘局（G 表示国家，C 表示测绘，J 表示局）制订的地理信息系统的坐标系统，GCJ02 经纬度投影也就是在 WGS84 经纬度的基础之上，进行 GCJ02 加偏。该坐标系是按照特殊的算法，将真实的坐标加密成虚假的坐标，而加密后的坐标也常被大家称为"火星坐标系统"。该坐标系的坐标值为经纬度格式，单位为度。

4. BD09 经纬度投影

BD09 经纬度投影是在标准经纬度的基础上进行 GCJ02 加偏之后，再加上百度自身的加偏算法，也就是在标准经纬度的基础之上进行了两次加偏。该坐标系的坐标值为经纬度格式，单位为度。

5. 北京 54 坐标系

我国采用了苏联的克拉索夫斯基椭球参数，并与苏联 1942 年坐标系进行联测，通过计算建立了我国大地坐标系，定名为 1954 年北京坐标系。

6. 西安 80 坐标系

1978 年 4 月在西安召开的全国天文大地网平差会议上确定重新定位，建立我国新的坐标系，即 1980 年国家大地坐标系。该坐标系的大地原点设在我国中部的陕西省泾阳县永乐镇，位于西安市西北方向约 60 千米。

7. CGCS2000 坐标系

2000 中国大地坐标系（China Geodetic Coordinate System 2000，CGCS2000），又称为 2000 国家大地坐标系，是中国新一代大地坐标系，21 世纪初在中国正式实施。

8.2.3　大地坐标系

大地坐标系是大地测量中以参考椭球面为基准面建立起来的坐标系。地面点的位置用大地经度、大地纬度和大地高度表示。大地坐标系的确立包括选择一个椭球、对椭球进行定位和确定大地起算数据。

通常用大地经度和大地纬度来表示椭球面上某点的位置，某点的大地经纬度称为该点的大地坐标。如图 8-7 所示，NS 为椭球旋转轴，S 称南极，N 称北极。包括旋转轴 NS 的平面称为子午面，子午面与椭球面的交线称为子午线，也称为经线。垂直于旋转轴 NS 的平面与椭球面的交线称为纬线。圆心为椭球中心 O 的平行圈称为赤道。

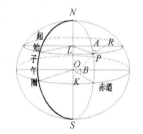

图 8-7　大地坐标系

建立大地坐标系，规定以椭球的赤道为基圈，以本初子午线（经过英国格林尼治天文台原址的子午线）为主圈。

对于图中椭球面上任一点而言，其大地坐标如下。

◆ 大地经度 L：过 P 点的子午面与起始子午面间的夹角。由本初子午线起算，向东为正，向西为负。

◆ 大地纬度 B：在 P 点的子午面上，P 点的法线 PK 与赤道面的夹角。由赤道起算，向北为正，向南为负。

在大地坐标系中，两点间的方位是用大地方位角来表示的。例如，P 点至 R 点的大地方位角，就是 P 点的子午面与过 P 点法线及 R 点所作平面间的夹角，由子午面顺时针方向量起。

大地坐标是大地测量的基本坐标系，它是大地测量计算、地球形状大小研究和地图编制等的基础。

8.2.4　坐标系转换

大地坐标向空间直角坐标换算转换公式：

$$x = (N + h)\cos B\cos L$$

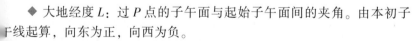

$$y = (N + h)\cos B\sin L$$
$$z = \left[N(1 - e^2) + h \right]\sin B$$

其中，L 为经度，B 为纬度，h 为大地高，$N = a\sqrt{1 - e^2\sin^2 B}$ 为卯酉圈曲率半径，$e = \dfrac{\sqrt{a^2 - b^2}}{a}$ 为第一偏心率，a 为旋转椭球长半轴，b 为短半轴。

WGS84 椭球参数：长半轴 $a = 6378137$，扁率 $f = 1/298.257223563$。

在 MATLAB 中，geodetic2aer 函数用于将大地坐标系转换为球面坐标系，该函数的使用格式见表 8-3。

一般情况下，在椭球上，从 geodetic2aer 函数计算的方位角与 azimuth 和 distance 函数计算的结果不同。

其余坐标系转换函数见表 8-4。

表 8-3　geodetic2aer 命令的使用格式

调用格式	说　　明
[az, elev, slantRange] = geodetic2aer (lat, lon, h, lat0, lon0, h0, spheroid)	转换坐标，将大地坐标系转换为球面坐标系，计算方位角、仰角、距离，方位角 az 为 [0 360]，仰角 elev 为 [-90 90]
[az, elev, slantRange] = geodetic2aer (…, angleUnit)	angleUnit 指定纬度、经度、方位角和仰角的单位，' degrees ' (默认) 或' radians '

表 8-4　命令的使用格式

调用格式	说　　明
[lat, lon, h] = aer2geodetic (az, elev, slantRange, lat0, lon0, h0, spheroid)	将球面坐标系变换为大地坐标系
[az, elev, slantRange] = ecef2aer (X, Y, Z, lat0, lon0, h0, spheroid)	将 ECEF (地心地球固定坐标系) 转换为球面坐标系
[xEast, yNorth, zUp] = geodetic2enu (lat, lon, h, lat0, lon0, h0, spheroid)	将大地坐标系转换为 ENU 坐标系 (局部东向北)
[xNorth, yEast, zDown] = geodetic2ned (lat, lon, h, lat0, lon0, h0, spheroid)	将大地坐标系转换为 NED 坐标系 (局部东北向下)

8.3　地球空间模型

地球的自然表面不规则，不能直接在地球表面进行计算，为了深入研究地理空间，需要建立地球表面的几何模型，这是进行大地测量的前提。根据大地测量学的成果，地球表面几何模型可以分为三类。

◆ 地球的自然表面。

◆ 大地水准面，可用来代表地球的物理化形状。

◆ 以大地水准面为基准建立起来的地球椭球体模型。

　　• 地球椭球体视为球体：制作小比例尺地图时 (小于 1：500 万)，因缩小程度很大，可以把地球视为球体，忽略地球扁率。计算更简单，半径约为 6371 千米。

　　• 地球椭球体视为椭球体：制作大比例尺地图时 (大于 1：100 万)，为保证精度，必须将地球视为椭球体。

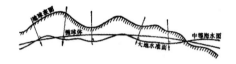

第8章 大地测量学

8.3.1 大地水准面

地球是不规则的椭球体，其物理表面叫做大地水准面，即平均海平面通过大陆延伸勾画出的一个连续封闭曲面，如图8-8所示。

图 8-8　地球模型参数

大地水准面是减去地形起伏的地球图形，是一个与重力有关的等势面，大致相当于平均海平面。它大约是一个椭球体，可以用于计算卫星轨道。

在 MATLAB 中，以1984年世界大地测量系统（WGS84）规定的椭球为基础，创建1996年地球引力模型（EGM96），大地水准面是 EGM96 地球模型重力场的等电位表面。

在 MATLAB 中，egm96geoid 函数用于绘制地球大地水准面，该函数的使用格式见表8-5。

表 8-5　egm96geoid 命令的使用格式

调用格式	说　明
N = egm96geoid（lat，lon）	通过地理定位数据经纬度坐标计算大地水准面在指定纬度和经度处的高度 N（以米为单位）。默认使用的地球模型为1996年地球引力模型（EGM96）
N = egm96geoid（R）	通过地理引用或地理单元格参考对象，计算大地水准面在指定纬度和经度处的高度 N（以米为单位）
[N，globalR] = egm96geoid	返回整个地球的大地水准面高度和包含大地水准面高度空间引用信息的地理引用对象 globalR
[N，refvec] = egm96geoid（samplefactor）	samplefactor 表示样本因子，计算三元素向量 refvec：[s nlat wlon]，将每个大地水准面高度与纬度和经度相关联
[N，refvec] = egm96geoid（samplefactor，latlim，lonlim）	根据指定纬度和经度范围计算大地水准面高度

例8-3：显示大地水准面等高线图。

解：MATLAB 程序如下。

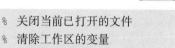

```
>> close all                                    % 关闭当前已打开的文件
>> clear                                         % 清除工作区的变量
>> load topo                                     % 加载拓扑数据
>> latlim = topolatlim;                          % 输入经纬度范围数据
>> lonlim = topolonlim;
>> [lat,lon] = meshgrat(latlim,lonlim,[180,360]);    % 指定经纬度数据
>> Z = egm96geoid(lat,lon);                      % 定义经纬度对应的大地基准面海拔高度
>> subplot(121)
>> geoshow(lat,lon,Z,'DisplayType','contour')    % 在地图坐标系中显示等高线图
>> subplot(122)
>> axesm ortho                                    % 创建正交投影
>> geoshow(lat,lon,Z,'DisplayType','contour')    % 在投影坐标系显示等高线图
```

运行结果见图8-9。

例 8-4：显示陆地面积水准面。

解：MATLAB 程序如下。

```
>> close all                   % 关闭当前已打开的文件
>> clear                       % 清除工作区的变量
>> landareas = shaperead('landareas.shp','UseGeoCoords',true);   % 加载陆地面积数据
到工作区
>> lat = landareas.Lat;        % 定义经纬度数据
>> lon = landareas.Lon;
>> Z = egm96geoid(lat,lon);    % 定义经纬度对应的大地基准面海拔高度
>> uif = uifigure;             % 创建 UI 控件
>> g = geoglobe(uif);          % 创建一个地理地球仪
>> g.Terrain = 'none';         % 地理地球仪上不显示地形
>> geoplot3(g,lat,lon,Z,'r','Marker','o')   % 在地球地图上绘制海岸线。绘制的线条线宽为
2,颜色为红色,每个数据点或顶点显示圆圈标记
```

运行结果如图 8-10 所示。

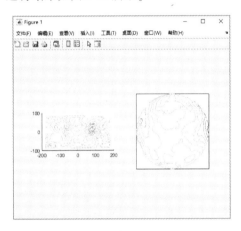

图 8-9 创建大地基准面

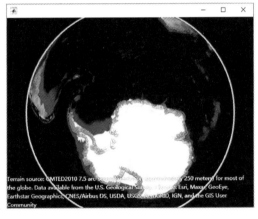

图 8-10 创建陆地面积地形图

8.3.2 参考椭球面

一个地理坐标系包括角度测量单位、本初子午线和参考椭球体三部分。为了方便，我们定义了一个椭球体，近似地代表地球大小和形状的数学曲面，实现对地球的逼近。一般采用旋转椭球，故称之为大地椭球体。

通过参考椭球体定位（确定大地原点），确定与局部地区大地水准面最符合的一个椭球体，称为"参考椭球体"。参考椭球体是对地球的三级逼近。

在 MATLAB 中，referenceEllipsoid 函数用于参考椭球体，显示椭球体参数，该函数的使用格式见表 8-6。

表 8-6   referenceEllipsoid 命令的使用格式

调用格式	说　明
E = referenceEllipsoid	返回代表参考椭球体对象 E
E = referenceEllipsoid（name）	创建指定名称的参考椭球体，例如，'unitsphere'、'grs80'、'wgs84'、'everest'、'bessel'、'airy1830'、'clarke66'

（续）

调用格式	说　　明
E = referenceEllipsoid（code）	创建指定代码（7000～8000 的整数）的参考椭球体，例如，'WGS84' 参考椭球体代码为 7030，名称为' earth '
E = referenceEllipsoid（name，lengthUnit）	创建指定名称、单位的参考椭球体
E = referenceEllipsoid（code，lengthUnit）	创建指定代码、单位的参考椭球体

例 8-5：查看参考椭球体的特性。

解：MATLAB 程序如下。

```
> > close all                    % 关闭当前已打开的文件
> > clear                        % 清除工作区的变量
> > E = referenceEllipsoid
E =
referenceEllipsoid with defining properties:
            Code: []             % 椭球体代码
            Name: 'Unit Sphere'  % 默认椭球体名称
      LengthUnit: "              % 椭球轴长度单位
   SemimajorAxis: 1              % 椭球赤道半径
   SemiminorAxis: 1              % 椭球体中心到极的距离
InverseFlattening: Inf           % 倒角的导数[0 inf]
    Eccentricity: 0              % 椭球第一偏心率[0 1]
and additional properties:
  Flattening                     % 椭球扁化程度[0 1]
  ThirdFlattening                % 椭球体第三次扁平化
  MeanRadius                     % 椭球平均半径
  SurfaceArea                    % 椭球体表面积
  Volume                         % 椭球体体积
```

WGS84 参考椭球面是 1984 年世界大地测量系统参考椭球体，包括代表太阳、月球和行星图形的椭球模型，以及一组最常见的地球椭球模型。默认使用 GRS80 椭球体。

在 MATLAB 中，wgs84Ellipsoid 函数用于创建 1984 年世界大地测量系统参考椭球体，显示椭球体参数，该函数的使用格式见表 8-7。

表 8-7　wgs84Ellipsoid 命令的使用格式

调用格式	说　　明
E = wgs84Ellipsoid	返回代表参考椭球体对象 E
E = wgs84Ellipsoid（lengthUnit）	lengthUnit 表示椭球体半长轴和半直角轴用指定的单位

例 8-6：查看 WGS84 参考椭球体的特性。

解：MATLAB 程序如下。

```
> > close all              % 关闭当前已打开的文件
> > clear                  % 清除工作区的变量
> > wgs84InMeters = wgs84Ellipsoid    % 创建 1984 年世界大地测量系统 (WGS84) 参考椭球体
```

```
wgs84InMeters =
referenceEllipsoid with defining properties:
              Code: 7030
              Name: 'World Geodetic System 1984'
        LengthUnit: 'meter'
     SemimajorAxis: 6378137
     SemiminorAxis: 6356752.31424518
  InverseFlattening: 298.257223563
      Eccentricity: 0.0818191908426215
  and additional properties:
    Flattening      % 椭球体展开
    ThirdFlattening  % 椭球体三级展开
    MeanRadius      % 椭球体平均半径
    SurfaceArea     % 椭球体表面积
    Volume          % 椭球体体积
```

8.3.3 参考球体

参考球体是将地球建模为球形模型，可以制作小规模地图，在更大的尺度上制作精确的地图需要使用这种球形模型。例如，在绘制高分辨率卫星或航空图像时，或者在使用全球定位系统（GPS）的坐标时，这类模型是必不可少的，主要用于地图投影和其他大地测量操作。

在 MATLAB 中，referenceSphere 函数用于创建参考球体，显示球体参数，该函数的使用格式见表 8-8。

表 8-8 referenceSphere 命令的使用格式

调用格式	说明
S = referenceSphere	返回代表参考球体对象 S，表示为单位球面
S = referenceSphere（name）	根据指定名称创建单位球面
S = referenceSphere（name，lengthUnit）	lengthUnit 表示椭球体半长轴和半直角轴用指定的单位

例 8-7：查看月球参考球体的特性。

解：MATLAB 程序如下。

```
>> close all              % 关闭当前已打开的文件
>> clear                  % 清除工作区的变量
>> s = referenceSphere('moon')   % 创建月球模型
referenceSphere with defining properties:

        Name: 'Moon'
   LengthUnit: 'meter'
      Radius: 1738000

  and additional properties:

  SemimajorAxis
```

```
        SemiminorAxis
        InverseFlattening
        Eccentricity
        Flattening
        ThirdFlattening
        MeanRadius
        SurfaceArea
        Volume
```

8.3.4 扁球体

扁球体模型是一个扁平的（扁的）旋转椭球体，在 MATLAB 中，oblateSpheroid 函数用于创建参考球体，显示球体参数，该函数的使用格式见表 8-9。

例 8-8：查看扁球体的特性。

解：MATLAB 程序如下。

表 8-9 oblateSpheroid 命令的使用格式

调用格式	说明
s = oblateSpheroid	返回代表扁球体对象 s，该球面在极坐标处是扁平的

```
> > close all              % 关闭当前已打开的文件
> > clear                  % 清除工作区的变量
> > s = oblateSpheroid      % 创建 GRS80 扁球体
s =

oblateSpheroid with defining properties:
        SemimajorAxis: 1
        SemiminorAxis: 1
    InverseFlattening: Inf
         Eccentricity: 0
  and additional properties:
    Flattening
    ThirdFlattening
    MeanRadius
    SurfaceArea
    Volume
```

8.4 绘制地图

下面介绍几个在指定的坐标系中绘制点、线的命令，显示绘制的二维、三维轮廓线。在图形绘制之前，需要通过定义投影类型确定地图坐标系。

8.4.1 绘制路径

在 MATLAB 中，linem 函数用于在地图坐标系中绘制线条，该函数的使用格式见表 8-10。

表 8-10　linem 命令的使用格式

调 用 格 式	说　　明
h = linem（lat, lon）	在当前地图轴上绘制投影线条。lat 和 lon 是要投影的线条对象的纬度和经度坐标
h = linem（lat, lon, linetype）	linetype 指定线条对象的样式
h = linem（lat, lon, PropertyName, PropertyValue, …）	根据参数 – 值对指定线条对象附加选项
h = linem（lat, lon, z）	根据网格数据 z 进行线条高度定位

在 MATLAB 中，plotm 函数用于绘制二维图中的线和点，该函数的使用格式见表 8-11。

表 8-11　plotm 命令的使用格式

调 用 格 式	说　　明
plotm（lat, lon） plotm（[lat lon]）	在当前地图轴上绘制投影线条。lat 和 lon 是要投影的线条对象的纬度和经度坐标
plotm（lat, lon, linetype）	linetype 指定线条对象的样式
plotm（lat, lon, Name, Value）	根据参数 – 值对指定线条对象附加选项
h = plotm（…）	根据网格数据 z 进行线条高度定位

在 MATLAB 中，plot3m 函数用于绘制三维图中的线和点，该函数的使用格式见表 8-12。

表 8-12　命令的使用格式

调 用 格 式	说　　明
h = plot3m（lat, lon, z）	在当前地图轴上绘制投影三维线条。lat 和 lon 是要投影的线条对象的纬度和经度坐标。z 是每个点的高度数据
h = plot3m（lat, lon, linespec）	linespec 指定线条对象的样式
h = plot3m（lat, lon, PropertyName, PropertyValue, …）	根据参数 – 值对指定线条对象附加选项

例 8-9：在美国地图中绘制印第安纳州。

解：MATLAB 程序如下。

```
> > close all                          % 关闭当前已打开的文件
> > clear                              % 清除工作区的变量
> > pcs = {'Indiana','Michigan','Ohio','Kentucky','Illinois'};   % 定义印第安纳州
centralUS = shaperead('usastatelo.shp',…
    'UseGeoCoords', true,…
    'Selector',{@ (name)any(strcmpi(name,pcs),2),'Name'});   % 读取印第安纳州附近地理
数据,添加地区名称,储存在 centralUS 单元格数组中
> > meLat = [centralUS.Lat];          % 定义经纬度坐标
> > meLon = [centralUS.Lon];
> > subplot(121)
> > usamap('Indiana')                 % 创建印第安地区坐标系
> > plotm(meLat,meLon)
> > subplot(122)
> > usamap('Indiana')                 % 创建美国地区坐标系
> > linem(meLat,meLon,'Color','r','Linestyle',':')
```

运行结果如图 8-11 所示。

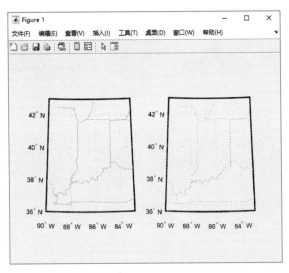

图 8-11　绘制印第安纳州地图

8.4.2 绘制轮廓

在 MATLAB 中，geoplot 函数用于在地图上绘制线条组成的轮廓图，该函数的使用格式见表 8-13。

表 8-13　geoplot 命令的使用格式

调用格式	说　明
geoplot（lat，lon）	在地图坐标系中绘制线条轮廓，其中 lat 是线条纬度、lon 是经度
geoplot（lat，lon，LineSpec）	根据 LineSpec 指定轮廓图的线条样式、标识和颜色绘制地理地球仪
geoplot（lat1，lon1，…，latN，lonN）	将几组经纬度位置指定的图合并
geoplot（lat1，lon1，LineSpec1，…，latN，lonN，LineSpecN）	将几组经纬度位置指定的图合并，每个线条有单独的 LineSpec
geoplot（…，Name，Value）	使用一个或多个名称 – 值对参数指定其他选项。包括下面的选项。 • 'HeightReference'：高度基准，'geoid'（默认）、'terrain'、'ellipsoid' • 'Color'：线色，[0 0 0]（默认）、RGB 三重态、十六进制彩色码、'r'、'g'、'b'… • 'LineStyle'：线型，'-'（默认）、'none' • 'Marker'：标记符号，'none'（默认）、'o'
geoplot（gx，…）	在 gx 指定的地理坐标区（而不是当前坐标区）中绘图
p = geoplot（…）	返回 Line 对象

例 8-10：绘制五大湖轮廓图。

解：MATLAB 程序如下。

```
>> close all      % 关闭当前已打开的文件
>> clear          % 清除工作区的变量
>> load conus     % 加载代表五大湖的区域数据,加载经纬度向量坐标 gtlakelat, gtlakelon
>> geoplot(gtlakelat, gtlakelon,'Color','r')   % 在地理坐标区上创建轮廓图
```

运行结果见图 8-12。

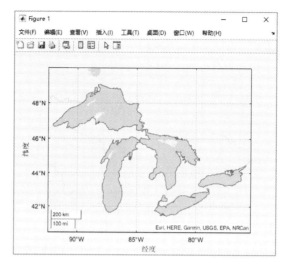

图 8-12 绘制轮廓图

在 MATLAB 中，geoplot3 函数用于在地图上绘制线条形成三维轮廓，该函数的使用格式见表 8-14。

表 8-14   geoplot3 命令的使用格式

调 用 格 式	说　　明
geoplot3（g，lat，lon，h）	在 g 指定的地理地球仪绘制轮廓线，其中 lat 是线条纬度、lon 是测量经度、h 为高度
geoplot3（…，LineSpec）	根据 LineSpec 指定的线条样式、标识和颜色绘制地理地球仪
geoplot3（…，Name，Value）	使用一个或多个名称–值对参数指定其他选项。包括下面的选项。 • 'HeightReference'：高度基准，'geoid'（默认）［高度值与大地水准面（平均海平面）有关］、'terrain'（高度值与地面有关）、'ellipsoid'（高度值相对于 WGS84 参考椭球面） • 'Color'：线色，［0 0 0］（默认）、RGB 三重态、十六进制彩色码、'r'、'g'、'b'… • 'LineStyle'：线型，'-'（默认）、'none' • 'Marker'：标记符号，'none'（默认）、'o'
p = geoplot3（…）	返回 Line 对象

例 8-11：绘制加利福尼亚地区蜂窝塔位置轮廓图。

解：MATLAB 程序如下。

```
>> close all                        %  关闭当前已打开的文件
>> clear                            %  清除工作区的变量
>> load cellularTowers              %  加载加利福尼亚地区蜂窝塔位置数据 Latitude、Longitude
>> uif = uifigure;                  %  创建 UI 控件
>> g = geoglobe(uif);               %  创建一个地理地球仪
>> lat = cellularTowers(2:100,:).Latitude;          %  抽取部分数据
>> lon = cellularTowers(2:100,:).Longitude;
>> geoplot3(g,lat,lon,[],'y','LineWidth',2,'Marker','o')  %  在地球地图上绘制海岸线。
绘制的线条线宽为 2,颜色为黄色,每个数据点或顶点显示圆圈标记
```

运行结果见图 8-13。

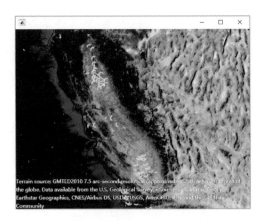

图 8-13　绘制加利福尼亚地区蜂窝塔位置

8.4.3 绘制多边形

在 MATLAB 中，geoshow 函数用于在地理坐标系中绘制多边形组成的区域，该函数的使用格式见表 8-15。

表 8-15　geoshow 命令的使用格式

调 用 格 式	说　　明
geoshow（lat，lon）	根据地理坐标纬度和经度向量［lat，lon］，显示以该经纬度为中心的区域地图。'DisplayType' 参数值只能是' Point '、' MultiPoint '、' Line '、' Polygon '
geoshow（S）	根据存储的矢量地理特征 S 显示地图投影位置
geoshow（lat，lon，Z）	根据网格数据 Z 进行地理定位，地图显示为曲面、网格、纹理映射或轮廓
geoshow（Z，R）	根据网格数据 Z 和引用对象 R（引用向量、引用矩阵、地理网格引用对象）进行定位。 • 若 R 为地理位置引用对象，'DisplayType' 参数为' surface '、' mesh '、' contour ' • 若 R 为地理单元格引用对象，'DisplayType' 参数为' surface '、' contour '、' mesh '、' texturemap '、' image '
geoshow（lat，lon，I）	根据纬度和经度向量［lat，lon］和地理定位图像 I 显示投影，纹理地图上的零海拔表面图像 I 可以是真彩色、灰度或二值图像
geoshow（lat，lon，X，cmap）	图像 X 是带有颜色图 cmap 的索引图像
geoshow（I，R）	通过引用对象 R 投影、与经纬度相关联的图像 I 绘图
geoshow（X，cmap，R）	图像 X 是带有颜色图 cmap 的索引图像，该图像以零高程表面上的纹理图形式显示
geoshow（filename）	根据 filename 指定的文件中的数据显示地图
geoshow（…，Name，Value）	根据参数 – 值对修改地图附加选项。 • 'SymbolSpec'：符号化规则 • 'DisplayType'：数据图形的显示类型，' point '、' multipoint '、' line '、' polygon '、' image '、' surface '、' mesh '、' texturemap '、' contour ' • maker：标记图形样式 • markeredgecolor：表示标记图形边界的颜色 • facecolor：定义了地图表面的颜色，需要输入三个参数且均在 0 ~ 1 • edgecolor：定义了地图边界的颜色
geoshow（ax，…）	在 ax 指定的坐标轴中绘制地图
h = geoshow（…）	返回 MATLAB 地图图形对象的句柄

例 8-12：显示飓风地形图。

解：MATLAB 程序如下。

```
>> close all          % 关闭当前已打开的文件
>> clear              % 清除工作区的变量
>> [Z,R] = readgeoraster('katrina.tif');   % 导入卡特里娜飓风地形网格数据,加载网格数
据,Z 为双精度网格数据,R 为地理位置引用对象
>> worldmap(Z,R)      % 创建坐标系,显示所有数据
>> geoshow(Z,R)       % 将数据投影到地理坐标系中
```

运行结果见图 8-14。

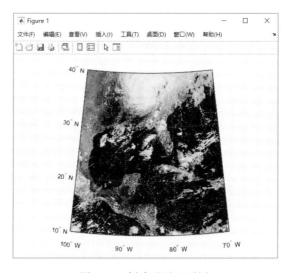

图 8-14　创建飓风地形图

geoshow 函数处理使用经纬度坐标绘制多边形，还可以使用网格数据绘制多边形。在 MATLAB 中，vec2mtx 函数将纬度 – 经度矢量数据转换为任意分辨率的网格，该函数的使用格式见表 8-16。

表 8-16　vec2mtx 命令的使用格式

调用格式	说　　明
[Z, R] = vec2mtx (lat, lon, density)	从矢量数据中创建常规网格数据 Z 和引用对象 R，其中，density 表示单位纬度和经度的网格单元格数
[Z, R] = vec2mtx (lat, lon, density, latlim, lonlim)	latlim 和 lonlim 定义网格的纬度和经度范围
[Z, R] = vec2mtx (lat, lon, Z1, R1)	Z1、R1 定义输出网格的范围和密度。R1 可以是引用向量、引用矩阵或地理网格引用对象
[Z, R] = vec2mtx (..., 'filled')	形成一个或多个闭多边形

例 8-13：绘制新英格兰地区 6 个州海岸线网格图。

解：MATLAB 程序如下。

```
>> close all              % 关闭当前已打开的文件
>> clear                  % 清除工作区的变量
>> MapLatLimit = [41 48]; % 设置地图经纬度范围
```

```
> > MapLonLimit = [-74 -66];
> > NEstates = shaperead('usastatelo','UseGeoCoords', true,...
  'BoundingBox',[MapLonLimit'MapLatLimit']); % 读取新英格兰的 6 个州地理数据
> > lon = NEstates. Lat;              % 设置纬度和经度数据
> > lat = NEstates. Lon;
> > subplot(121)
> > density=10;
> > [Z,R] = vec2mtx(lat,lon,density); % 根据经纬度计算常规矩阵 Z 与网格引用对象 R
> > geoshow(Z,R)                      % 绘制海岸线网格图
> > subplot(122)
> > density=100;
> > [Z,R] = vec2mtx(lat,lon,density); % 根据经纬度计算常规矩阵 Z 与网格引用对象 R
> > geoshow(Z,R)                      % 绘制海岸线网格图
```

运行结果见图 8-15。

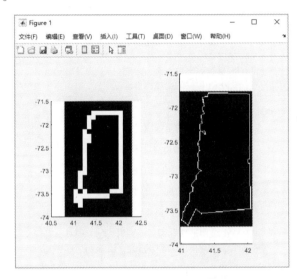

图 8-15　创建海岸线网格图

8.4.4 绘制网络图

在 MATLAB 中，webmap 函数显示网络地图，该函数的使用格式见表 8-17。

表 8-17　webmap 命令的使用格式

调用格式	说　明
webmap	打开一个新的 Web 地图，其中心位于经纬度点 [0 0]。默认情况下，webmap 将基本层设置为世界街道地图的最大可用空间范围。在 Web 地图打开后，可以使用 Web 地图右侧可用的图层管理器选择另一个基本层
webmap（baseLayer）	根据 baseLayer 设置默认的基本层，见表 8-18
webmap（wmsLayer）	根据 wmsLayer 指定的参数设置基本层
webmap（customBasemap）	customBasemap 指定自定义基地图

（续）

调 用 格 式	说　　明
webmap（…，'WrapAround'，tf）	tf 为逻辑值，false 或者 0 表示打开一个新的网页地图，显示在西边 – 180 度，东边在 + 180 度处。默认的 tf 是 true 或者 1，打开一张支持连续平移并在 180 度子午线上缩放的地图 webmap 函数限制缩放，使其每次显示的经度小于 180 度
wm = webmap（…）	返回网页地图的句柄 wm
webmap（wm）	显示当前的网络地图 wm

8.5　椭球面上的测量计算

参考椭球是大地测量计算的基准面，同时又是研究地球形状和地图投影的参考面。参考椭球具有一定的用于定位及定向的几何参数。地面上一切观测元素都应归算到参考椭球面上，并在该面上进行计算。

表 8-18　baseLayer 基本层

参 数 名 称	说　　明
'World Street Map'	ESRI 提供的全球街道地图
'Open Street Map'	街道地图 openstreetmap. org
'World Imagery'	ESRI 提供的全球图像
'World Topographic Map'	来自 ESRI 的世界地形图
'World Shaded Relief'	表面高程作为 ESRI 提供的阴影浮雕
'World Physical Map'	ESRI 提供的世界自然地球地图
'World Terrain Base'	ESRI 提供的阴影浮雕和水深测量
'USGS Imagery'	由美国地质勘探局提供的蓝色大理石、奈普和陆地卫星合成物
'USGS Topographic Imagery'	美国地质勘探局提供的地形图
'USGS Shaded Topographic Map'	由美国地质勘探局提供的等高线、阴影浮雕和矢量层的复合
'USGS Shaded Relief'	美国地质勘探局提供的国家海拔数据集的阴影浮雕
'National Geographic Map'	ESRI 提供的一般参考地图
'DeLorme World Basemap'	ESRI 提供的地形图
'Ocean Basemap'	ESRI 提供的仪表进行水深测量，显示海洋特征
'World Navigation Charts'	ESRI 提供的具有航海信息的地形数据
'Light Gray Canvas Map'	中性背景地图，最小颜色由 ESRI 提供

地球椭球要素包括点、线、面等，对地球椭球的计算主要研究点、线、面的几何特征及其数学性质。主要应用包括下面几个方面。

◆ 地球椭球及其定位。

◆ 椭球面的法截线及其曲率半径。

◆ 椭球面上的弧长计算。

◆ 观测元素由地面换算至椭球面。

◆ 椭球面上的三角形解算和大地坐标计算。

◆ 用椭球来表示地球必须解决两个问题。

- 椭球参数的选择。
- 确定椭球与地球的相关位置，即椭球的定位。

1. 椭球参数

图 8-16 所示为椭圆-*NESW*、旋转轴-*NS*、子午圈-*NRS*、平行圈-*C-C'*。

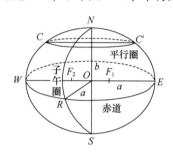

图 8-16　椭球的几何参数及其关系

椭球体的基本几何参数如下。

◆ 长半径：a。

◆ 短半径：b。

◆ 扁率：$\alpha = (a - b)/a$。

◆ 第一偏心率：$e = \sqrt{a^2 - b^2}/a$。

◆ 第二偏心率：$e' = \sqrt{a^2 - b^2}/b$。

式中，$\sqrt{a^2 - b^2}/b$ 表示椭圆的焦距，即椭圆的焦点到椭圆中心的距离

$$a = b\sqrt{1 - e'^2} \qquad b = a\sqrt{1 - e^2}$$

$$e = e'\sqrt{(1 - e^2)} \qquad e' = e\sqrt{(1 - e'^2)}$$

$$(1 + e'^2)(1 - e'^2) = 1$$

$$e^2 = 2a - a^2 \approx 2a \quad (a \approx 1/300)$$

特定椭球体参数见表 8-19。

表 8-19　几种椭球几何参数

	kpaCOBCKuu	1980 国家大地坐标系	WGS84
a	6378245	6378140	6378137
b	6356863.01877	6356755.28816	6356752.3142
e^2	0.00669342162297	0.00669438499959	0.00669437999013
e'^2	0.0067385254468	0.00673950181947	0.00673949674227
f	1:298.3	1:298.257	1:298.257223563

2. 椭球的定位

椭球定位是指确定具有特定参数的椭球与大地体的相关位置，测量计算基准面的具体位置和大地测量起算数据。

下面介绍几个基本参数。

◆ 法截面：包含曲面上一点法线的平面。

◆ 法截线：法截面与曲面的截线。
◆ 子午圈：包含短轴的平面与椭球面的交线。
◆ 卯酉圈：与椭球面上一点子午圈相垂直的法截线，为该点的卯酉圈。
◆ 平行圈：垂直于短轴的平面与椭球面的交线。

8.5.1 椭球定位和定向

旋转椭球体是椭圆绕其短轴旋转而成的形体，通过选择椭圆的长半轴和扁率，可以得到与地球形体非常接近的旋转椭球，旋转椭球面是一个形状规则的数学表面，在其上可以做严密的计算，而且所推算的元素（如长度与角度）同大地水准面上的相应元素非常接近，这种用来代表地球形状的椭球称为地球椭球，它是地球坐标系的参考基准。

椭球定位是指确定椭球中心的位置，可分为两类：局部定位和地心定位。局部定位要求在定范围内椭球面与大地水准面有最佳的符合，而对椭球的中心位置无特殊要求；地心定位要求在全球范围内椭球面与大地水准面有最佳的符合，同时要求椭球中心与地球质心一致或最为接近。

椭球定向是指确定椭球旋转轴的方向。

不论是局部定位还是地心定位，都应满足两个平行条件。

◆ 椭球短轴平行于地球自转轴。
◆ 大地起始子午面平行于天文起始子午面。

这两个平行条件是人为规定的，其目的在于简化大地坐标、大地方位角同天文坐标、天文方位角之间的换算。

参考椭球是具有确定参数（长半径 a 和扁率 α），经过局部定位和定向，同某一地区大地水准面最佳拟合的地球椭球。

总地球椭球是除了满足地心定位和双平行条件外，在确定椭球参数时还能使它在全球范围内与大地体最密合的地球椭球。

8.5.2 平均半径和曲率半径计算

地球半径是指从地球中心到其表面（平均海平面）的距离。地球不是一个规则的物体，因此无法计算地球的半径，只能近似得到参考球体的平均半径。

在 MATLAB 中，earthRadius 函数用于计算地球平均半径，该函数的使用格式见表 8-20。

表 8-20　earthRadius 命令的使用格式

调用格式	说　明
R = earthRadius	计算地球的平均半径（以 m 为单位）
R = earthRadius（lengthUnit）	使用指定的长度单位 lengthUnit 返回地球的平均半径

球体和球体上的长度和距离的线性测量包括：绝对位置、地图坐标或地形高程、尺寸（行星的半径或其半长和半直角轴）和点之间或沿路线的距离（在 2-D 或 3-D 空间内或跨越地形），单位包括英尺（ft）、米（m）、英里（mile）和公里⊖。MATLAB 提供专门的长度转换函数，见表 8-21。

⊖　1ft = 0.3048m，1mile = 1609.344m，1 公里 = 1000m。

表 8-21 长度转换函数

函 数 格 式	说　明
nm = km2nm（km）	将公里转换为海里（n mile）⊖
sm = km2sm（km）	将公里转换为英里
km = nm2km（nm）	将海里转换为公里
sm = nm2sm（nm）	将海里转换为英里
km = sm2km（sm）	将英里转换为公里
nm = sm2nm（sm）	将英里转换为海里

在微分几何中，曲率的倒数就是曲率半径，即 $R = 1/K$。对于球面，它等于最接近该点处曲线圆弧的半径。地球是接近于绕椭圆短轴旋转而成的旋转椭圆体，它的曲率半径各处都不一致，为了方便计算，地球的曲率半径是由地球的椭圆参考体近似得到的。

在 MATLAB 中，rcurve 函数用于计算椭球曲率半径，该函数的使用格式见表 8-22。其余基本参数计算函数见表 8-23。

例 8-14：使用不同单位检索地球的基本参数。

解：MATLAB 程序如下。

表 8-22 rcurve 命令的使用格式

调 用 格 式	说　明
r = rcurve（ellipsoid，lat）	计算（椭）球曲率半径，rellipsoid 为椭球体对象，参考球体对象或扁椭球旋转体对象
r = rcurve（'parallel'，ellipsoid，lat）	在纬度处平行的曲率半径
r = rcurve（'meridian'，ellipsoid，lat）	计算在纬度处子午线平面上的曲率半径
r = rcurve（'transverse'，ellipsoid，lat）	计算曲率的横向半径，该曲率在纬度处向椭球面法向、法向向子午线方向移动
r = rcurve（...，angleunits）	angleunits 指定单位

表 8-23 参数命令的使用格式

调 用 格 式	说　明
ratio = unitsratio（to，from）	单位换算系数
rsphere	计算辅助球半径
axes2ecc	轴长椭圆的偏心率
majaxis	椭圆半长轴
minaxis	椭圆半轴
ecc2flat	偏心椭圆的扁化
flat2ecc	扁椭圆偏心率
ecc2n	偏心椭圆的第三次压扁
n2ecc	第三次平直椭圆的偏心率

⊖ 1 海里 = 1852m。

```
> > close all              % 关闭当前已打开的文件
> > clear                  % 清除工作区的变量
> > earthRadius            % 计算地球半径
ans =
    6371000
> > earthRadius('meters')  % 计算地球半径(以米为单位)
ans =
    6371000
> > earthRadius('km')      % 计算地球半径(以千米为单位)
ans =
       6371
> > r = rcurve('transverse',referenceEllipsoid('earth','km'),...
          45,'degrees')    % 计算以公里为单位的45度默认椭球体的曲率半径
r =

  6.3888e+03
```

8.5.3 方位角计算

在 MATLAB 中，azimuth 函数用于计算球面或椭球上各点间的方位角，该函数的使用格式见表 8-24。

表 8-24　azimuth 命令的使用格式

调用格式	说　明
az = azimuth (lat1, lon1, lat2, lon2)	计算从点 1 到点 2 的大圆方位角
az = azimuth (lat1, lon1, lat2, lon2, ellipsoid)	在 ellipsoid 定义的椭球上计算方位角
az = azimuth (lat1, lon1, lat2, lon2, units) az = azimuth (lat1, lon1, lat2, lon2, ellipsoid, units)	units 指定角度单位（弧度/角度），MATLAB 提供专门的弧度/角度转换函数，见表 8-25
az = azimuth (track, …)	track 指定计算大圆或驼峰线上方位角，'rh'为球面或椭球的驼峰线方位角

表 8-25　单位转换函数

函数格式	说　明
R = deg2rad (D)	将度转换为弧度
D = rad2deg (R)	将弧度转换为度

例 8-15：飞机从（10 N，56 W）到（0，10 W）航行，确定航向。

解：MATLAB 程序如下。

```
> > close all              % 关闭当前已打开的文件
> > clear                  % 清除工作区的变量
> > axesm('mapproj','mercator',...
    'maplatlim',[-20 50],'maplonlim',[-60 60],...
    'MLineLocation',15,'PLineLocation',15, ...
```

```
                'Grid','on','Frame','on','MeridianLabel','on','ParallelLabel','on');  % 创建坐标区,设
        置当前坐标系为墨卡托投影坐标系,设定地图经纬度显示范围,定义网格子午线与并行线位置,显示网格
        线、坐标轴、并行线
        >> load coastlines;              % 将海岸线向量数据 coastlat、coastlon 加载到工作区
        >> geoshow(coastlat,coastlon,'displaytype','line','color','m');  % 绘制海岸线
        >> axis off                      % 隐藏坐标系
        >> lat1 = 10;                    % 定义起点位置
        >> lon1 = -56;
        >> lat2 = 0;                     % 定义终点位置
        >> lon2 = -10;
        >> plotm(lat1,lon1,'rp')         % 红色五角星标记起点
        >> plotm(lat2,lon2,'rp')         % 红色五角星标记终点
        >> az1 = azimuth(lat1,lon1,lat2,lon2);  % 计算从点1到点2的大圆方位角
        >> az2 = azimuth('rh',lat1,lon1,lat2,lon2);  % 计算从点1到点2的驼峰线方位角
        % 绘制大圆
        >> [lat01,lon01] = track1(lat1,lon1,az1);% 根据第一点坐标、方位角定义大圆
        >> plotm(lat01,lon01,'b')        % 绘制大圆
        >> [lat02,lon02] = track1(lat2,lon2,az1);% 根据第二点坐标、方位角定义大圆
        >> plotm(lat02,lon02,'b')        % 绘制大圆
        % 绘制驼峰线
        >> [lat002,lon002] = track1('rh',lat2,lon2,az2);% 根据第二点坐标、方位角定义驼峰线
        >> plotm(lat002,lon002,'b')      % 绘制驼峰线
```

运行结果见图 8-17。

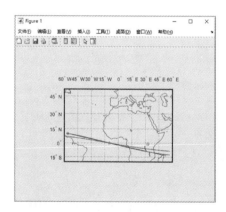

图 8-17　方位角计算运行结果

8.5.4　坡度、坡向计算

从常规数据网格计算梯度、坡度和坡向,梯度分量是北向和东向每米距离网格变量的变化。斜率是单位距离的高程沿最陡峭的上升或下降路径从网格单元格到其8个近邻之一的变化。如果网格以 m 为单位,则角度和坡度是从北向顺时针方向和从水平方向向上的表面的角度。

在 MATLAB 中,gradientm 函数使用有限差分方法计算规则或地理参考数据网格的梯度。该函数返回南北方向(即从北到南、从东到西),以及坡度和坡向的梯度分量。默认情况下,角是以度为单位表示的。该函数的使用格式见表 8-26。

表 8-26　gradientm 命令的使用格式

调 用 格 式	说　　明
[aspect, slope, gradN, gradE] = gradientm (F, R)	计算网格数据的坡度角、斜率角，以及渐变的北、东分量
[aspect, slope, gradN, gradE] = gradientm (F, R, spheroid)	spheroid 指定使用的引用球体
[aspect, slope, gradN, gradE] = gradientm (lat, lon, F)	计算地理定位数据的坡度角、斜率角，以及渐变的北、东分量
[aspect, slope, gradN, gradE] = gradientm (lat, lon, F, spheroid)	使用指定的参考球体代替 GRS-80
[aspect, slope, gradN, gradE] = gradientm (lat, lon, F, spheroid, angleUnit)	将纬度和经度的单位指定为' degrees '或' radians '

例 8-16：绘制科罗拉多州南博尔德峰高程数据的坡度图。

解：MATLAB 程序如下。

```
>> close all              % 关闭当前已打开的文件
>> clear                  % 清除工作区的变量
>> [N,R] = readgeoraster('n39_w106_3arc_v2.dt1','OutputType','double');% 读取科罗
拉多州南博尔德峰周围地区进口高程数据,加载常规网格数据 N,地理位置引用对象 R
>> [aspect,slope,gradN,gradE] = gradientm(N,R);  % 计算数据的角度、斜率角和梯度分量
>> subplot(321)
>> axesm eckert4           % 设置 Eckert 投影
>> geoshow(N,R,'DisplayType','surface') % 绘制高程数据
>> axis normal             % 将当前的坐标轴框恢复为全尺寸
>> view(3)
>> colorbar
>> title('altitude')
>> subplot(322)
>> contour3m(N,R,40,'LineColor','k') % 绘制三维等高线图
>> view(3)
>> title('contour')
>> subplot(323)
>> axesm('eqdcylin')
>> geoshow(gradN,R,'DisplayType','surface')   % 绘制梯度分量投影
>> axis normal                % 将当前的坐标轴框恢复为全尺寸
>> view(3)
>> title('North Components of Gradient')
>> colorbar
>> subplot(324)
>> axesm('eqdcylin')
>> geoshow(gradE,R,'DisplayType','surface')
>> axis normal                % 将当前的坐标轴框恢复为全尺寸
>> view(3)
>> title('East Components of Gradient')
```

```
>> colorbar
>> subplot(325)
>> axesm('eqdcylin')
>> geoshow(slope,R,'DisplayType','surface')      % 绘制坡度角,坡度角的值在顶点为零
>> axis normal                                   % 将当前的坐标轴框恢复为全尺寸
>> view(3)
>> title('Slope Angles')
>> colorbar
>> subplot(326)
>> axesm('eqdcylin')
>> geoshow(aspect,R,'DisplayType','surface')  % 绘制角度图。坡向角描述了从北顺时针方
向测量到的山体坡面的方向
>> title('Aspect Angles')
>> axis normal                                   % 将当前的坐标轴框恢复为全尺寸
>> view(3)
>> colorbar
```

运行结果如图 8-18 所示。

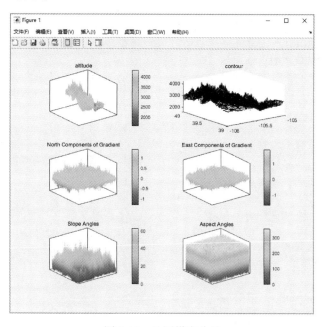

图 8-18　地图梯度分量

8.5.5　位置计算

在 MATLAB 中，reckon 函数用于计算指定范围内的点，该函数的使用格式见表 8-27。

表 8-27　reckon 命令的使用格式

调用格式	说　　明
[latout, lonout] = reckon (lat, lon, arclen, az)	指定点 lat 和 lon 沿大圆在给定的距离范围 arclen 和方位角 az 内，计算特定位置（latout, lonout）

（续）

调 用 格 式	说　　明
[latout, lonout] = reckon (lat, lon, arclen, az, units)	units 定义输入和输出的单位，可以为' degrees '（默认）或'radians '
[latout, lonout] = reckon (lat, lon, arclen, az, ellipsoid)	ellipsoid 可以是 referenceSphere（参考球体）、referenceEllipsoid（参考椭球体）、oblateSpheroid（扁球体）对象，或窗体的向量
[latout, lonout] = reckon (lat, lon, arclen, az, ellipsoid, units)	units 定义输入和输出的单位，可以' degrees '（默认）或'radians '
[latout, lonout] = reckon (track, ...)	track 设置轨迹类型，' gc '（默认）表示沿着驼背线，'rh '表示沿着大圆线

例 **8-17**：一架从伦敦飞往 600 海里西北航线的飞机最终将在何处结束。

解：MATLAB 程序如下。

```
> > close all              % 关闭当前已打开的文件
> > clear                  % 清除工作区的变量
> > axesm Mercator         % 创建墨卡托投影坐标系
> > plotm(51.5,0,'rp')     % 绘制十字标记的红色起始点
> > dist = nm2deg(600);    % 转换距离单位，海里转换为度
> > pt1 = reckon (51.5, 0, dist, 315);     % 指定飞机起点 (51.5 N, 0.0)，计算起点往
西北方向 315 度范围大圆线上的点
> > plotm(pt1,'b +')                        % 绘制十字标记的终点 1
> > pt2 = reckon('rh',51.5,0,dist,315);     % 计算指定点西北方向 315 度范围在大圆上的
点
> > plotm(pt2,'b +')                        % 绘制十字标记的终点 2
> > linem([pt1(1),pt2(1)], [pt1(2),pt2(2)],'LineWidth',6)    % 连接两个终点距离
> > separation = distance('gc',pt1,pt2)     % 计算两点在驼背线上的距离
separation =
    0.8430
> > nmsep = deg2nm(separation)              % 转换距离单位，度转换为海里
nmsep =
  50.6156
这两处距离超过 50 海里
```

运行结果见图 8-19。

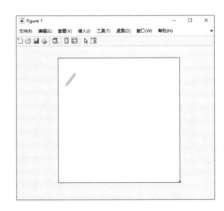

图 8-19　位置计算运行结果

8.6 球面上的距离计算

许多地理空间域（如地震学）以角度描述地球表面各点之间的距离。当使用球面坐标时，距离是用角度表示的，而不是用长度表示。

球面上的距离也称之为弧长，即以弧度表示的距离。两点间的路径并不是唯一的，球面间距离的表示方法也不是唯一的。这里需要引入一个概念——球面圆。

球面圆是指球面在空间中与平面相交时的交线圆，是需要计算距离的两点所在平面与球面的交线圆，两点把交线圆分为两段圆弧，球面间距是交线圆上的劣弧长，如图 8-20 所示。

球面圆包括平面通过球心时交成的球面大圆和平面不通过球心时与球面相交而成的球面小圆。大圆是地球表面与通过行星中心平面的交集。因此，大圆总是平分球体，赤道和所有的经络都是大圆。大圆是球面上最大的圆，与小圆相对。

球面上有两个同时经过 K 点、M 点的圆圈，包括 KPM 与 KQM，如图 8-21 所示。在球面上两点 KM 之间的距离，不是简单的连接 KM 的直线，有无数条，如 KPM、KQM、KNM、KBM、KAM、KSM 等。其中，KPM 属于大圆上的点，是沿球面两点之间的最短路径；KQM 是小圆上经过两点轨迹。

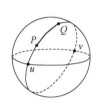

图 8-20 球面距离

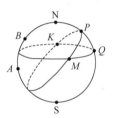

图 8-21 球面上的点

下面介绍几个重要概念。

◆ 测地线：微分几何学中最重要和最基本的概念之一，也是几何学最基本的研究对象。测地线的研究不仅推动了几何学的发展，实际上很多物理定律及现象也可以通过测地线的相关结论来合理解释。测地线（Geodesic）来自大地测量学（Geodesy），测地线又称大地线或短程线，定义为空间中两点的直线路径（局域最短或最长）。测地线是曲面上的最短路径，这个曲面可以是球面也可以是椭球面，在球体参考体中，位于过球心的大圆上连接球面两点之间的最短路径是大圆。

◆ 大圆：将地球定义为球体，过球心的平面和球面的交线为大圆，如图 8-22 所示。大圆的圆心与球心重合，半径与地球的半径相等。大圆线是球面上半径等于球体半径的圆弧。大圆是连接球面上两点最短的路径所在的曲线。所有的经线都是大圆线，纬线则只有赤道是大圆线。

◆ 小圆：一般定义是平面与球面的交线，纬度的平行线都是小圆，如图 8-23 所示。

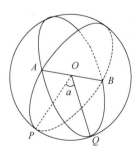

图 8-22 大圆图示

图 8-23 小圆图示

8.6.1 椭圆

在数学中，椭圆是围绕两个焦点的平面中的曲线，使得对于曲线上的每个点，到两个焦点的距离之和是恒定的。

在 MATLAB 中，ellipse1 函数用于定义经过指定点的椭圆，该函数的使用格式见表 8-28。

表 8-28 ellipse1 命令的使用格式

调用格式	说明
[lat, lon] = ellipse1 (lat0, lon0, ellipse)	根据中心点坐标 ellipse 和经纬度坐标 (lat0, lon0) 定义单位球面上的椭圆 (S) (lat, lon) 表示椭圆上点坐标，该椭圆是以球面弧长为单位的。所有的椭圆都是定向的，主轴从北向南移动
[lat, lon] = ellipse1 (lat0, lon0, ellipse, offset)	计算长轴从正北通过方位角偏移旋转的椭圆。offset 表示从正北顺时针方向角度。如果 offset = [ ]，表示不设置偏移量
[lat, lon] = ellipse1 (lat0, lon0, ellipse, offset, az)	绘制指定角度 az 的椭圆弧，如果 az = [ ]，计算完整的椭圆坐标
[lat, lon] = ellipse1 (lat0, lon0, ellipse, offset, az, ellipsoid)	计算 ellipsoid 定义的椭球上的椭圆。ellipsoid 可以是 referenceSphere（参考球体）、referenceEllipsoid（参考椭球体）、oblateSpheroid（扁球体）对象，或窗体的向量
[lat, lon] = ellipse1 (…, angleUnit)	angleUnit 定义输入和输出的单位，可以为' degrees '（默认）、或' radians '
[lat, lon] = ellipse1 (lat0, lon0, Ellipse, offset, az, ellipsoid, angleUnit, npts)	npts 表示椭圆的点数，默认为 100
[lat, lon] = ellipse1 (trackStr, …)	trackStr 指定绘制的椭圆是大圆（' gc '）或驼背线（' rh '）离椭圆中心的距离
mat = ellipse1 (…)	mat = [lat lon]

例 8-18：绘制椭圆与椭圆弧。

解：MATLAB 程序如下。

```
> > close all                  % 关闭当前已打开的文件
> > clear                      % 清除工作区的变量
> > axesm Mercator             % 创建墨卡托投影坐标系
> > ecc = axes2ecc(10,5);      % 计算椭圆的偏心率
> > plotm(0,0,'r +')           % 绘制十字标记的红色圆心
> > [elat,elon] = ellipse1(0,0,[10 ecc],45);  % 计算椭圆,以 (0,0) 为中心,其长轴半径为
10,短轴半径为 5
> > plotm(elat,elon)           % 绘制椭圆
> > [elat,elon] = ellipse1(0,0,[5 ecc],45,[-30 70]); % 计算指定方位角范围的椭圆弧
> > plotm(elat,elon,'c -')       % 绘制椭圆弧
% 如果所需半径以非角距离单位已知,则 (使用项指定)
> > az = earthRadius('nm');     % 定义方位角
> > [elat,elon] = ellipse1(0,0,[550 ecc],45,[],az);  % 计算偏移量为 45,方位角为空的
完整的椭圆
> > plotm(elat,elon,'m--')       % 绘制椭圆
```

运行结果见图 8-24。

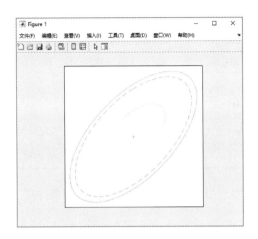

图 8-24　绘制椭圆与椭圆弧运行结果

8.6.2 轨迹线

轨迹线是沿着地球表面连接两个点的路径，地理上主要研究两种轨迹线，即大圆线和驼峰线，如图 8-25 所示，大圆线为直线，驼峰线为曲线。

在地球参考模型上，大圆线代表两点之间的最短路径，虽然大圆是最短的路径，但因为方位（或方位角）在进行过程中不断发生变化，大圆很难导航。

驼峰线是具有固定航向角的路径。驼峰线是一条在同一角度上穿过每个子午线的曲线，如图 8-26 所示。驼峰线具有持续的航向线，在导航中应用广泛。

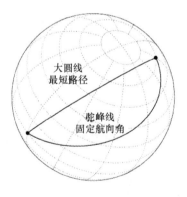

图 8-25　大圆线与驼峰线

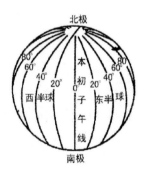

图 8-26　驼峰线

在 MATLAB 中，track 函数利用路径计算测地线（大圆）或驼峰线弧，该函数的使用格式见表 8-29。

表 8-29　track 命令的使用格式

调用格式	说　　明
[lattrk, lontrk] = track（waypts）	根据经纬度坐标矩阵 waypts 计算球面上两点路径点坐标
[lattrk, lontrk] = track（waypts, units）	units 指定输入和输出的单位

（续）

调 用 格 式	说　明
［lattrk，lontrk］= track（lat，lon）	输入路径点向量 lat 和 lon 计算路径点
［lattrk，lontrk］= track（lat，lon，ellipsoid）	ellipsoid 指定地球的形状，可以为不同的参考球体
［lattrk，lontrk］= track（lat，lon，ellipsoid，units，npts）	npts 表示采样点数，默认值为 30
［lattrk，lontrk］= track（method，lat，…）	method 定义计算大圆'gc'或驼峰线'rh'距离
trkpts = track（lat，lon…）	trkpts 为两列矩阵，其中第一列代表纬度，第二列代表经度

在 MATLAB 中，track1 函数利用起点、距离和方位角计算测地线（大圆）或驼峰线弧，该函数的使用格式见表 8-30。

表 8-30　track1 命令的使用格式

调 用 格 式	说　明
［lat，lon］= track1（lat0，lon0，az）	根据坐标与方位角计算球面上两点路径点坐标
［lat，lon］= track1（lat0，lon0，az，arclen）	arclen 指定大圆路径的弧长
［lat，lon］= track1（lat0，lon0，az，arclen，ellipsoid）	ellipsoid 输入定义的椭球参考体
［lat，lon］= track1（lat0，lon0，az，angleunits） ［lat，lon］= track1（lat0，lon0，az，arclen，angleunits） ［lat，lon］= track1（lat0，lon0，az，arclen，ellipsoid，angleunits）	units 指定输入和输出的角度单位
［lat，lon］= track1（lat0，lon0，az，arclen，ellipsoid，angleunits，npts）	npts 指定计算的小圆的网格点数，默认值是 100
［lat，lon］= track1（trackstr，…）	使用轨道 trackstr 来定义计算大圆或驼峰线 • 'gc'：计算大圆路径坐标 • 'rh'：计算驼峰线路径坐标
mat = track1（…）	返回一个输出参数，其中 mat = ［lat lon］

在 MATLAB 中，track2 函数利用起点和终点计算指定点的测地线（大圆）或驼峰线弧，该函数的使用格式见表 8-31。

表 8-31　track2 命令的使用格式

调 用 格 式	说　明
［lat，lon］= track2（lat1，lon1，lat2，lon2）	根据坐标计算球面上两点路径点坐标
［lat，lon］= track2（lat1，lon1，lat2，lon2，ellipsoid）	ellipsoid 输入定义的椭球参考体
［lat，lon］= track2（lat1，lon1，lat2，lon2，units）	units 指定输入和输出的角度单位，默认值为'degrees'
［lat，lon］= track2（lat1，lon1，lat2，lon2，ellipsoid，units）	units 指定输入和输出的角度单位 ellipsoid 输入定义的椭球参考体
［lat，lon］= track2（lat1，lon1，lat2，lon2，ellipsoid，units，npts）	npts 指定计算的小圆的网格点数，默认值是 100

（续）

调用格式	说　明
[lat, lon] = track2（track, …）	使用轨道 track 来定义计算大圆或驼峰线 • 'gc'：计算大圆路径坐标 • 'rh'：计算驼峰线路径坐标
mat = track2（…）	返回一个输出参数，其中 mat = [lat lon]

例8-19：绘制大圆路径与驼峰线路径。

解：MATLAB 程序如下。

```
> > close all                                % 关闭当前已打开的文件
> > clear                                     % 清除工作区的变量
> > axesm ortho;                              % 创建正交投影坐标系
> > gridm on;                                 % 显示地图网格线
> > framem on                                 % 显示地图图框
> > setm(gca,'Origin', [45 30 30], 'MLineLimit', [75 -75],…
'MLineException',[0 90 180 270])             % 设置地图显示度范围
> > [lattrkgc,lontrkgc] = track1(0,0,45,[-55 55]);% 根据坐标与方位角绘制大圆路径
> > plotm(lattrkgc,lontrkgc,'g')
> > textm(-10,0,'great circle track')         % 添加注释
> > [lattrkrh,lontrkrh] = track1('rh',0,0,45,[-55 55]); % 绘制驼峰线路径
> > plotm(lattrkrh,lontrkrh,'r')
> > textm(20,0,'rhumb line track')            % 添加注释
> > load coastlines;  % 将海岸线向量数据 coastlat、coastlon 加载到工作区
> > geoshow(coastlat,coastlon,'displaytype','line','color','b');  % 绘制海岸线
```

运行结果见图8-27。

图 8-27　创建路径

在 MATLAB 中，gcwaypts 函数用于计算沿大圆等距的路径点，该函数的使用格式见表8-32。

表 8-32　**gcwaypts** 命令的使用格式

调用格式	说　明
[lat，lon] = gcwaypts（lat1，lon1，lat2，lon2）	根据指定两点，绘制在大圆上的路径，并添加等距的中间点
[lat，lon] = gcwaypts（lat1，lon1，lat2，lon2，nlegs）	nlegs 指定路径的等长距离
pts = gcwaypts（lat1，lon1，lat2，lon2…）	pts = [latitude longitude]

例 8-20：绘制沿大圆路径的等距点。假设一艘帆船，计划从巴巴多斯北角（北纬 13.33°N，西经 59.62°）航行到法国布雷斯特（北纬 48.36°，西经 4.49°）。将轨道分成三个等长段。

解：MATLAB 程序如下。

```
>> close all               % 关闭当前已打开的文件
>> clear                   % 清除工作区的变量
>> figure('color','w');    % 设置图形窗口背景色为白色
>> ha = axesm('mapproj','mercator',…
   'maplatlim',[10 55],'maplonlim',[-80 10],…
   'MLineLocation',15,'PLineLocation',15);  % 创建坐标区,设置当前坐标系为墨卡托投影坐
标系,设定地图经纬度显示范围,定义网格子午线与并行线位置
>> axis off, gridm on, framem on;  % 隐藏坐标系,显示网格线、地图图框
>> load coastlines;        % 将海岸线向量数据 coastlat、coastlon 加载到工作区
>> hg = geoshow(coastlat,coastlon,'displaytype','line','color','b');  % 绘制海岸线
>> barbados = [13.33 -59.62];  % 定义巴巴多斯和布雷斯特的位置点
>> brest = [48.36 -4.49];
>> [l,g] = gcwaypts(barbados(1),barbados(2),brest(1),brest(2),3);% 计算距离两点所
在大圆的 3 个路径点
>> geoshow(l,g,'displaytype','line','color','r',…
   'markeredgecolor','r','markerfacecolor','r','marker','o');  % 绘制等距点连线
>> geoshow(barbados(1),barbados(2),'DisplayType','point',…
   'markeredgecolor','k','markerfacecolor','k','marker','o')  % 绘制巴巴多斯的位置
>> geoshow(brest(1),brest(2),'DisplayType','point',…
   'markeredgecolor','k','markerfacecolor','k','marker','o')  % 绘制布雷斯特的位置
```

运行结果见图 8-28。

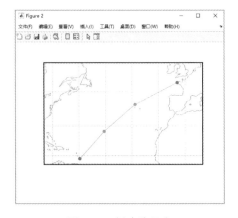

图 8-28　创建路径点

8.6.3 小圆

在 MATLAB 中，scircle1 函数可以通过两点或一点加方位角定义小圆，该函数的使用格式见表 8-33。

表 8-33　scircle1 命令的使用格式

调 用 格 式	说　明
[lat, lon] = scircle1 (lat0, lon0, rad)	计算以指定点为中心的小圆，（lat0, lon0）为指定点坐标，rad 为小圆半径，（lat, lon）为小圆坐标
[lat, lon] = scircle1 (lat0, lon0, rad, az)	方位角 az 是从正北顺时针方向测量的
[lat, lon] = scircle1 (lat0, lon0, rad, az, ellipsoid)	ellipsoid 输入定义的椭球参考体
[lat, lon] = scircle1 (lat0, lon0, rad, units) [lat, lon] = scircle1 (lat0, lon0, rad, az, units) [lat, lon] = scircle1 (lat0, lon0, rad, az, ellipsoid, units)	units 指定输入和输出的角度单位
[lat, lon] = scircle1 (lat0, lon0, rad, az, ellipsoid, units, npts)	npts 指定计算的小圆的网格点数，默认值是 100
[lat, lon] = scircle1 (track, …)	使用轨道 track 来定义计算大圆或驼峰线半径 • 'gc'：计算小圆坐标 • 'rh'：小圆具有恒长直线距离半径
at = scircle1 (…)	返回一个输出参数，其中 mat = [lat lon]

在 MATLAB 中，scircle2 函数用于通过两点定义小圆，该函数的使用格式见表 8-34。

表 8-34　scircle2 命令的使用格式

调 用 格 式	说　明
[lat, lon] = scircle2 (lat1, lon1, lat2, lon2)	计算（在球面上）以点为中心的小圆
[lat, lon] = scircle2 (lat1, lon1, lat2, lon2, ellipsoid)	ellipsoid 输入定义的椭球参考体
[lat, lon] = scircle2 (lat1, lon1, lat2, lon2, units) [lat, lon] = scircle2 (lat1, lon1, lat2, lon2, ellipsoid, units)	units 指定输入和输出的角度单位
[lat, lon] = scircle2 (lat1, lon1, lat2, lon2, ellipsoid, units, npts)	npts 指定计算的小圆的网格点数，默认值是 100
[lat, lon] = scircle2 (track, …)	使用轨道 track 来定义计算大圆或驼峰线半径 • 'gc'：计算小圆坐标 • 'rh'：小圆具有恒长直线距离半径
mat = scircle2 (…)	返回一个输出参数，其中 mat = [lat lon]

例 8-21：绘制指定点小圆和大圆。

解：MATLAB 程序如下。

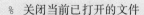
```
>> close all          % 关闭当前已打开的文件
>> clear              % 清除工作区的变量
>> uif = uifigure;    % 创建 UI 控件
```

```
>> g = geoglobe(uif);                              % 创建一个地理地球仪
>> rad = 30;                                        % 小圆半径为 30
>> [lat,lon] = scircle1(30,10,rad);                % 计算[30,10]点所在小圆
>> geoplot3(g,lat,lon,[],'r','LineWidth',2,'Marker','o') % 在地球地图上绘制小圆。绘
```
制的线条线宽为2,颜色为红色,每个数据点或顶点显示圆圈标记
```
>> [lat1,lon1] = track1 (30,10,rad);               % 计算[30,10]点所在大圆
>> geoplot3(g,lat1,lon1,[],'g','LineWidth',3,'Marker','o') % 在地球地图上绘制大圆。
```
绘制的线条线宽为3,颜色为绿色,每个数据点或顶点显示圆圈标记

运行结果见图 8-29。

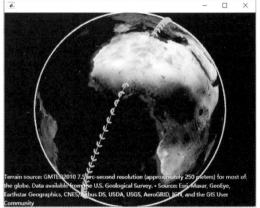

图 8-29　在地球上绘制小圆和大圆

8.6.4　图形交互绘制

除了使用固定参数定义球面上的大圆和小圆外,MATLAB 还提供通过鼠标选择控制点的方法来绘制大圆和小圆,实现图形交互。

在 MATLAB 中,实现图形交互的函数见表 8-35。

表 8-35　命令的使用格式

调 用 格 式	说　明
trackg	通过鼠标输入定义的大圆或驼峰线
sectorg	通过鼠标输入定义的小圆扇区
h = scircleg（ncirc）	通过鼠标输入定义的小圆
trackui trackui（h） scirclui scirclui（h）	利用 GUI 将在地图轴上显示大圆圈、驼背线、小圆

例 8-22：图形交互绘制椭圆弧。

解：MATLAB 程序如下。

```
> > close all                                  % 关闭当前已打开的文件
> > clear                                       % 清除工作区的变量
> > axesm('ortho','frame','on','grid','on');    % 创建正交投影坐标系,如图 8-30 所示
> > load coastlines
> > plotm(coastlat,coastlon,'k')
> > sectorg                                      % 绘制椭圆弧
```

输入该命令后,显示提示信息,如图 8-31 所示,在当前地图上连续单击,选择两个点,定义小圆弧的中心和半径,如图 8-32 所示。默认情况下,扇形的角宽为 60 度,结果如图 8-33 所示。

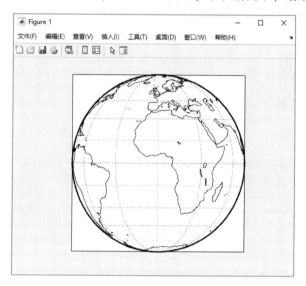

图 8-30　创建正交投影坐标系

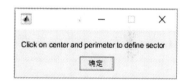

图 8-31　提示信息

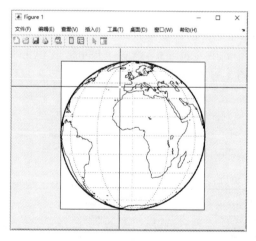
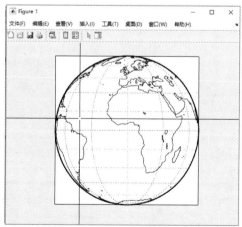

图 8-32　选择第一点第二点

1. 编辑外形

按住〈Shift〉键,在编辑的椭圆弧上单击鼠标左键,进入编辑模式,椭圆弧上显示为红色控制点,如图 8-34 所示,同时弹出如图 8-35 所示的属性编辑窗口,可以直接拖动控制点调整椭圆弧形式,也可以修改经纬度圆弧半径参数,修改结果如图 8-36 所示。

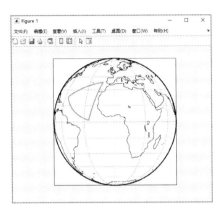

图 8-33　绘制结果

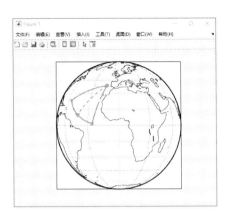

图 8-34　显示控制点

图 8-35　属性编辑窗口

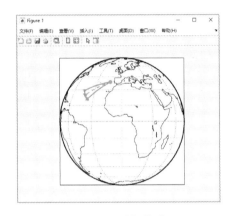

图 8-36　编辑外形

2. 编辑坐标系参数

按住〈Shift〉键，在图形窗口空白处单击鼠标左键，进入编辑模式，弹出如图 8-37 所示的"Projection Control"编辑窗口，在"Map Projection"下拉列表选择"Cyln：Balthasart Cylindrical"，将正交坐标系转换为圆柱投影坐标系，修改结果如图 8-38 所示。

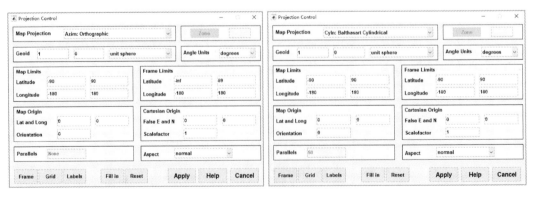

图 8-37　"Projection Control"窗口

例 8-23：GUI 图形交互绘制轨迹线。

解：MATLAB 程序如下。

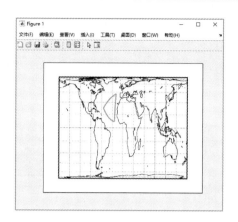

图 8-38 转换坐标系结果

```
>> close all                                % 关闭当前已打开的文件
>> clear                                    % 清除工作区的变量
>> axesm behrmann;                          % 创建贝尔曼圆柱投影坐标系
>> gridm on;                                % 显示地图网格线
>> framem on                                % 显示地图图框
>> setm(gca,'Origin', [45 30 30],'MLineLimit', [75 -75],…
'MLineException',[0 90 180 270])            % 设置地图显示度范围,如图 8-39 所示
>> load coastlines
>> plotm(coastlat,coastlon,'k')
>> trackui                                  % GUI 中绘制轨迹线
```

输入该命令后，显示"Define Tracks（轨迹定义）"对话框，如图 8-40 所示，通过参数设置定义轨迹线。

◆ Style（类型）：Great Circle（大圆线）、Rhumb Line（驼峰线）。

◆ Mode（模式）：1 Point（点与方位角定义）、2 Point（两点坐标定义）。

◆ Angles in degrees：设置角度。

在图 8-41 所示对话框中输入两点经纬度坐标，定义大圆线，单击"Apply（应用）"按钮，在图形窗口中显示参数定义的大圆路径，如图 8-42 所示。

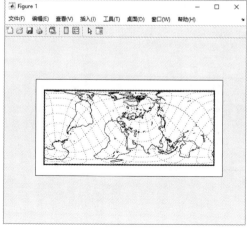

图 8-39 设置地图显示度范围

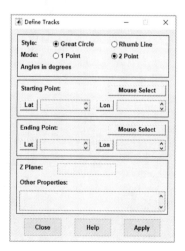

图 8-40 "Define Tracks（轨迹定义）"对话框

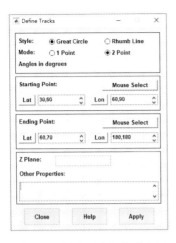

图 8-41　输入两点经纬度坐标

图 8-42　参数定义的大圆路径

单击"Starting Point（起点）"选项下的"Mouse Select（鼠标选择）"按钮，在当前地图上单击选择起点，定义大圆的起点，如图 8-43 所示。单击"Ending Point（终点）"选项下的"Mouse Select（鼠标选择）"按钮，在当前地图上单击选择终点，定义大圆的终点，如图 8-44 所示。单击"Apply（应用）"按钮，在图形窗口中显示鼠标选择定义的大圆轨迹，如图 8-45 所示。

图 8-43　起点坐标选择

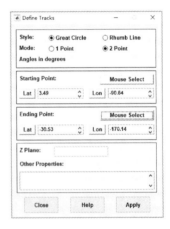

图 8-44　终点坐标选择

图 8-45　大圆轨迹

8.6.5 距离计算

两点之间的距离可以用两种方法计算。对于大圆（在球面上）和大地测量（在椭球上），距离是两点之间的最短表面距离。对于驼峰线，测量的距离沿驼峰线通过两个点，这通常不是两者之间的最短表面距离。

在 MATLAB 中，distance 函数用于计算测地线（大圆）或驼峰线弧的长度，该函数的使用格式见表 8-36。

球面距离可以使用弧长度（单位为公里、海里、英里）或角度（单位为度/弧度）来表示，根据不同的需求，MATLAB 提供了相关转换函数，见表 8-37。

例 8-24：计算伦敦到吉隆坡的距离。

解：MATLAB 程序如下。

表 8-36　distance 命令的使用格式

调用格式	说 明
[arclen，az] = distance (lat1，lon1，lat2，lon2)	通过经纬度坐标定义参考球面上的点，计算球面上两点间距 arclen、方位角 az
[arclen，az] = distance (lat1，lon1，lat2，lon2，ellipsoid)	计算指定参考椭球面上两点间距
[arclen，az] = distance (pt1，pt2) arclen = distance (pt1 (:, 1), pt1 (:, 2), pt2 (:, 1), pt2 (:, 2))	定义坐标矩阵 pt1 和 pt2，其中，第一列存储纬度坐标，第二列存储经度坐标
[arclen，az] = distance (pt1，pt2，ellipsoid)	计算测地线弧长和方位角
[arclen，az] = distance (…，units)	指定上述任何语法的纬度和经度坐标的角度单位，可以' degrees（度）'（默认）或' radians（弧度）'
[arclen，az] = distance (track，…)	指定轨迹线类型。 • 'gc '表示在球面上计算大圆距离，在椭球上计算测地线距离 • 'rh '表示在球面或椭球上计算驼峰线弧

表 8-37　球面距离转换函数

函 数	说 明
deg2km	从度转换为公里
deg2nm	从度转换为海里
deg2sm	从度转换为英里
km2deg	从公里转换为度
km2rad	从公里转换为弧度
nm2deg	从海里转换为度
nm2rad	从海里转换为弧度
rad2km	从弧度转换为公里
rad2nm	从弧度转换为海里
rad2sm	从弧度转换为英里
sm2deg	从英里转换为度
sm2rad	从英里转换为弧度

```
>> close all                                % 关闭当前已打开的文件
>> clear                                    % 清除工作区的变量
>> axesm ortho;                             % 创建正交投影坐标系
>> gridm on;                                % 显示地图网格线
>> framem on                                % 显示地图图框
>> setm(gca,'Origin', [45 30 30], 'MLineLimit', [75 -75],…
'MLineException',[0 90 180 270])            % 设置地图显示度范围
>> latL = 51.5188;                          % 定义伦敦位置
>> lonL =  -0.1300;
>> latK =  2.9519;                          % 定义吉隆坡位置
>> lonK = 101.8200;
>> plotm(latL,lonL,'r*')                    % 绘制伦敦位置点
>> plotm(latK,lonK,'r*')                    % 绘制吉隆坡位置点
>> points = [latL,lonL;latK,lonK];          % 定义伦敦到吉隆坡坐标矩阵
>> [lat,lon] = track(points);               % 计算伦敦到吉隆坡所在大圆轨迹线
>> geoshow(lat,lon,'displaytype','line','color','r','linewidth',3);  % 绘制伦敦到吉
隆坡所在大圆轨迹线,为线宽为3的红色大圆线
>> [lat1,lon1] = track('rh',points);        % 计算伦敦到吉隆坡所在驼峰轨迹线
>> geoshow(lat1,lon1,'displaytype','point','color','b',…
'markeredgecolor','g','markerfacecolor','y','marker','o');  % 绘制伦敦到吉隆坡所在驼峰
线轨迹线,设置为小圆圈标记(绿色边框,内部填充黄色)驼峰线
% 计算大圆轨迹线距离
>> earthRadiusInMeters = 6371000;           % 定义地球半径,以米为单位
>> distInMeters = distance(latL,lonL,…
                   latK, lonK, earthRadiusInMeters)  % 以米为单位计算两位置距离
distInMeters =
  1.0571e+07
>> distInRadians = distInMeters / earthRadiusInMeters  % 将结果转换为以弧度表示的
角度
distInRadians =
    1.6593
>> distInDegrees = rad2deg(distInRadians)  % 转换成以度为单位的角度
distInDegrees =
  95.0692
% 计算驼峰轨迹线距离
>> distInMeters1 = distance('rh',latL,lonL,…
                   latK, lonK, earthRadiusInMeters)  % 以米为单位计算两位置距离
distInMeters1 =
  1.1014e+07
>> distInRadians1 = distInMeters1 / earthRadiusInMeters  % 将结果转换为以弧度表示的
角度
distInRadians1 =
    1.7288
>> distInDegrees1 = rad2deg(distInRadians1)  % 转换成以度为单位的角度
distInDegrees1 =
  99.0514
```

运行结果见图 8-46。

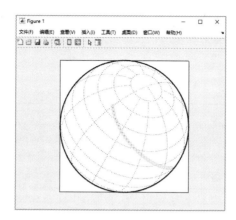

图 8-46　绘制轨迹线

计算得知，伦敦到吉隆坡的距离在大圆线的路径为 95.0692 度，驼峰线轨迹为 99.0514 度，最短路径为大圆线轨迹 95.0692 度。

8.6.6 交点计算

在 MATLAB 中，rhxrh 函数用于计算驼峰线的交点，该函数的使用格式见表 8-38。

表 8-38　rhxrh 命令的使用格式

调用格式	说　明
［newlat，newlong］= rhxrh (lat1，lon1，az1，lat2，lon2，az2)	通过纬度、经度和方位角定义点，计算定义两点在大圆或驼峰线的长度
［newlat，newlon］= rhxrh (lat1，lon1，az1，lat2，lon2，az2，units)	units 指定输入和输出的角度单位

在 MATLAB 中，scxsc 函数用于计算小圆对的交点，该函数的使用格式见表 8-39。

表 8-39　scxsc 命令的使用格式

调用格式	说　明
［lat，lon］= scxsc (lat1，lon1，range1，lat2，lon2，range2)	计算分别由经纬度坐标与角度［lat1，lon1，range1］、［lat2，lon2，range2］表示的两个小圆的交点
［lat，lon］= scxsc (lat1，lon1，range1，lat2，lon2，range2，units)	units 指定输入和输出的角度单位
latlon = scxsc (…)	返回一个输出参数，其中 latlon = ［lat，lon］

在 MATLAB 中，gcxsc 函数用于计算大圆、小圆对的交点，该函数的使用格式见表 8-40。

表 8-40　gcxsc 命令的使用格式

调用格式	说　明
［newlat，newlon］= gcxsc (gclat，gclon，gcaz，sclat，sclon，scrange)	计算分别由经纬度坐标与角度表示的大圆、小圆的交点
［newlat，newlon］= gcxsc (…，units)	units 指定输入和输出的角度单位

在 MATLAB 中，gcxsc 函数用于计算大圆对的交点，该函数的使用格式见表 8-41。

例 8-25：从弗吉尼亚州诺福克（37°N，76°W）以 10°的方位角前进，与葡萄牙圣文森特角（37°N，9°W）航道在直布罗陀海峡外相交，方位角为 – 23（即 337），计算航线与航道的所有可能交点。

表 8-41　gcxsc 命令的使用格式

调用格式	说　　明
[lat, lon] = gcxgc (lat1, lon1, az1, lat2, lon2, az2)	计算分别由经纬度坐标与方位角表示的两对大圆线的交点
[lat, lon] = gcxgc (lat1, lon1, az1, lat2, lon2, az2, units)	units 指定输入和输出的角度单位
latlon = gcxgc (…)	[lat lon] 表示由大圆交点的连接纬度和经度坐标矩阵

解：MATLAB 程序如下。

```
>> close all                    % 关闭当前已打开的文件
>> clear                        % 清除工作区的变量
% 定义航线与航道参数
>> latL = 37;                   % 定义弗吉尼亚州诺福克位置(37°N,76°W)
>> lonL =   -76;
>> azL =10;                     % 定义方位角
>> latK   37;                   % 定义葡萄牙圣文森特角(37°N,9°W)位置
>> lonK = -9;
>> azK =337;                    % 定义方位角
>> axesm ortho;                 % 创建正交投影坐标系
>> gridm on;                    % 显示地图网格线
>> framem on                    % 显示地图图框
>> setm(gca,'Origin', [45 30 30], 'MLineLimit', [75 -75],…
'MLineException',[0 90 180 270])  % 设置地图显示度范围
>> plotm(latL,lonL,'rp')        % 绘制起点
>> plotm(latK,lonK,'rp')        % 绘制终点
% 绘制大圆线，为红色线
>> [lattrkgc,lontrkgc] = track1(latL,lonL,azL);% 根据坐标与方位角绘制起点大圆路径
>> plotm(lattrkgc,lontrkgc,'r')
>> [lattrkgc1,lontrkgc1] = track1(latK,lonK,azK);% 根据坐标与方位角绘制终点大圆路径
>> plotm(lattrkgc1,lontrkgc1,'r')
% 标记起点、终点、大圆交点
>> [newlat,newlon] = gcxgc(latL,lonL,azL,latK,lonK,azK);
>> plotm(newlat,newlon,'markeredgecolor','b','markerfacecolor','r','marker','o') % 在地球地图上标记大圆交点,小圆圈标记为蓝色边框,内部填充红色
>> textm(50,-80,'大圆交点')     % 添加注释
% 绘制起点终点驼峰线,蓝色线
>> [lattrkgc2,lontrkgc2] = track1('rh',latL,lonL,azL);% 根据坐标与方位角绘制起点驼峰路径
>> plotm(lattrkgc2,lontrkgc2,'b')
```

```
> > [lattrkgc3,lontrkgc3] = track1('rh',latK,lonK,azK);% 根据坐标与方位角绘制终点驼
峰路径
   > > plotm(lattrkgc3,lontrkgc3,'b')
   % 标记起点、终点、驼峰线交点
   > > [newlat1,newlon1] = rhxrh(latL,lonL,azL,latK,lonK,azK);  % 计算驼峰线交点
   > > plotm(newlat1,newlon1,'markeredgecolor','b','markerfacecolor','r','marker','o')
% 在地球地图上标记大圆交点,小圆圈标记为蓝色边框,内部填充红色
   > > textm(85,40,'驼峰线交点')  % 添加注释
```

运行结果见图 8-47。

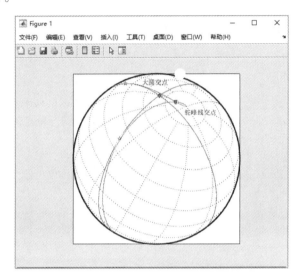

图 8-47　航线的交点

航道的交点可能是大圆交点，也可能是驼峰线交点。

8.7　多边形面积计算

多边形面积计算是指在指定球面上，给定一条由坐标点或点所在经纬度组成的闭合球面多边形路径，计算其包围的球面面积。

8.7.1　计算任意多边形面积

在 MATLAB 中，areaint 函数利用地理坐标计算球面或椭球上多边形的表面积，该函数的使用格式见表 8-42。

表 8-42　areaint 命令的使用格式

调用格式	说　明
area ＝ areaint（lat, lon）	采用线积分法计算由经纬度坐标向量指定的多边形的球面表面积 area
area ＝ areaint（lat, lon, ellipsoid）	在 ellipsoid 定义的参考球体上计算球面表面积 area
area ＝ areaint（lat, lon, units）	units 指定输入和输出的角度单位
area ＝ areaint（lat, lon, ellipsoid, units）	ellipsoid 可以是 referenceSphere（参考球体）、referenceEllipsoid（参考椭球体）、oblateSpheroid（扁球体）对象，或窗体的向量

areaint 函数使用格林定理对多边形包围的曲面上的区域进行数值积分,该方法是计算任意形状区域面积的最佳方法。

在 MATLAB 中,areamat 函数利用网格数据计算球面或椭球上多边形的表面积,该函数的使用格式见表 8-43。

表 8-43　areaint 命令的使用格式

调 用 格 式	说 　 明
A = areamat（BW，R）	计算由二进制规则数据网格 BW 和地理网格引用对象、向量或矩阵 R 指定的多边形的球面表面积 area
A = areamat（BW，R，ellipsoid）	在 ellipsoid 定义的参考球体上计算球面表面积 area
［A，cellarea］= areamat（…）	cellarea 表示网格数据指定区域

例 8-26：绘制陆地面积。

解：MATLAB 程序如下。

```
>> close all                          % 关闭当前已打开的文件
>> clear                              % 清除工作区的变量
>> landareas = shaperead('landareas.shp','UseGeoCoords',true); % 加载陆地面积数据到
工作区,输出坐标为经纬度坐标
>> lat = landareas.Lat;               % 定义经纬度坐标
>> lon = landareas.Lon;
>> subplot(121)
>> axesm ('ortho','Origin',[-90 90],'Frame','on','Grid','on');% 创建球面方位投影坐标
系,添加图框与网格线
>> geoshow(lat,lon,'DisplayType','Polygon');% 绘制多边形
>> subplot(122)
>> axesm ('ortho','Origin',[-90 90],'Frame','on','Grid','on');% 创建球面方位投影坐标
系,添加图框与网格线
>> [Z,R] = vec2mtx(lat,lon,1);        % 计算网格数据 Z、R
>> geoshow(Z,R,'DisplayType','mesh')  % 利用网格数据绘制多表行创建轮廓图
>> area = areaint(lat,lon)            % 计算多边形面积
area =
    0.0236
```

运行结果见图 8-48。

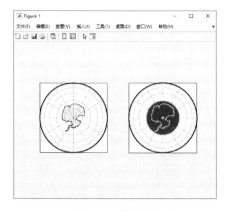

图 8-48　绘制多边形图

8.7.2 球面四边形

以南北平行为界的区域，以及东西向的经纬线内的区域被定义为球面四边形，如图 8-49 所示。在球体模型中，可以精确地计算球面四边形的面积。

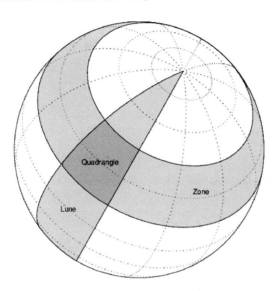

图 8-49 球面四边形

在 MATLAB 中，areaquad 函数利用地理坐标计算球面四边形的表面积，该函数的使用格式见表 8-44。

表 8-44 areaquad 命令的使用格式

调用格式	说明
area = areaquad（lat1，lon1，lat2，lon2）	计算由经纬度坐标指定的经纬度组成的四边形的球面表面积 area
area = areaquad（lat1，lon1，lat2，lon2，ellipsoid）	ellipsoid 可以是 referenceSphere（参考球体）、referenceEllipsoid（参考椭球体）、oblateSpheroid（扁球体）对象，或窗体的向量
area = areaquad（lat1，lon1，lat2，lon2，ellipsoid，units）	units 指定输入和输出的角度单位

在 MATLAB 中，outlinegeoquad 函数利用地理坐标范围确定球面四边形，该函数的使用格式见表 8-45。

表 8-45 outlinegeoquad 命令的使用格式

调用格式	说明
[lat，lon] = outlinegeoquad（latlim，lonlim，dlat，dlon）	构造一个球面四边形，（lat，lon）是顺时针简闭多边形的顶点坐标 dlat 指定沿四边形东边和西边的子午线上以纬度为单位的最小顶点间距；dlon 指定沿连接四边形南北边的平行线以经度为单位的最小顶点间距

例 8-27：计算（10°S，170°W）到（30 N，179 E）四边形内整个球面表面积。

解：MATLAB 程序如下。

```
> > close all                                              %  关闭当前已打开的文件
> > clear                                                  %  清除工作区的变量
> > axesm ortho;                                           %  创建正交投影坐标系
> > gridm on;                                              %  显示地图网格线
> > framem on                                              %  显示地图图框
> > axesm('ortho','Origin',[0 170])                        %  创建投影坐标系
> > [lat,lon] = outlinegeoquad([10 30],[170 179],5,5);     %  计算球面四边形
> > geoshow(lat,lon,'DisplayType','polygon','FaceColor','m')
> > area1 = areaquad(10,30,170,179)                        %  计算球面多边形面积
area1 =
  1.1488e - 17
```

运行结果见图 8-50。

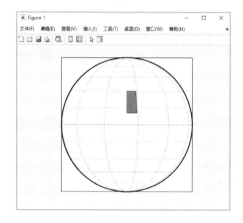

图 8-50　绘制球面四边形

第9章　形态学图像处理

 内容指南

　　形态学，即数学形态学（Mathematical Morphology），在图像处理中有广泛的应用，主要应用是从图像中提取对于表达和描绘区域形状有意义的图像分量，使后续的识别工作更顺利地进行。

　　形态学图像处理的基本运算有：膨胀、腐蚀、开操作和闭操作，顶帽底帽变换，底帽变换等。形态学的应用主要有消除噪声、边界提取、区域填充、连通分量提取、凸壳、细化、粗化等；分割出独立的图像元素，或者图像中相邻的元素；求取图像中明显的极大值区域和极小值区域；求取图像梯度。

 内容要点

　　📖 图像的显示
　　📖 形态学数字图像处理
　　📖 形态学图像处理基本运算

9.1　图像处理

　　MATLAB 可以进行一些简单的图像处理，本节将为读者介绍这些方面的基本操作，关于这些功能的详细介绍，感兴趣的读者可以参考其他相关书籍。

9.1.1　图像的显示

　　通过 MATLAB 窗口可以将图像显示出来，MATLAB 中常用的图像显示命令有 image 命令、imagesc 命令，以及 imshow 命令。下面将具体介绍这些命令及相应的用法。

　　1. 矩阵转换成图像

　　image 命令有两种调用格式：一种是通过调用 newplot 命令来确定在什么位置绘制图像，并设置相应轴对象的属性；另一种是不调用任何命令，直接在当前窗口中绘制图像，这种用法的参数列表只能包括属性名称及值对。该命令的使用格式见表 9-1。

表 9-1　image 命令的使用格式

命 令 格 式	说　　　明
image（C）	将矩阵 C 中的值以图像形式显示出来
image（x，y，C）	指定图像位置，其中 x、y 为二维向量，分别定义了 x 轴与 y 轴的范围
image（…，Name，Value）	在绘制图像前需要调用 newplot 命令，后面的参数定义了属性名称及相应的值
image（ax，…）	在由 ax 指定的坐标区中而不是当前坐标区（gca）中创建图像
handle = image（…）	返回所生成的图像对象的柄

　　例 9-1：将矩阵转换为图片。

　　解：MATLAB 程序如下。

```
>> close all              %  关闭当前已打开的文件
>> clear                  %  清除工作区的变量
>> x = [15 58];           %  定义二元素向量 X、Y,指定两个边角位置
>> y = [3 26];
>> C = [10 20 40 60;160 180 200 220;80 100 120 140];% 定义矩阵
>> image(x,y,C)           %  在 X、Y 指定的位置将矩阵 C 中的数据显示为图像
>> colorbar               %  显示色轴
```

运行结果如图 9-1 所示。

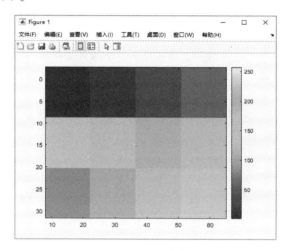

图 9-1　将矩阵转换为图像

2. 具有缩放颜色的图像

imagesc 命令与 image 命令非常相似，主要的区别是前者可以自动调整值域范围。它的使用格式见表 9-2。

表 9-2　imagesc 命令的使用格式

命 令 格 式	说　　明
imagesc（C）	将矩阵 C 中的值以图像形式显示出来
imagesc（x, y, C）	指定图像位置其中 x、y 为二维向量，分别定义了 x 轴与 y 轴的范围
imagesc（…, 'PropertyName', PropertyValue）	使用一个或多个名称 – 值对组参数指定图像属性
imagesc（…, clims）	其中 clims 为二维向量，它限制了 C 中元素的取值范围
imagesc（ax, …）	在 ax 指定的轴上而不是在当前坐标区（gca）创建图像
h = imagesc（…）	返回生成的图像对象的句柄

例 9-2：将全零矩阵转换为图片。

解：MATLAB 程序如下。

```
>> close all              %  关闭当前已打开的文件
>> clear                  %  清除工作区的变量
>> A = zeros(3);          %  创建一个 3 阶全零矩阵 A
>> imagesc(A)             %  将矩阵 A 中的值以图像形式显示出来
>> colorbar               %  显示色轴
>> axis off               %  关闭坐标系
```

运行结果如图9-2所示。

3. 显示图片

在实际应用中，另一个经常用到的图像显示命令是imshow命令，其常用的使用格式见表9-3。

表9-3　imshow命令的使用格式

命 令 格 式	说　　明
imshow（I）	显示灰度图像I
imshow（I，[low high]）	显示灰度图像I，其值域为[low high]
imshow（RGB）	显示真彩色图像
imshow（I，[]）	显示灰度图像I，I中的最小值显示为黑色，最大值显示为白色
imshow（BW）	显示二进制图像
imshow（X，map）	显示索引色图像，X为图像矩阵，map为调色板
himage = imshow（…）	返回所生成的图像对象的柄
imshow（filename）	显示filename文件中的图像
imshow（…，Name，Value）	根据参数及相应的值显示图像

例9-3：图片的显示。

解：MATLAB程序如下。

```
>> imshow('katnh.jpg')   % 显示当前文件夹目录下的图片文件 katnh.jpg
```

运行结果如图9-3所示。

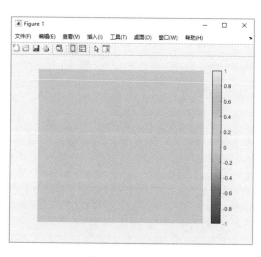

图9-2　转换图形

图9-3　显示图片

注意：

需要显示的图片必须在工作路径下，否则无法查找到。

9.1.2 图像的读写

有对于 MATLAB 支持的图像文件，MATLAB 提供了相应的读写命令，下面简单介绍这些命令的基本用法。

1. 用 imread 命令读入图像

在 MATLAB 中，imread 命令用来读入各种图像文件，它的使用格式见表 9-4。

表 9-4 imread 命令的使用格式

命 令 格 式	说 明
A = imread（filename）	从 filename 指定的文件中读取图像，如果 filename 为多图像文件，则 imread 读取该文件中的第一个图像
A = imread（filename，fmt）	其中参数 fmt 用来指定图像的格式，图像格式可以与文件名写在一起，默认的文件目录为当前工作目录
A = imread（…，idx）	读取多帧图像文件中的一帧，idx 为帧号。仅适用于 GIF、PGM、PBM、PPM、CUR、ICO、TIF 和 HDF4 文件
A = imread（…，Name，Value）	使用一个或多个名称 – 值对参数，以及前面语法中的任何输入参数指定特定于格式的选项，名称 – 值对参数见表 9-5
［A，map］ = imread（…）	将 filename 中的索引图像读入 A，并将其关联的颜色图读入 map。图像文件中的颜色图值会自动重新调整到范围 ［0，1］ 中
［A，map，alpha］ = imread（…）	在 ［A，map］ = imread（…） 的基础上返回图像透明度，仅适用于 PNG、CUR 和 ICO 文件。对于 PNG 文件，返回 alpha 通道（如果存在）

表 9-5 名称 – 值对组参数表

属 性 名	说 明	参 数 值
'Frames'	要读取的帧（GIF 文件）	一个正整数、整数向量或 'all'。如果指定值 3，将读取文件中的第三个帧；指定 'all'，则读取所有帧并按其在文件中显示的顺序返回这些帧
'PixelRegion'	要读取的子图像（JPEG 2000 文件）	指定为包含 'PixelRegion' 和 {rows，cols} 形式的元胞数组的逗号分隔对组
'ReductionLevel'	降低图像分辨率（JPEG 2000 文件）	0（默认）和非负整数
'BackgroundColor'	背景色（PNG 文件）	'none'、整数或三元素整数向量，如果输入图像为索引图像，BackgroundColor 的值必须为 ［1，P］ 范围中的一个整数，其中 P 是颜色图长度。 如果输入图像为灰度，则 BackgroundColor 的值必须为 ［0，1］ 范围中的整数。 如果输入图像为 RGB，则 BackgroundColor 的值必须为三元素向量，其中的值介于 ［0，1］ 范围内
'Index'	要读取的图像（TIFF 文件）	包含 'Index' 和正整数的逗号分隔对组
'Info'	图像的相关信息（TIFF 文件）	包含 'Info' 和 imfinfo 函数返回的结构体数组的逗号分隔对组
'PixelRegion'	区域边界（TIFF 文件）	{rows，cols} 形式的元胞数组

对于图像数据 **A**，以数组的形式返回。

◆ 如果文件包含灰度图像，则 **A** 为 $m \times n$ 数组。

◆ 如果文件包含索引图像，则 A 为 $m \times n$ 数组，其中的索引值对应于 map 中该索引处的颜色。

◆ 如果文件包含真彩色图像，则 A 为 $m \times n \times 3$ 数组。

◆ 如果文件是一个包含使用 CMYK 颜色空间的彩色图像的 TIFF 文件，则 A 为 $m \times n \times 4$ 数组。

例9-4：读取并显示图片。

解：MATLAB 程序如下。

```
> > close all                    % 关闭当前已打开的文件
> > clear                        % 清除工作区的变量
> > A = imread('mais.jpg');      % 读取当前路径下的图片 mais.jpg
> > imshow(A)                    % 显示图片
```

运行结果如图 9-4 所示。

2. 用 read 命令读入图像

在 MATLAB 中，read 命令用来读入数据存储中的数据，它的使用格式见表 9-6。

表9-6　read 命令的使用格式

命　令　格　式	说　　　　明
C = read（ds）	返回数据存储中的数据
[data, info] = read（ds）	有关 info 中提取的数据的信息，包括元数据

例9-5：显示内存中的图像。

解：MATLAB 程序如下。

```
> > close all              % 关闭当前已打开的文件
> > clear                  % 清除工作区的变量
> > imds = imageDatastore({'SLDEFinishing.jpg','lighthouse.png'});  % 创建一个包含
两个图像的 ImageDatastore 对象
> > img = read(imds);      % 读取 ImageDatastore 对象中的图像
> > imshow(img)            % 显示 ImageDatastore 对象中的图像
```

运行结果如图 9-5 所示。

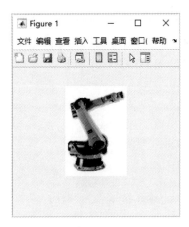

图9-4　显示麦田图片　　　　　　图9-5　用 read 命令读入图像

3. 用 readall 命令读入全部图像

在 MATLAB 中，readall 命令用来读入各种图像文件，数据存储内或数据存储外，它的使用格式

见表9-7。

表 9-7 readall 命令的使用格式

命 令 格 式	说　明
data = readall（ds）	返回 ds 指定的数据存储中的所有数据。如果数据存储中的数据不能全部载入内存，readall 将返回错误

例 9-6：读取内存中的图像数据。

解：MATLAB 程序如下。

```
>> close all          % 关闭当前已打开的文件
>> clear              % 清除工作区的变量
>> ds = imageDatastore({'SLDEFinishing.jpg','lighthouse.png'});   % 创建一个包含两个
图像的 ImageDatastore 对象
>> img = readall(ds)    % 获取图形数据存储中的所有数据
img =

  2×1 cell 数组

    {143×102×3uint8}
    {640×480×3uint8}
```

4. 从数据存储读入图像命令

在 MATLAB 中，readimage 命令用来从数据存储读取指定的图像，与 read 命令相比，不能读取数据存储之外的图像，除非将图像复制到数据存储路径下，它的使用格式见表9-8。

表 9-8 readimage 命令的使用格式

命 令 格 式	说　明
img = readimage（imds，I）	从数据存储 imds 读取第 I 个图像文件并返回图像数据 img
[img，fileinfo] = readimage（imds，I）	返回一个结构体 fileinfo，其中包含两个文件信息字段：Filename 从中读取图像的文件的名称；FileSize 文件大小（以字节为单位）

例 9-7：显示数据存储中的图像。

解：MATLAB 程序如下。

```
>> close all              % 关闭当前已打开的文件
>> clear                  % 清除工作区的变量
>> imds = imageDatastore({'kids.tif','m83.tif'})   % 创建一个包含两个图像的 Image-
Datastore 对象
mds =

ImageDatastore - 属性:

              Files: {
                    'C:\Program Files\Polyspace\R2020a\toolbox\images\imda-
ta\kids.tif';
```

```
                              'C:\Program Files \Polyspace \R2020a \toolbox \images \imda-
ta \m83.tif'
                              }
                   Folders: {
                              'C:\Program Files \Polyspace \R2020a \toolbox \images \imda-
ta'
                              }
       AlternateFileSystemRoots: {}
    ReadSize: 1
                      Labels: {}
        SupportedOutputFormats: [1×5 string]
DefaultOutputFormat: "png"
ReadFcn: @ readDatastoreImage
> > img = readimage(imds,1);   % 读取 ImageDatastore 对象中的第一个图形
> > imshow(img)                % 显示图像 1
> > img = readimage(imds,2);   % 读取 ImageDatastore 对象中的第二个图形
> > imshow(img)                % 显示图像 2
```

运行结果如图 9-6 所示。

 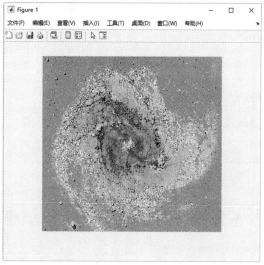

图 9-6　用 readimage 命令读入图像

5. 从坐标轴取得图像数据

在 MATLAB 中，getimage 命令用于从坐标轴取得图像数据。该命令的使用格式见表 9-9。

表 9-9　getimage 命令的使用格式

命 令 格 式	说　　　明
I = getimage（h）	返回图像对象 h 中包含的第一个图像数据
[x，y，I] = getimage（h）	返回 x 和 y 方向上的图像范围
[…，flag] = getimage（h）	返回指示 h 包含的图像类型的标志
[…] = getimage	返回当前轴对象的信息

例 9-8：获取图像数据大小。

解：MATLAB 程序如下。

```
> > close all              % 关闭当前已打开的文件
> > clear                  % 清除工作区的变量
> > imshow onion.png       % 显示内存中的文件 onion.png
> > I = getimage;          % 创建包含图像数据的矩阵 I
> > size(I)                % 返回 I 各个维度的长度
ans =
  135   198    3
```

运行结果如图 9-7 所示。

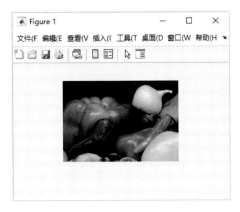

图 9-7　获取图像数据运行结果

6. 图像写入命令

在 MATLAB 中，imwrite 命令用来写入各种图像文件，它的使用格式见表 9-10。

表 9-10　imwrite 命令的使用格式

命令格式	说　明
imwrite（A, filename）	将图像的数据 A 写入文件 filename 中，并从扩展名推断出文件格式
imwrite（A, map, filename）	将图像矩阵 A 中的索引图像以及颜色映像矩阵写入文件 filename 中
imwrite（…, Name, Value）	使用一个或多个名称 – 值对组参数，以指定 GIF、HDF、JPEG、PBM、PGM、PNG、PPM 和 TIFF 文件输出的其他参数
imwrite（…, fmt）	无论 filename 中的文件扩展名如何，以 fmt 指定的格式写入图像

利用 imwrite 命令保存图像时，如果 A 的数据类型为 uint8，MATLAB 默认输出 unit8 的数据类型。

◆ 如果 A 属于数据类型 uint16 且输出文件格式支持 16 位数据（JPEG、PNG 和 TIFF），则 imwrite 将输出 16 位的值。如果输出文件格式不支持 16 位数据，则 imwrite 返回错误。

◆ 如果 A 是灰度图像或者属于数据类型 double 或 single 的 RGB 彩色图像，则 imwrite 假设动态范围是 [0, 1]，并在将其作为 8 位值写入文件之前自动按 255 缩放数据。如果 A 中的数据是 single，则在将其写入 GIF 或 TIFF 文件之前将 A 转换为 double。

◆ 如果 A 属于 logical 数据类型，则 imwrite 会假定数据为二值图像并将数据写入位深度为 1 的文件（如果格式允许）。BMP、PNG 或 TIFF 格式以输入数组形式接受二值图像。

例 **9-9**：读取图片并转换图片格式。

解：MATLAB 程序如下。

```
>> close all                         % 关闭当前已打开的文件
>> clear                             % 清除工作区的变量
>> A = imread('luzhu.jpg');          % 读取当前文件夹目录下的一个 jpg 图像
>> imshow(A)                         % 显示图像
>> imwrite(A,'luzhu_b.bmp','bmp');   % 将图像 jpg 以名称 luzhu_b 保存到当前文件夹目录
下,格式为.bmp
```

运行结果如图 9-8 所示。

例 **9-10**：显示二进制图像。

解：MATLAB 程序如下。

```
>> close all                              % 关闭当前已打开的文件
>> clear                                  % 清除工作区的变量
>> [X,map] = imread('animals.gif',1);     % 读取图像文件 animals.gif 的第 1 帧
>> subplot(131),imshow(X,map),title('第1帧索引图像')   % 显示第1帧带有颜色图的索引图
像
>> [X,map] = imread('animals.gif',2);     % 读取图像文件 animals.gif 的第 2 帧
>> subplot(132),imshow(X,map),title('第2帧索引图像')   % 显示第2帧带有颜色图的索引图
像
>> A = imread('animals.gif',3);           % 读取图像文件 animals.gif 的第 3 帧
>> subplot(133),imshow(A),title('第3帧灰度图像')   % 显示第3帧的灰度图像
>> imwrite(A,'animals.bmp','bmp');        % 将图像转换为 BMP 图像格式保存到当前目录下
```

运行结果如图 9-9 所示。

图 9-8　读取图片并转换图片格式运行结果

图 9-9　显示二进制图像

例 **9-11**：创建不同格式图像。

解：MATLAB 程序如下。

```
>> close all                         % 关闭当前已打开的文件
>> clear                             % 清除工作区的变量
>> [X,map] = imread('canoe.tif');    % 读取 tif 图像文件
>> subplot(221),imshow(X,map),title('原图')   % 显示 tif 图像
```

```
    >> A = imread('canoe.tif','PixelRegion',{[1 2],[3 4]});%  读取 tif 图像数据的第 1 和第 2
行,以及第 3 和第 4 列界定的区域
    >> subplot(222),imshow(A),title('显示部分区域')          %  显示图像部分区域
    >> imwrite(X,map,'canoe.jpg', 'Quality',5);            %  将 tif 图像转换为 jpg 图像格
式, 设置压缩文件的质量为 5, 质量较低, 压缩率较高
    >> B = imread('canoe.jpg');                            %  读取 jpg 图像
    >> subplot(223),imshow(B),title('转换格式后的图像')      %  显示 jpg 图像
    >> imwrite(X,map,'canoe.gif','BackgroundColor',5);     %  将图像转换为图像格式, 降低图
像分辨率
    >> C = imread('canoe.gif');                            %  读取图像数据
    >> subplot(224),imshow(C),title('降低分辨率')           %  显示图像
```

运行结果如图 9-10 所示。

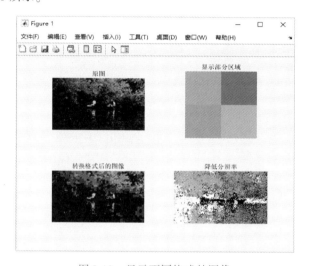

图 9-10   显示不同格式的图像

9.1.3 图像格式的转换

MATLAB 支持的图像格式有 *.bmp、*.cur、*.gif、*.hdf、*.ico、*.jpg、*.pbm、*.pcx、*.pgm、*.png、*.ppm、*.ras、*.tiff, 以及 *.xwd。对于这些格式的图像文件, MATLAB 提供了相应的转换命令, 下面简单介绍这些命令的基本用法。

1. RGB 图像转换为索引图像

在 MATLAB 中, rgb2ind 命令用来将 RGB 图像转换为索引图像, 它的使用格式见表 9-11。

表 9-11   rgb2ind 命令的使用格式

命令格式	说明
[X, cmap] = rgb2ind (RGB, Q)	使用具有 Q (必须小于或等于 65536) 种量化颜色的最小方差量化和抖动将 RGB 图像转换为索引图像 X, 并返回关联颜色图 cmap
X = rgb2ind (RGB, inmap)	使用反色映射算法和抖动将 RGB 图像转换为带有色映射的索引图像 X。size (inmap, 1) 必须小于或等于 65536
[X, cmap] = rgb2ind (RGB, tol)	使用均匀量化和抖动将 RGB 图像转换为索引图像 X。cmap 最多包含 (floor (1/tol) +1) ^3 种颜色; tol 必须介于 0.0 和 1.0 之间
… = rgb2ind (…, dithering)	启用或禁用抖动

📝 **注意：**

合成图像 X 中的值是色彩映射图的索引，不应用于数学处理，例如，过滤操作。

例 9-12：缩放并索引图片。

解：MATLAB 程序如下。

```
>> close all              % 关闭当前已打开的文件
>> clear                  % 清除工作区的变量
>> RGB = imread('car.tif');  % 读取并显示当前文件夹目录下的真彩色 JPEG 图像
>> figure                 % 创建图窗
>> imagesc(RGB)           % 显示读入的图像
>> axis image             % 沿每个坐标区使用相同的数据单位长度,并使坐标区
框紧密围绕数据
>> axis off               % 关闭坐标系,显示如图 9-11 所示的真彩色图片
>> zoom(2)                % 放大图片,显示如图 9-12 所示的真彩色图片
>> [IND,map] = rgb2ind(RGB,32);  % 将 RGB 转换为 32 种颜色的索引图片
>> figure                 % 创建图窗
>> imagesc(IND)           % 显示如图 9-13 所示的索引图片
```

运行结果如图 9-11 ~ 图 9-13 所示。

2. 索引图像转换为 RGB 图像

在 MATLAB 中，ind2rgb 命令将索引图像转换为 RGB 图像，它的使用格式见表 9-12。

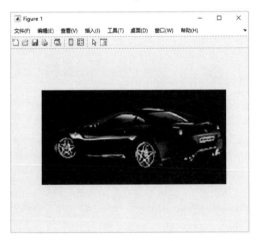

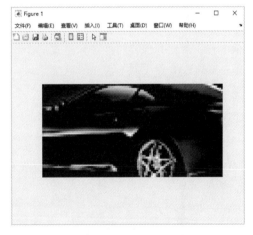

图 9-11　真彩色图片　　　　　　　　图 9-12　放大后的图片

表 9-12　ind2rgb 命令的使用格式

命令格式	说　　明
RGB = ind2rgb (X, map)	将索引图像 X 和对应的颜色图 map 转换为真彩色 RGB 图像

索引图像 X 是整数的 $m \times n$ 数组。颜色图 map 是一个三列值数组，范围为 [0，1]。颜色图的每一行都是一个三元素 RGB 三元数组，它指定了彩色图像单一颜色的红色、绿色和蓝色成分。

3. 索引图像命令

在 MATLAB 中，cmunique 命令用来消除颜色图中的重复颜色；将灰度或真彩色图像转换为索引图像，它的使用格式见表 9-13。

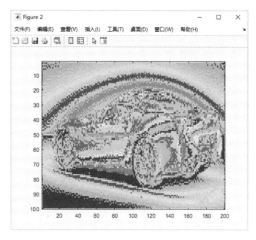

图 9-13　索引图片

表 9-13　cmunique 命令的使用格式

命 令 格 式	说　　　明
$[Y, newmap] = cmunique (X, map)$	返回索引图像 Y 和关联的彩色图 newmap
$[Y, newmap] = cmunique (RGB)$	将真彩色图像 RGB 转换为索引图像 Y 及其关联的彩色图 newmap
$[Y, newmap] = cmunique (I)$	将灰度图像 I 转换为索引图像 Y 及其关联的颜色图 newmap

输入图像可以是 uint 8、uint 16 或 double 类。如果 newmap 的长度小于或等于 256，则输出图像 Y 的类别为 uint 8。如果 newmap 的长度大于 256，则 Y 为两倍。

例 9-13：对比并保存转换图片格式。

解：MATLAB 程序如下。

```
>> close all                          % 关闭当前已打开的文件
>> clear                              % 清除工作区的变量
>> X = magic(4);                      % 创建 4 阶魔方矩阵,定义图像文件参数
>> map = [gray(8); gray(8)];          % 使用 gray 函数创建两个相同的包含八项的颜色图。
然后串联这两个颜色图,创建一个包含 16 项的颜色图 map
>> figure                             % 创建图窗
>> image(X)                           % 将矩阵数据转换为图片
>> axis off                           % 关闭坐标系
>> colormap(map)                      % 将颜色图 map 设置为当前颜色图
>> title('X and map')                 % 添加标题
>> imwrite(X,'map1.bmp','bmp');        % 将图像保存成 .bmp 格式
>> [Y,newmap] = cmunique(X, map);      % 矩阵数据转换索引图像
>> figure                             % 创建图窗
>> image(Y)                           % 将矩阵数据转换为图片
>> axis off                           % 关闭坐标系
>> colormap(newmap)                   % 将颜色图 newmap 设置为当前颜色图
>> title('Y andnewmap')               % 添加标题
>> imwrite(Y,'map2.bmp','bmp');        % 将图像保存成 .bmp 格式
```

运行结果如图 9-14 所示。

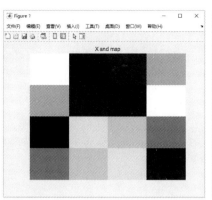
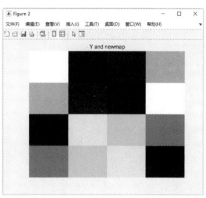

图 9-14 图片信息

9.1.4 图像信息查询

在利用 MATLAB 进行图像处理时，可以利用 imfinfo 命令查询图像文件的相关信息。这些信息包括文件名、文件最后一次修改的时间、文件大小、文件格式、文件格式的版本号、图像的宽度与高度、每个像素的位数，以及图像类型等。该命令具体的使用格式见表 9-14。

表 9-14 imfinfo 命令的使用格式

命 令 格 式	说 明
info = imfinfo（filename，fmt)	查询图像文件 filename 的信息，fmt 为文件格式
info = imfinfo（filename)	查询图像文件 filename 的信息

例 9-14：图片的排列。

解：MATLAB 程序如下。

```
> > close all              % 关闭当前已打开的文件
> > clear                  % 清除工作区的变量
> > subplot(1,3,1)         % 将视图分割为 1 行 3 列三个视窗,显示第一个视图
> > I = imread('car.jpg'); % 读入图像文件 car.jpg
> > imshow(I,[0 80])       % 在指定范围[0 80]内显示灰度图像
> > subplot(1,3,2)         % 显示第二个视图
> > imshow('car.jpg');     % 显示图像 car.jpg
> > zoom(2)                % 使用缩放因子 2 放大图像
> > subplot(1,3,3)         % 显示第三个视图
> > imshow('car.jpg')      % 显示图像 car.jpg
> > zoom(4)                % 使用缩放因子 4 放大图像
> > info = imfinfo('car.jpg')  % 查询图像文件 car.jpg 的信息
info =
  包含以下字段的 struct:
        Filename:'C:\Program Files\Polyspace\R2020a\bin\car.jpg'
FileModDate:'11 - Jan - 2017 17:02:31'
FileSize: 24279
          Format:'jpg'
FormatVersion:"
```

```
          Width: 500
          Height: 375
BitDepth: 24
ColorType: 'truecolor'
FormatSignature: "
NumberOfSamples: 3
CodingMethod: 'Huffman'
CodingProcess: 'Sequential'
          Comment: {}
```

运行结果如图 9-15 所示。

图 9-15　图片排列

9.2　形态学数字图像处理

数学形态学是用具有一定形态的结构元素去度量和提取图像中的对应形状以对图像进行分析识别。形态学图像处理的应用可以简化图像数据，保持它们基本的形状特性，并除去不相干的结构。

形态学图像处理的数学基础和所用语言是集合论，所有像素坐标的集合均不属于集合 A，记为 A^c，由下式给出：

$$A^c = \{\omega \mid \omega \notin A\}$$

这个集合称为集合 A 的补集。

集合 B 的反射，定义为：

$$B = \{w \mid w = -b, b \in B\}$$

即关于原集合原点对称。

集合 A 平移到点 $z = (z1, z2)$，表示为 $(A)_z$，定义为：

$$(A)_z = \{c \mid c = a + z, a \in A\}$$

MATLAB 语言进行数学形态学运算时，所有非零数值均被认为真，而零为假。在逻辑判断结果中，判断为真时输出 1，判断为假时输出 0。

MATLAB 语言的逻辑运算符见表 9-15。

表 9-15　MATLAB 语言的逻辑运算符

运　算　符	定　　义
& 或 and	逻辑与。两个操作数同时为 1 时，结果为 1，否则为 0
| 或 or	逻辑或。两个操作数同时为 0 时，结果为 0，否则为 1
~ 或 not	逻辑非。当操作数为 0 时，结果为 1，否则为 0
xor	逻辑异或。两个操作数相同时，结果为 0，否则为 1

在算术、关系、逻辑三种运算符中，算术运算符优先级最高，关系运算符次之，而逻辑运算符优先级最低。在逻辑运算符中，"非"的优先级最高，"与"和"或"有相同的优先级。

例9-15：图像的非运算。

解：MATLAB 程序如下。

```
>> close all                      % 关闭当前已打开的文件
>> clear                          % 清除工作区的变量
>> I = imread('testpart1.png');   % 读取内存中的图像,在工作区中存储图像数据,将彩色
图像读入工作区,放置到矩阵 I 中
>> J = not(I);                    % 对图像数据进行非运算
>> subplot(121);imshow(I);title('原图') % 显示原始图像,然后添加标题
>> subplot(122);imshow(J);title('原图的非运算'); % 显示进行非运算后的图像,并添加标题
```

运行结果如图 9-16 所示。

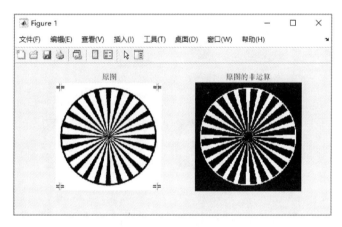

图 9-16　图像非运算前、后的效果

例9-16：图像的非、与、异或运算。

解：MATLAB 程序如下。

```
>> close all                         % 关闭当前已打开的文件
>> clear                             % 清除工作区的变量
>> I = imread('circle_l.jpg');       % 读取当前路径下的图像数据,存储到矩阵 I 中
>> J = imread('circle_s.jpg');       % 读取当前路径下的图像数据,存储到矩阵 J 中
>> K = imread('rectangle_l.jpg');    % 读取当前路径下的图像,存储到矩阵 K 中
>> M = imread('rectangle_s.jpg');    % 读取当前路径下的图像,存储到矩阵 M 中
>> bw_I = im2bw(I);                  % 分别将四幅图像二值化
>> bw_J = im2bw(J);
>> bw_K = im2bw(K);
>> bw_M = im2bw(M);
>> A1 = and(bw_J,bw_M);      % 对二值化后的图像2和4进行与运算
>> A2 = xor(bw_I,bw_J);      % 对二值化后的图像1和2进行异或运算
>> A3 = and(~bw_K,bw_M);     % 对二值化后的图像3进行非运算后,和4进行与运算
>> A4 = xor(~bw_I, ~bw_M);   % 对二值化后的图像1和4分别进行非运算后,再进行异或运算
>> subplot(241),imshow(I);title('大圆');% 在分割后的第一行视窗中显示四幅源图
```

```
>> subplot(242),imshow(J);title('小圆')
>> subplot(243),imshow(K);title('大矩形')
>> subplot(244),imshow(M);title('小矩形')
>> subplot(245),imshow(A1);title('小圆小矩形与运算');% 在分割后的第二行视窗中显示四幅
```
进行非、与和异或后的图像
```
>> subplot(246),imshow(A2);title('大圆小圆异或运算')
>> subplot(247),imshow(A3);title('大矩形小矩形非与运算');
>> subplot(248),imshow(A4);title('大圆小矩形非异或运算')
```

运行结果如图9-17所示。

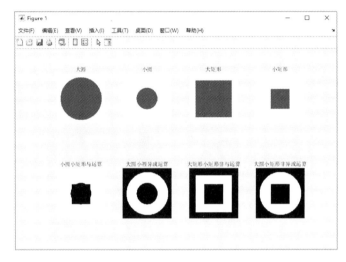

图9-17　图像非、与、异或运算的运行结果

9.3　形态学图像处理基本运算

形态学图像处理的基本运算有4个：膨胀、腐蚀、开操作和闭操作，这些操作在二值图像（位图）、灰度图像中使用特别多，在彩色图像上效果不是很明显，可以将彩色图像转成二值图像。

9.3.1　创建形态结构元素

膨胀和腐蚀操作的核心内容是结构元素。结构元素是由元素为1或者0的矩阵组成。结构元素为1的区域定义了图像的领域，领域内的像素在进行膨胀和腐蚀等形态学操作时要进行考虑。

一般来说，二维或者平面结构的结构元素要比经过处理的图像小得多。结构元素的中心像素，即结构元素的原点，与输入图像中感兴趣的像素值（即要处理的像素值）相对应。三维的结构元素使用0和1来定义 $x-y$ 平面中结构元素的范围，使用高度值定义第三维。

1. 形态结构元素

在MATLAB中，strel命令用来创建形态结构元素，它的使用格式见表9-16。

只能使用偏移结构对象对灰度图像、二值图像进行形态学操作。

2. 偏移结构元素

在 MATLAB 中，strel 命令用来创建偏移结构元素，偏移结构对象代表一个非平面的形态结构元素，它是形态膨胀和侵蚀操作的重要组成部分。它的使用格式见表 9-17。

表 9-16 **strel** 命令的使用格式

命 令 格 式	说 明
SE = strel（nhood）	创建具有指定邻域 nhood 的平面结构元素
SE = strel（'arbitrary'，nhood）	创建具有指定邻域的平面结构元素
SE = strel（'diamond'，r）	创建菱形结构元素，其中 r 指定从结构元素原点到菱形点的距离
SE = strel（'disk'，r，n）	创建一个盘形结构元素，其中 r 指定半径，n 指定用于近似圆盘形状的线结构元素的数目
SE = strel（'octagon'，r）	创建八角形结构元素，其中 r 指定从结构元素原点到八角形边的距离（沿水平和垂直轴测量）。r 必须是 3 的非负倍数
SE = strel（'line'，len，deg）	创建一个与邻域中心对称的线性结构元素，近似长度透镜和角度
SE = strel（'rectangle'，[m n]）	创建大小为 [m n] 的矩形结构元素
SE = strel（'square'，w）	创建宽度为 w 像素的正方形结构元素
SE = strel（'cube'，w）	创建宽度为 w 像素的三维立方体结构元素
SE = strel（'cuboid'，[m n p]）	创建了一个大小为 [m n p] 的三维立方体结构元素
SE = strel（'sphere'，r）	创建半径为 r 像素的三维球形结构元素

表 9-17 **strel** 命令的使用格式

命 令 格 式	说 明
SE = offsetstrel（offset）	使用矩阵偏移量中指定的相加偏移量 offset 创建非平面结构元素 SE
SE = offsetstrel（'ball'，r，h）	创建了一个非平坦的球形结构元素，其在 $x-y$ 平面中的半径为 r，其最大偏移高度为 h
SE = offsetstrel（'ball'，r，h，n）	创建非平坦的球形结构元素，其中 n 指定用于近似形状的非平坦的线状结构元素的数目。当指定 n 大于 0 的值时，使用球近似的形态学运算运行得快得多

只能使用偏移结构对象对灰度图像进行形态学操作。

9.3.2 基本运算

1. 膨胀运算

膨胀运算只要求结构元素的原点在目标图像的内部平移，换句话说，当结构元素在目标图像上平移时，允许结构元素中的非原点像素超出目标图像的范围。

膨胀运算具有扩大图像和填充图像中比结果元素小的成分的作用，因此在实际应用中可以利用膨胀运算连接相邻物体和填充图像中的小孔和狭窄的缝隙。

膨胀是在二值化数字图像中"加长"或"变粗"的操作，在 MATLAB 中，imdilate 命令用来对所有图像执行灰度膨胀，放大图像。它的使用格式见表 9-18。

表 9-18 imdilate 命令的使用格式

命 令 格 式	说　　明
J = imdilate（I，SE）	放大灰度、二值或压缩二值图像 I，返回放大图像 J。SE 是返回的结构元素对象或结构元素对象数组
J = imdilate（I，nhood）	对图像 I 进行放大，其中 nhood 是指定结构元素邻域的 0 和 1 的矩阵
J = imdilate（…，packopt）	指定是否是压缩的二进制图像
J = imdilate（…，shape）	指定输出图像的大小

例 9-17：膨胀图片。

解：在 MATLAB 命令窗口中输入如下命令。

```
>> close all                                % 关闭当前已打开的文件
>> clear                                    % 清除工作区的变量
>> I = imread('juzi.jpg');                  % 读取当前路径下的 RGB 图像,在矩阵 I 中存储图像数据
>> I1 = rgb2gray(I);                        % 把 RGB 图像转化成灰度图像
>> BW = imbinarize(I1);                     % 从灰度图像 I1 创建二值图像
>> b = strel('line',11,90);                 % 创建与邻域中心对称的垂直线型结构元素向量 b,长度为 11
>> J = imdilate(BW,b);                      % 使用转换后的结构元素放大图像
>> subplot(1,2,1),imshow(I), title('Original Image')   % 显示原始图像
>> subplot(1,2,2),imshow(J), title('Dilate Image')     % 显示膨胀后的图像
```

运行结果如图 9-18 所示。

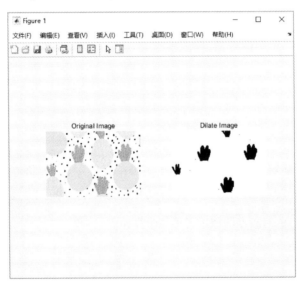

图 9-18 膨胀图片运行结果

膨胀得到的图像比原图像更明亮，并且减弱或消除小的、暗的细节部分，即比原图像模糊。

2. 腐蚀

在 MATLAB 中，imerode 命令用来对所有图像执行灰度膨胀，放大图像。它的使用格式见表 9-19。

表 9-19　imerode 命令的使用格式

命 令 格 式	说　明
J = imerode（I, SE）	侵蚀灰度、二值或压缩二值图像 I，返回侵蚀图像 J。SE 是返回的结构元素对象或结构元素对象数组
J = imerode（I, nhood）	对图像 I 进行侵蚀，其中 nhood 是指定结构元素邻域的 0 和 1 的矩阵
J = imerode（…, packopt, m）	指定是否是压缩的二进制图像
J = imerode（…, shape）	指定输出图像的大小

例 9-18：腐蚀图片。

解：在 MATLAB 命令窗口中输入如下命令。

```
> > close all                              % 关闭当前已打开的文件
> > clear                                  % 清除工作区的变量
> > I = imread('songshu.jpg');             % 读取当前路径下的 RGB 图像，将图像数据存储在矩阵 I 中
> > I1 = rgb2gray(I);                      % 把 RGB 图像转化成灰度图像
> > BW = imbinarize(I1);                   % 从灰度图像 I1 创建二值图像
> > b = strel('cube',3);                   % 创建一个宽度为 3 像素的立方结构元素向量 b
> > J = imerode(BW,b);                     % 使用转换后的结构元素腐蚀图像
> > subplot(1,2,1),imshow(I), title('Original Image')    % 显示原始图像
> > subplot(1,2,2),imshow(J), title('Erode Image')       % 显示腐蚀后的图像
```

运行结果如图 9-19 所示。

图 9-19　腐蚀图片运行结果

腐蚀得到的图像更暗，明亮的部分被削弱，并且尺寸小。

3. 开运算

先腐蚀后膨胀称为开运算。在 MATLAB 中，imopen 命令用来对所有图像执行开运算，它的使用格式见表 9-20。

表 9-20　imopen 命令的使用格式

命 令 格 式	说　明
J = imopen（I, SE）	对灰度或二值图像 I 执行形态学开操作，返回打开的图像，SE 是 strel 或 offsetstrel 函数返回的单个结构元素对象
J = imopen（I, nhood）	打开图像 I，其中 nhood 是指定结构元素邻域的 0 和 1 的矩阵

例 **9-19**：图片开运算。

解：在 MATLAB 命令窗口中输入如下命令。

```
>> close all                          % 关闭当前已打开的文件
>> clear                              % 清除工作区的变量
>> I = imread('youpiao1.png');        % 读取当前路径下的 RGB 图像,将图像数据存储在矩阵 I 中
>> I1 = rgb2gray(I);                  % 把 RGB 图像转化成灰度图像
>> BW = imbinarize(I1);               % 从灰度图像 I1 创建二值图像
>> SE = strel('sphere',5);            % 创建半径为 5 像素的三维球形结构元素
>> J = imopen(I1,SE);                 % 使用转换后的结构元素对灰度图像进行开运算
>> K = imopen(BW,SE);                 % 使用转换后的结构元素对二值图像进行开运算
>> subplot(1,3,1),imshow(I), title('Original Image')       % 显示原始图像
>> subplot(1,3,2),imshow(J), title('Gray Open Image')      % 显示灰度图像开运算后的图像
>> subplot(1,3,3),imshow(K), title('Binary Open Image')    % 显示二值图开运算后的图像
```

运行结果如图 9-20 所示。

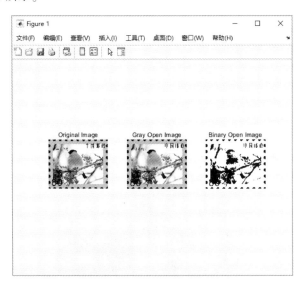

图 9-20　图片开运算运行结果

4. 闭运算

先膨胀后腐蚀称为闭运算。在 MATLAB 中，imclose 命令用来对所有图像执行闭运算，使用格式见表 9-21。

表 9-21　imclose 命令的使用格式

命 令 格 式	说　　明
J = imclose（I, SE）	对灰度或二值图像 I 执行形态关闭操作，返回关闭的图像，SE 是 strel 或 offsetstrel 函数返回的单个结构元素对象
J = imclose（I, nhood）	关闭图像 I，其中 nhood 是指定结构元素邻域的 0 和 1 的矩阵

例 **9-20**：图片闭运算。

解：在 MATLAB 命令窗口中输入如下命令。

```
>> close all              % 关闭当前已打开的文件
>> clear                  % 清除工作区的变量
>> I = imread('yuzh.jpg');   % 读取当前路径下的 RGB 图像,将图像数据存储在矩阵 I 中
>> I1 = rgb2gray(I);         % 把 RGB 图像转化成灰度图像
>> BW = imbinarize(I1);      % 将灰度图像转化为二值图像
>> SE = strel('cuboid',[2 5 6]);  % 创建了一个大小为 [2 5 6] 的三维立方体结构元素
>> J = imclose(BW,SE);       % 使用转换后的结构元素对二值图像进行闭运算
>> subplot(1,2,1),imshow(I), title('Original Image')  % 显示原始图像
>> subplot(1,2,2),imshow(J), title('Close Image')     % 显示闭运算后的图像
```

运行结果如图 9-21 所示。

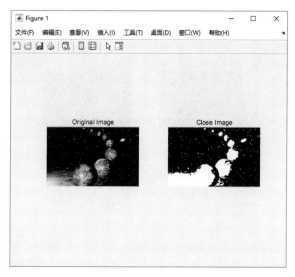

图 9-21　图片闭运算运行结果

9.3.3 底帽滤波

底帽滤波是闭操作图像与源图像的差值图像,可以检测出原图前景色中的黑点。在 MATLAB 中,imbothat 命令用来对所有图像执行底帽滤波,它的使用格式见表 9-22。

表 9-22　imclose 命令的使用格式

命令格式	说　明
J = imbothat (I, SE)	对灰度或二值图像 I 执行底帽滤波操作,返回滤波后的图像,SE 是 strel 或 off-setstrel 函数返回的单个结构元素对象
J = imbothat (I, nhood)	底帽过滤图像 I,其中 nhood 是指定结构元素邻域的 0 和 1 的矩阵

例 9-21:图片底帽滤波。

解:在 MATLAB 命令窗口中输入如下命令。

```
>> close all              % 关闭当前已打开的文件
>> clear                  % 清除工作区的变量
>> I = imread('tizi.jpg');   % 读取当前路径下的 RGB 图像,将图像数据存储在矩阵 I 中
```

```
>> I1 = rgb2gray(I);                  % 把 RGB 图像转化成灰度图像
>> SE = strel('sphere',40);           % 创建半径为 40 像素的三维球形结构元素
>> J = imbothat(I1,SE);               % 使用转换后的结构元素对灰度图像进行底帽滤波
>> subplot(1,2,1),imshow(I),title('Original Image')      % 显示原始图像
>> subplot(1,2,2),imshow(J),title('Bottum Filter Image') % 显示灰度图底帽滤波后的
图像
```

运行结果如图 9-22 所示。

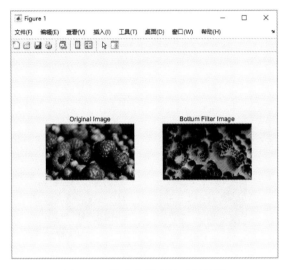

图 9-22   图片底帽滤波运行结果

9.3.4 顶帽滤波

在 MATLAB 中，imtophat 命令用来对所有图像执行顶帽滤波，顶帽是原图像与开操作之间的差值图像，结果类似于开操作的图像结果。它的使用格式见表 9-23。

表 9-23   imtophat 命令的使用格式

命令格式	说　明
J = imtophat (I, SE)	对灰度或二值图像 I 执行顶帽滤波操作，返回滤波后的图像，SE 是 strel 或 offsetstrel 函数返回的单个结构元素对象
J = imtophat (I, nhood)	关闭图像 I，其中 nhood 是指定结构元素邻域的 0 和 1 的矩阵

例 9-22：图片顶帽滤波运算。

解：在 MATLAB 命令窗口中输入如下命令。

```
>> close all                  % 关闭当前已打开的文件
>> clear                      % 清除工作区的变量
>> I = imread('WOX2.png');    % 读取当前路径下的 RGB 图像，将图像数据存储在矩阵 I 中
>> I1 = rgb2gray(I);          % 把 RGB 图像转化成灰度图像
>> SE = strel('diamond',25);  % 创建菱形结构元素,结构元素原点到菱形点的距离为 25
>> J = imbothat(I1,SE);       % 使用转换后的结构元素 SE 对灰度图像进行底帽滤波
>> J1 = imtophat(I1,SE);      % 使用转换后的结构元素 SE 对灰度图像进行顶帽滤波
```

```
>> J2 = imadd(I1,J1);        % 将灰度图与顶帽滤波的图形数据相加
>> J3 = imsubtract(J2,J);    % 从上一步得到的图形中减去底帽滤波的图形
>> subplot(2,3,1),imshow(I), title('Original Image')   % 显示原始 RGB 图像
>> subplot(2,3,[2 3]),imshowpair(J,J1,'montage'),title('Bottum Filter Image and Top
Filter Image')   % 使用蒙太奇方法显示灰度图底帽滤波后的图像和顶帽滤波后的图像
>> subplot(2,3,4),imshow(J2), title('Bottum + Top Filter Image')   % 显示灰度图 + 顶帽
滤波的图形
>> subplot(2,3,[5 6]),imshowpair(I1,J3,'montage'), title('Gray Image and Result Im-
age')   % 使用蒙太奇方法显示灰度图图像和"灰度图 + 顶帽滤波的图形 – 底帽滤波的图形"运算后的图像
```

运行结果如图 9-23 所示。

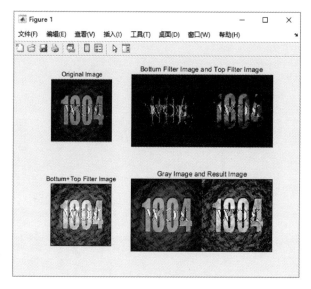

图 9-23　图片顶帽滤波运行结果